生物工程设备
认知与实践操作实训

孙诗清　主编

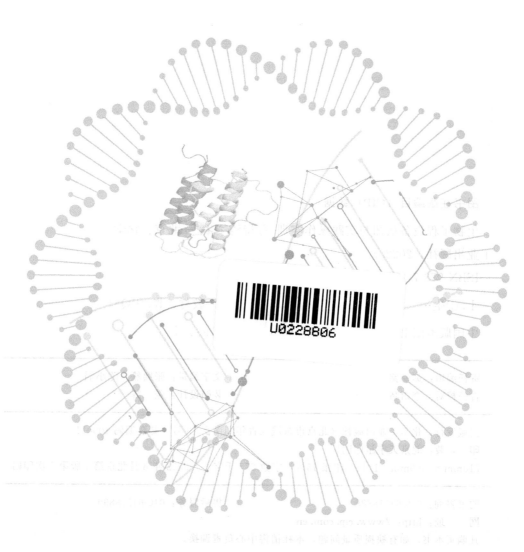

化学工业出版社
·北京·

内 容 简 介

本书主要介绍生物工程设备及实践操作，共分为三部分，第一部分为生物反应器，主要包括生物反应器设计基础、通风发酵设备、厌氧发酵设备等；第二部分为产物分离提纯设备，主要包括过滤设备、离心分离设备、膜分离设备、萃取与色谱分离设备、蒸发设备、结晶设备、干燥设备等；第三部分为辅助系统设备，主要包括空气净化除菌设备及管道的清洗与灭菌设备等。本书层次清晰，内容安排合理，具有规范、实用、新颖等特点。

本书可供生物工程相关专业师生及技术人员参考。

图书在版编目（CIP）数据

生物工程设备认知与实践操作实训/孙诗清主编. —北京：化学工业出版社，2022.7

ISBN 978-7-122-41276-8

Ⅰ.①生… Ⅱ.①孙… Ⅲ.①生物工程-设备-教材 Ⅳ.①Q81

中国版本图书馆 CIP 数据核字（2022）第 067960 号

责任编辑：彭爱铭	文字编辑：张熙然 陈小滔
责任校对：李雨晴	装帧设计：张 辉

出版发行：化学工业出版社（北京市东城区青年湖南街 13 号 邮政编码 100011）

印 装：北京天宇星印刷厂

710mm×1000mm 1/16 印张 15¼ 字数 277 千字 2022 年 8 月北京第 1 版第 1 次印刷

购书咨询：010-64518888 售后服务：010-64518899

网 址：http://www.cip.com.cn

凡购买本书，如有缺损质量问题，本社销售中心负责调换。

定 价：59.00 元

前 言

生物工程设备是生物工程、生物技术和生物制药等专业开设的专业必修课，是在学习了微生物学、生物化学、化工原理、生物工艺学、生物分离技术等课程的基础上，为培养生物技术产业化开发与生产所需工程技术人才而开设的一门理论与实践紧密结合的课程。

本课程具有实践性强、应用面广、内容多、所关联课程多、更新快等特点。随着高等教育的快速发展，许多高校压缩专业课学时。在教学过程中存在着学生工程意识薄弱、教材内容更新相对较慢等问题。为了达到知识面宽、浅显易懂、突出新知识、实用以及教师易教、学生易学的目的，本书强调基本原理和关键设备，突出工程实践，内容体系完整，反映学科新成果，难度适中，篇幅较小。符合新形势下高校专业课的教学要求。本书较为全面地阐述了生物工程设备认知及操作实践，旨在培养生物技术应用领域高素质的技能型专业人才。

本书力求突出以下特点：

1. 努力反映生物工程设备应用新成果。近年来，生物工程技术的发展日新月异，各种先进的生物工程设备层出不穷。本书增加了生物工程设备实践应用新成果的内容。

2. 重点突出，注重实用，力求反映基本概念和基本内容。在知识点方面，围绕设备设计及选型这一主题展开。在内容方面，重点介绍与其相关的设备。尽可能多地选择与生产实际紧密相连的工程实例，拉近"所学"与"所用"的距离，达到学以致用的目的。

3. 叙述简洁，层次清晰，便于自学。生物工程设备的工作原理分析和设计需要深厚的理论基础，但对工程技术人员来说，更需要了解和掌握的是基本原理及应用特性。本书用较少的数学推导，简洁的文字，配以适量的插图来呈现生物工程设备基本内容和知识，通俗易懂。

通过本书的学习，学生可以了解生物工程操作的基本概念及基本原理，掌握典型设备的结构、工作原理、性能特点、操作要点、选用及保养方法，并能灵活运用所学知识和技能分析、解决生物工业生产中的一般性技术问题，同时可培养学生的工程意识、职业意识和责任意识。

本书内容涉及面较广，在使用过程中可根据培养目标及实习实训条件有针对性地进行教学。编写过程中注意深入浅出，注重应用，突出实践。

本书中引用和借鉴了一些已发表的文献资料，在此向相关作者和提供过帮助的同志们表示感谢。由于我们水平有限，书中不妥之处在所难免，敬请广大读者批评指正。

编者

2022 年 1 月

目 录

第一章　生物反应器设计基础　　001

第四章　过滤、离心与膜分离设备　097

第五章　萃取与色谱分离设备　135

第六章 蒸发、结晶及干燥设备 164

第七章 辅助系统设备与清洗设备 203

第一章

生物反应器设计基础

生物反应器（bioreactor）种类很多，已广泛用于发酵食品、药品、环保等方面。从生物反应过程来说，发酵过程用的反应器称为发酵罐；酶反应过程用的反应器则称为酶反应器。另一些专为动植物细胞大量培养用的生物反应器，专称为动植物细胞培养装置。

第一节　生物反应器设计概述

生物反应器是指以活细胞或酶为生物催化剂进行细胞增殖或生化反应提供适宜环境的设备，可分为细胞反应器和酶反应器两大类。生物反应器中的物质、能量和热量转换与反应器的结构和内部装置密切相关，换句话说，生物反应器的结构对生物反应的产品质量、收率（转化率）和能耗起到关键作用。与化学反应器的主要不同点是，生物（酶除外）反应都以"自催化"方式进行，即在目的产物生成的过程中生物自身要生长繁殖。因此，生物反应器的设计必须以生物体为中心，这就要求设计者既要有化学工程的知识，又要有生物学的基础。设计工程师除了考虑反应器的传质、传热等性能以外，还需要选择适宜的生物催化剂，这包括了解产物在生物反应的哪一阶段大量生成、适宜的 pH 和温度、是否好氧和易受杂菌污染等；生物体是活体，生长过程可能受到剪切力影响，也可能发生凝聚成为颗粒，或因自身产气或受通气影响而漂浮于液面；材料的选择能确保无菌操作的设计；检验与控制装置的可靠性、安全性、经济性等。总之，生物反应器的设计原理是基于强化传质、传热等操作，将生物体活性控制在最佳条件，降低总的操作费用。典型的生物反应器如图 1-1 所示。

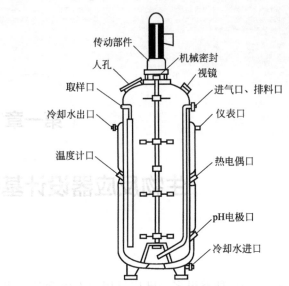

图 1-1　典型的生物反应器

生物反应器的设计也因反应的目的不同而有所区别。生物反应的目的可归纳为几种：一是生产细胞，二是收集细胞的代谢产物，三是直接用酶催化得到所需产物。最初的生物反应器主要是用于微生物的培养或发酵，随着生物技术的不断深入和发展，它已被广泛用于动植物细胞培养、组织培养、酶反应等场合。因此，实际应用的生物反应器根据细胞或组织生长代谢要求、生物反应的目的等可以有很多变化，总的来说可归纳为以下几类。

一、提供厌氧或好氧条件的反应器

① 厌氧生物反应器发酵过程不需要通入氧气或空气，有时可能通入二氧化碳或氮气等以保持罐内正压，防止染菌，以及提高厌氧控制水平。此类反应器有酒精发酵罐、啤酒发酵罐、沼气发酵罐（池）、双歧杆菌厌氧反应器等。

② 通气生物反应器又可分为搅拌式、气升式和自吸式等；前两者需要在反应过程中通入氧气或空气，后者则可自行吸入空气满足反应要求。搅拌式反应器靠搅拌器提供动力使物料循环、混合，气升式则以通入的空气上升而产生动力，自吸式反应器是利用特殊搅拌叶轮在搅拌过程中产生真空从而将空气吸入反应器内，无需另外供气。

二、提供光合作用条件的反应器

光照生物反应器壳体部分或全部采用透明材料，以便光可照射到反应物料，进行光合作用反应。一般配有照射光源，白天可直接利用太阳光。

三、提供细胞或酶附着生长条件的反应器

膜生物反应器——反应器内安装适当的部件作为生物膜的附着体，或者用超滤膜（如中空纤维膜等）将细胞控制在某一区域内进行反应。

另外，根据反应器的结构形式不同又可分为罐式、管式、塔式、池式、固定床式、流化床式生物反应器等；根据物料混合方式可分为非循环式、内循环式和外循环式生物反应器等。

不管什么形式的生物反应器，只要掌握了基本设计方法，设计过程基本一样，第二节对有关的基础知识进行介绍。

第二节　生物反应器的化学计量基础

由于生物反应的特殊性和复杂性，必须解决反应过程中涉及的各种物料和能量的数量比例关系及反应过程速率的问题，才能对生物反应过程进行量化分析。前一个涉及的是反应计量学，后一个则是反应过程动力学。化学计量是反应器设计的关键之一，它为过程中使用的介质的合理设计提供基本数据。反应器内发生的反应过程的产率可根据质量守恒定律和能量守恒定律推导的公式进行计算，前者为化学计量法，后者为热力学法。

如果将生物反应看成生成多种产物的复合反应，那么，从概念上讲一般可写成如下简式：

$$碳源+氮源+O_2 \longrightarrow 菌体生物量+有机产物+CO_2+H_2O$$

当然，此式不是计量关系式。为了表示出生物反应过程中各物质和各组分之间的数量关系，最常用的方法是对各元素进行衡算。

首先要确定细胞的元素组成和其分子式。为了简化，一般将细胞的分子式定义为 $CH_aN_\beta O_\delta$，而忽略了其他微量元素 P、S 和灰分等。不同的细胞，其组分当然是不同的。即使同一种细胞，由于其处在不同的生长阶段，其组成也是有差别的。为此，常需要确定平均细胞组成。表 1-1 所示为各种不同微生物细胞的元素组成情况。从该表可以看出，生长速率的变化对同一种细胞元素组成虽然有影响，但比不同种细胞间对元素组成的影响要小。同时还可以看出，对同一种微生物细胞，当限制培养基发生变化时，细胞元素组成亦在变化。典型的细胞组成可以表示为 $CH_{1.8}N_{0.2}O_{0.5}$。

通常化学反应的过程基本是固定的，人们可列出完整精确的质量和能量衡算

式。但生物反应与一般化学反应有着显著差别，首先是生物反应存在着活细胞，可以将它看作催化剂；其次，由于细胞是在不断生长的，对营养有一定的要求，参与反应的成分很多；最后，生物反应的途径通常不是单一的，反应过程也往往伴随着生成代谢产物的反应，它受到众多环境因素的影响。因此，在利用质量及能量守恒定律时，它们之间的关系将变得更为复杂，必须加上对过程动力学的深入理解，才能很好地进行生物反应器的设计，而化学计量及热力学则可构成生物反应器、生化过程的上游与下游产物分离纯化之间的联系。

表 1-1　一些微生物细胞的元素组成和经验分子式

微生物	限制性底物	C(质量)/%	H(质量)/%	N(质量)/%	O(质量)/%	经验分子式	分子量（据经验分子式）
细菌 1	—	57.9	8.0	13.4	20.7	$CH_{1.66}N_{0.20}O_{0.27}$	20.8
细菌 2		47.1	7.8	13.7	31.3	$CH_2N_{0.25}O_{0.5}$	25.5
产气菌 1	—	53.4	7.0	14.9	23.5	$CH_{1.78}N_{0.24}O_{0.33}$	22.4
产气菌 2	甘油	50.6	7.3	13.0	29.0	$CH_{1.74}N_{0.22}O_{0.43}$	23.7
产气菌 3	甘油	50.1	7.3	14.0	28.7	$CH_{1.73}N_{0.24}O_{0.43}$	24.0
假丝酵母 1	葡萄糖	50.0	7.6	11.1	31.3	$CH_{1.826}N_{0.19}O_{0.47}$	24.0
假丝酵母 2	葡萄糖	46.9	7.2	10.9	35.0	$CH_{1.84}N_{0.20}O_{0.56}$	25.6
假丝酵母 3	乙醇	50.3	7.7	11.0	30.8	$CH_{1.82}N_{0.19}O_{0.46}$	23.9
假丝酵母 4	乙醇	47.2	7.3	11.0	34.6	$CH_{1.84}N_{0.20}O_{0.55}$	25.5

生化反应含有大量不确定因素，不可能对复杂培养基的每一个成分进行跟踪，只能识别部分产物，而且培养过程中细胞活性也会随生长阶段而变化。进行化学计算之前，必须先列出生化反应的方程，式(1-1) 给出了单一碳源、氮源、氧以及生物量、产物生成（包括 H_2O 和 CO_2）的关系式，细胞、基质、产物定义为采用单一碳源化学表达式，并认为只有一种产物，则化学平衡式可表示为：

$$CH_mO_l+aNH_3+bO_2\rightarrow Y_bCH_pO_nN_q(生物量)+Y_pCH_rO_sN_t(产物)+cH_2O+dCO_2$$

$$(1-1)$$

这里 Y_b、Y_p 分别是生物量（biomass）和产物（product）相对单位碳源量的产率。氨和氧的需求量分别用系数 a 和 b 表示，所产生的 H_2O 和 CO_2 量分别用系数 c 和 d 表示。所有这些参数通过基本守恒关系以有机方式关联，由于假定只有一种碳源进入生化反应，碳源平衡式为：

$$1=Y_b+Y_p+d \qquad (1-2)$$

氮、氧、氢的平衡式分别为：

$$a=qY_b+tY_p \qquad (1-3)$$

$$l+2b=nY_b+sY_p+c+2d \tag{1-4}$$

$$m+3a=pY_b+rY_p+2c \tag{1-5}$$

上面 $l \sim t$ 分别来自式(1-1) 中各分子式元素的下标值。这表明，如果知道得率，那么所需要的氨量和氧量，以及所产生的 CO_2 和 H_2O 都可由这些方程算出。同样，进气、排气和氮消耗量的测量有助于确定得率。

基质及产物的还原度可用于列出有效的电子平衡方程，建立附加关系式。另外，三磷酸腺苷（ATP）的形成与产率密切相关。生物量直接与生成能量的基质降解所产生的 ATP 成比例，但对这一结论的实际开发必须知道准确的催化途径。

大量的证据显示，相对基质的得率取决于比生长速率 μ。这种现象可用维持进行解释，它是变性蛋白质的变换、保持最佳的胞内 pH、抗衡通过细胞膜的泄漏的主动运输、无用的循环及运动所需要的能量。从热力学角度看，"维持"的概念是非常适当的。它是在保持细胞一个有序状态、补偿系统中熵的产生、避免造成细胞死亡的平衡状态中耗费的能量。假设生成能量的基质部分与生长相关（所消耗的基质用于生物量的产生）；部分与生长无关，而是取决于当前系统中存在的生物量大小（基质提供维持的能量）。用不同的近似方法，将两项均列入方程，可以认为是对维持的定义：

$$\frac{1}{Y_{xs}}=\frac{1}{Y_{xs}^{max}}+\frac{m_s}{\mu} \tag{1-6}$$

式中　Y_{xs}——生物量对基质的得率；

Y_{xs}^{max}——得率最大值；

m_s——维持系数；

μ——比生长速率。

方程显示生物量对基质的得率（Y_{xs}）随反应速率的增加而增加，如果忽略右边第二项，得率将为最大值 Y_{xs}^{max}。应该记住，Y_{xs} 是实验中观察到的细胞质量浓度增加值与基质浓度消耗值的比率，而 Y_{xs}^{max} 只是一个模型参数。

如果方程中两项乘 μ，可以得到式(1-7)，有时称为基质消耗的线性方程：

$$q_s=\mu/Y_{xs}^{max}+m_s \tag{1-7}$$

式中，q_s 为基质比消耗速率，指单位生物量在单位时间内消耗营养物质的量。它表示细胞对营养物质利用的速率或效率。在比较不同微生物的发酵效率时这个参数具有很大作用。

有人提出一个概括性的公式(1-8)，表达具有产物产生情况下的生物量生长。

$$q_s=\mu/Y_{xs}^{max}+q_p/Y_{xs}^{max}+m_s \tag{1-8}$$

式中，q_p 为产物比生成速率，即 $q_p=(dP/dt)/X$，指单位生物量在单位时间内合成产物的量，它表示细胞合成产物的速度或能力，可以用来判断微生物合成代谢产物的效率。

基质和氧消耗的线性方程是反应器设计的重要工具。速率可以被预测，而培养过程得率系数的改变就可以用比生长速率的函数建立模型。

式(1-7) 显示基质消耗用于两个独立反应，因此不能用式(1-1) 所列的简单组合完全表达，另一方面，它又是人们所希望能做到的。如果不同生长阶段的定义是指培养进程中合成/分解代谢途径所发生改变，则有理由相信化学计量关系也发生改变，新的产物可能出现。不可能期望相同的化学计量关系在整个生长和产物形成过程中都有效，分析表明它只有在化学计量系数不发生改变时才有效。尽管它明显缺乏普遍性，但它在工业操作范围内表现得相当准确，因此从工程实际的角度看，它对反应器设计是非常有用的。

第三节　生物反应器的生物学基础

为了完成生物反应器的设计和优化，必须首先确定生物量、基质及产物浓度的变化速率、细胞生长、细胞数分布、产物合成、基质消耗等数据对运行情况的预报、控制及系统优化等。了解环境参数（如 pH、温度、化学成分等）如何影响系统的动力学是十分重要的。在某些情况下，利用简单模型就足以进行系统设计。但是，在另一些场合，采用结构模型和隔离模型将更具优势。在通过诱导和抑制描述酶合成时就是这种情况，建立详细的代谢途径模型可克服代谢的瓶颈，建立重组细胞的模型可解释质粒稳定性，建立哺乳动物细胞的模型可区分细胞总数中的活细胞数，甚至可以建立细胞分布模型解释培养过程中的产物分布，建立植物细胞培养模型报告细胞存活率及其对二次代谢物产生的影响。

一、细胞数动力学

细胞的生长、繁殖和代谢是一个复杂的生物化学过程。该过程既包括细胞内的生化反应，也包括细胞内外的物质交换，还包括细胞外的物质传递及反应。细胞的培养和代谢还是一个复杂的群体的生命活动，每个细胞都经历着生长、成熟直至衰老的过程，同时还伴有退化、变异。因此，要对这样一个复杂的体系进行精确的描述几乎是不可能的。为了工程上的应用，首先要进行合理的简化，在简化的基础上建立过程的物理模型，再据此推出数学模型，帮助人们加深对生物过程的认识。

生物反应动力学模型可分为四种，即确定论非结构模型 [图 1-2(1)]、确定

论结构模型［图 1-2(2)］、概率论非结构模型［图 1-2(3)］以及概率论结构模型
［图 1-2(4)］。其中概率论结构模型为群体细胞的实际情况，但由于求解和分析
是最复杂的，应用非常困难。而确定论非结构模型是最为简化的情况，通常也称
为均衡生长模型。此模型既不考虑细胞内各组分，又不考虑细胞间的差异，因此
可以把细胞看作是一种"溶质"，从而简化了细胞内外的传递过程分析，也简化
了过程的数学模型。对于很多生物反应过程分析，特别是对反应过程的控制，均
衡生长模型在一定程度上是可以满足要求的。由于细胞反应器内整个过程是由细
胞驱动的，系统的分类自然集中于细胞的生长速率与所有其他速率的关系问题。
下面将主要讨论建立细胞生长动力学模型的方法。

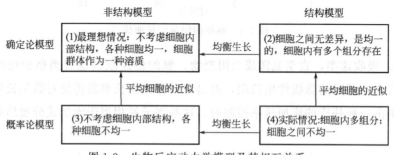

图 1-2　生物反应动力学模型及其相互关系

　　细胞在分批培养中的生长，正如它们在自然界及大多数工业过程中一样，通常
都被分成一系列阶段：接种后的停滞期、对数生长期（细胞数及生物量对特定的基
质的比生长速率为最大值）、减速期、平衡期和衰退期。图 1-3 所示为一条典型的
细菌生长曲线，分别比较了光密度法、粒子计数法及平板计数法的观察结果。该图
揭示了不同测量方法得到的生物量增加量有所不同。

　　图 1-3 所示的曲线描述了一个既没有产物抑制又没有传递抑制的细菌培养过
程。但实际上抑制是存在的，前一种抑制方式是因产物浓度对生长率产生的抑制，
后一种抑制方式则是由传递现象产生的抑制，如由必需基质耗尽导致的抑制，生长
率随着限制基质的减少而降低，当这种营养耗尽，细胞将转向利用另一种可能的营
养（如碳源），直至所有有用的营养物质被全部耗尽，生长将完全停止。另一方面，
传递抑制通常与外部现象有关，取决于过程的最大速率。可看到的结果是，细菌以
一定速率稳定生长，它在一个相当宽的生物量和基质浓度范围内保持恒定，并低于
在特定基质下潜在的最大细胞生长速率。只要条件不变，这一速率将维持恒定。最
后，其中一种基质被消耗到某一水平，使生长速率与限制传递过程的速率可能在相
同范围内。当到达基质限制水平，生长速率将开始下降，直至最后停止。典型的例
子是藻类生长过程中的光抑制。生物量将以一个恒定速率减少，该速率取决于光子

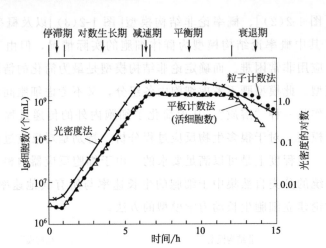

图 1-3 典型的细菌生长曲线

(photon) 吸收速率，直至氮源成为限制物。氧的传递限制也有类似的情况，通过增加通气率，可以消除线性生长期，而出现具有高生长率的传统对数生长期。当过程的速率由一种基质的流加速率控制时，这些例子就相当于流加式分批培养操作的情况。

如果培养基向微生物的传递速率是由扩散所控制的，则在密闭的分批系统中有时也可能出现传递抑制。在这种情况下，质量传递是所传递的主要成分浓度的函数，在对数生长期（图 1-3），对于特定的基质，细胞数以最大的比生长速率增长。生物量的增加用细胞量或细胞数的倍增时间 t_d 来表示，则生物量生长速率如式(1-9) 所示。

$$dX/dt = \mu X \tag{1-9}$$

式中　X——生物量浓度，g/L；

　　　t——生长时间，h；

　　　μ——比生长速率，h^{-1}。

该式也可以改写成以每升细胞数 N（个/L）表示，即细胞数增长速率：

$$dN/dt = \mu N \tag{1-10}$$

这里假设 N 与 X 成正比。

对式(1-9)取积分，并将 0 时的生物量浓度称为 X_0，则：

$$\ln(X/X_0) = \mu t \tag{1-11}$$

因此倍增时间 t_d（即 $X/X_0 = 2$ 时的时间 t）是：

$$t_d = \ln2/\mu \tag{1-12}$$

这一简单模型对细菌及酵母通常是正确的。当用霉菌（线性生长代替指数生长）和哺乳动物细胞（细胞数增加而非以 g/L 计算的生物量）将有所不同。

例 1-1 某微生物的 $\mu = 0.125h^{-1}$，求 t_d。

解： $t_d = \ln 2/\mu = 0.693/0.125 = 5.544h$

二、生长动力学方程

1. 无抑制的细胞生长动力学——Monod 方程

现代细胞生长动力学的奠基人 Monod 在 1942 年便指出，在培养基中无抑制剂存在的情况下，如果是由于基质耗尽而出现减速生长，细胞的比生长速率与限制性基质浓度的关系可用下式表示：

$$\mu = \mu_{max}S/(K_s + S) \tag{1-13}$$

式中　μ——比生长速率，h^{-1}；

　　μ_{max}——在特定基质下最大比生长速率，h^{-1}；

　　S——限制性底物浓度，g/L；

　　K_s——半饱和常数，g/L。其值为此系统比生长速率达到最大值的一半（即 $\mu_{max}/2$）时的基质浓度。

此式可反映某一微生物在限制性基质浓度变化时的比生长速率的变化规律。当基质浓度 $S \gg K_s$ 时，$\mu = \mu_{max}$。

此方程已被成功应用于大量的场合，被称为 Monod 方程。Monod 方程式只适用于单一基质限制及不存在抑制物质的情况。也就是说，除了一种生长限制基质外，其他必需营养都是过量的，但这种过量又不致引起对生长的抑制，在生长过程中也没有抑制性产物生成。细胞的生长视为简单的单一反应，细胞得率为一常数。这个方程是半经验的，而实际上的 K_s 也是很小的，表 1-2 所示为部分微生物在不同基质下的 K_s。

表 1-2　在不同基质生长条件下 Monod 模型的 K_s

微生物名称	基质	K_s/(mg/L)
Aspergillus	精氨酸	0.5
	葡萄糖	5.0
Candida	甘油	4.5
	氧	0.45
Cryptococcus	维生素 B_1	1.4×10^{-7}
Enterobacter (Aerobacter) aerogenes	氨	0.1
	葡萄糖	1.0
	镁	0.6
Escherichia coli	葡萄糖	2.0~4.0
	乳糖	20.0

根据 Monod 方程，μ 与 S 的关系如图 1-4 所示。

当限制性底物浓度很低时，$S \ll K_s$，此时若提高限制性底物浓度，可以明显提高细胞的比生长速率。

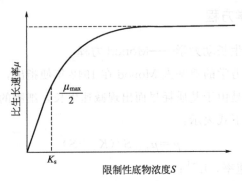

图 1-4　细胞的比生长速率 μ 与限制性底物浓度 S 的关系

图 1-5 所示为不同 K_s 对细胞生长的影响。从图中可以看出，K_s 越小，细胞越能有效地在低浓度限制性条件下快速生长。在自然环境中，微生物长期进化的结果往往是其 K_s 比其限制性底物浓度低两个数量级。

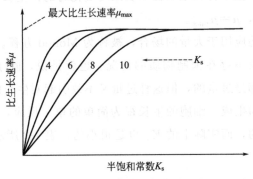

图 1-5　细胞生长 Monod 曲线

另一方面，基质抑制现象可以在纯质量传递过程中看到。如果 k_L 是细胞消耗基质时的质量传递系数，限制基质从液体流向细胞的质量通量 N_s 如下：

$$N_s = k_L(S - S_c) \tag{1-14}$$

式中　N_s——质量通量，$kg/(m^2 \cdot h)$；

　　　k_L——细胞消耗基质时的质量传递系数，m/h；

　　　S——液体主流中基质浓度，kg/m^3；

　　　S_c——细胞表面的基质浓度，kg/m^3。

假设细胞是球形，则细胞的面积/体积为 $6/d$。单位反应体积的细胞面积

(A_c/V) 可表示为：

$$A_c/V = 6X/(\rho_c d_c) \tag{1-15}$$

式中　A_c——细胞的总面积，m^2；

　　　V——培养体积，m^3；

　　　d_c——细胞的特征直径，m；

　　　X——生物量浓度，kg/m^3；

　　　ρ_c——细胞密度，kg/m^3。

根据形成球体的细胞的不同，面积/体积将发生改变。式(1-14) 可转化成依赖于 S 的基质限制条件下的摄取速率 $(-r_s)_{lim}$：

$$(-r_s)_{lim} = N_s A_c/V = [6k_L/(\rho_c d_c)](S-S_c) \tag{1-16}$$

式中　$(-r_s)_{lim}$——依赖于 S 的基质限制条件下的摄取速率。

其余物理量同前。

根据生物量对基质得率的定义，完全由这个变迁控制的过程发生速率为：

$$\mu_{lim} = [6Y_{xs}k_L/(\rho_c d_c)](S-S_c) \tag{1-17}$$

式中　μ_{lim}——在基质限制控制条件下的比生长速率；

　　　Y_{xs}——基质浓度为 S 时的生物量得率。

其余物理量同前。

当高基质浓度时，该速率将比在给定条件（温度、pH、基质性质等）下的最大潜在比生长速率 μ_{max} 大得多，此时，在细胞内连续的质量传递及生物反应中，μ_{lim} 对整个反应速率的影响可以忽略，得到 $\mu = \mu_{max}$。当基质浓度减小，μ_{lim} 随之减小，直至变成速率控制。

一般情况下，总速率的倒数可用前后两步的阻力之和得到：

$$1/\mu = 1/\mu_{max} + 1/\mu_{lim} \tag{1-18}$$

在式(1-18) 中代入式(1-17) 可得：

$$\mu = \frac{\mu_{max}[6Y_{xs}k_L/(\rho_c d_c)](S-S_c)}{\mu_{max}[6Y_{xs}k_L/(\rho_c d_c)](S-S_c)} \tag{1-19}$$

细胞壁上的基质浓度是未知的，如果假设它远小于液体主流的浓度，即 $S > S_s$，则式(1-19) 变成相当于 Monod 方程式(1-13)，即：

$$k_s = \frac{\mu_{max}}{6Y_{xs}k_L/(\rho_c d_c)} \tag{1-20}$$

在基质限制的范围内，μ_{lim} 变得远小于 μ_{max}，导致这种情况的基质浓度是：

$$(S-S_c) \ll k_s = \frac{\mu_{max}}{6Y_{xs}k_L/(\rho_c d_c)} \tag{1-21}$$

式(1-20) 中的典型值：$\mu_{\max}=1\mathrm{h}^{-1}$，$d_c=2\times10^{-6}\mathrm{m}$，$\rho_c=10^3\mathrm{kg/m^3}$，$Y_{xs}=0.5$，$k_L=1\mathrm{m/h}$，则 $K_s=0.66\times10^3$。这正在关于该参数报道值的范围内。

式(1-19) 和式(1-20) 相当于 Monod 方程，但在 Monod 方程中 K_s 完全是经验常数，而前者的优点是 k_L 具有明确的含义。通过式(1-20)，可以预估 K_s 的近似值、物理特性改变的影响以及操作变量。这明显简化了得到一个动力学表达式的工作，因为它只需要得到一个经验性的 $\mu_{\max}$ 即可。

2. 其他生长动力学方程

Monod 方程式只是描述在生长慢、细胞浓度低情况下的基质限制生长。在这种环境下，生长率简单地与 S 相关。在高细胞数水平下，有毒代谢产物变得更重要。除 Monod 方程外，还有其他几种方程可用于描述基质限制生长：

① Blackman 方程它简单地将 K_s 加倍，取消 Monod 方程给出的指数生长和减速生长之间的平滑转变：

$$\mu=\mu_{\max}\ \text{如果}\ S>2K_s$$
$$\mu=\mu_{\max}/2\ \text{如果}\ S<2K_s \tag{1-22}$$

② Tessier 方程（1942 年）它采用指数形式而非双曲线形式：

$$\frac{\mathrm{d}X}{\mathrm{d}t}=\mu_{\max}\times X\left[1-\exp\left(-\frac{S}{K_s}\right)\right]$$
$$\mu=\mu_{\max}(1-\mathrm{e}^{-S/K_s}) \tag{1-23}$$

③ Moser 方程（1958 年）：

$$\frac{\mathrm{d}X}{\mathrm{d}t}=\mu_{\max}\frac{X}{1+K_sS^{-\lambda}}$$
$$\mu=\mu_{\max}S^{\lambda}/(K_s+S^{\lambda}) \tag{1-24}$$

式中　λ——经验常数。

当 $\lambda=1$ 时，上式就是 Monod 方程。

④ Contois 方程式（1959 年）对于菌体浓度较高，发酵液黏度较大，特别是丝状菌生长的情况，比生长速率随细胞质量增加而减少：

$$\frac{\mathrm{d}X}{\mathrm{d}t}=\mu_{\max}\frac{S/X}{K_s+S/X}\times X$$
$$\mu=\mu_{\max}S/(K_sX+S) \tag{1-25}$$

式中　S/X——单位菌体消耗的基质量。

此公式对污水处理很重要。

⑤ 有毒性代谢物积累时，很多产物抑制模型可以被使用。但是，一个半经验的逻辑方程已被成功应用于很多场合：

$$r_x = kX(1 - X/X_{max}) \tag{1-26}$$

式中　r_x——反应速率；

　　　k——常数。

应该注意到，方程中唯一变量（除时间外）就是生物量 X，取其积分形式，令 $X(0)=X_0$，则得到一逻辑曲线：

$$X = \frac{X_0 e^{kt}}{1 - (X_0/X_{max})(1 - e^{kt})} \tag{1-27}$$

丝状微生物如霉菌等，在悬浮培养时经常形成微生物小球。小球内部生长的细胞受到扩散抑制，因此，霉菌的生长模型通常包括大颗粒（类似包埋或凝胶固定化细胞）中颗粒内的同时扩散和营养消耗。丝状细胞也可以在潮湿的固体表面上生长，这种生长通常是一个复杂的过程，它包括生长动力学、营养的扩散和有毒的代谢副产物。而对于单独生长于液体培养基中的菌落，这些复杂过程的部分可以忽略。对于霉菌生长的方程，尤其是深层发酵的球状颗粒，有很多文献都做过较详细的分析。

3. 多基质时的生长动力学方程

培养物通常可以在不同的基质生长，但即使几种同时存在，也只有其中一种被作为主要的能源和/或碳源，只有当这种基质被耗尽时，另一种基质消耗所需要的酶系统才会发展起来，并以一个新的停滞期为代价。如果这些例子中的每一个动力学行为都可以用以前所提到过的其中一个单一基质动力学方程式描述，则最简单的近似式就是一个通用表达式，$F(S_i)$，当某一基质成为限制基质时，通用式将分解为适用于该特定基质 S_i 的式子。

虽然结合速率表达式的几种可能的方法已经描述过，但在分批培养中似乎涉及大于一种碳源时，它们将按顺序被利用；对于同时发生的连续培养，由 Imanaka 等发现的结论与实验数据极为吻合，他们以葡萄糖和半乳糖为碳源建立分批培养细胞生长模型如式(1-28)所示：

$$dX/dt = (\mu_1 + \mu_2)X \tag{1-28}$$

这里

$$\mu_1 = \mu_{max1}S_1/(K_1 + S_1) \tag{1-29}$$

$$\mu_2 = \mu_{max2}S_2/[K_2(1 + S_1/K_1) + S_1] \tag{1-30}$$

其中基质1代表葡萄糖，基质2代表半乳糖，S_1 及 S_2 分别代表葡萄糖及半乳糖的浓度；K_1 及 K_2 分别代表以葡萄糖及半乳糖为底物时的平衡常数，结果产生下面总的 μ 方程：

$$\mu = \mu_1 + \mu_2 = \mu_{max1}S_1/(K_1 + S_1) + \mu_{max2}S_2/[K_2(1 + S_1/K_1) + S_1] \tag{1-31}$$

这相当于已经被归纳的比生长速率的叠加表达式，即总的比生长速率 μ 等于利用葡萄糖的比生长速率 μ_1 和利用半乳糖的比生长速率 μ_2 之和。

另一方面，当营养不做任何改变时，问题则是本来存在的基质中的一个变成限制因素（如 C、N、O_2），μ_{max} 不会发生任何改变，其行为可由式(1-32)得到很好描述，它相当于几个 Monod 型表达式的乘积：

$$\mu = \mu_{max}[S_G/(K_G+S_G)][S_N/(K_N+S_N)][S_O/(K_O+S_O)] \qquad (1\text{-}32)$$

或

$$\mu = \mu_{max}\prod_{i=1}^{n}\left(\frac{S_i}{K_i+S_i}\right) \qquad (1\text{-}33)$$

式中　i——可以限制生长的营养物（G 代表碳源、N 代表氮源、O 代表氧）。

这相当于比生长速率的交互表达式。

三、产物形成动力学方程

细胞反应生成代谢产物有醇类、有机酸、抗生素和酶等，涉及范围很广。并且由于细胞内生物合成的途径十分复杂，其代谢调节机制也是各具特点。因此，至今还没有统一的模型来描述代谢产物生成动力学。

代谢产物和蛋白质释放到生长培养基中或在细胞内积累。产物的生成可分为以下几种形式。

① 主要产物是能量代谢的结果，例如在酵母厌氧生长过程中的酒精合成（Gaden 分类 I 型，称为相关模型，是指产物的生成与细胞的生长相关的过程，产物是细胞能量代谢的结果。此时产物通常是底物的分解代谢产物，分解产物的生成与细胞的生长是同步的）。

② 主要产物是能量代谢的间接结果，如霉菌好氧生长过程中柠檬酸的合成和细胞中 PHB（聚 β-羟基丁酸酯）的胞内积累（Gaden 分类 II 型，称为部分相关模型。该类反应产物的生成与底物消耗仅有间接的关系，产物是能量代谢的间接结果。在细胞生长期内，基本无产物生成）。

③ 产物是二次代谢物，如霉菌好氧发酵中青霉素的生产（Gaden 分类 III 型，称为非相关模型。产物的生成与细胞的生长无直接联系。该模型的特点是当细胞处于生长阶段时，并无产物积累，而当细胞生长停止后，产物却大量生成）。

④ 产物是胞内或胞外蛋白，这属于蛋白质合成领域，可以受到诱导和分解代谢抑制调节，如酶合成。

这 4 种细胞产物合成动力学可简单分成两类：一类是产物合成在生长过程中出现，称为生长偶联型，如图 1-6(a) 及式(1-34) 或式(1-35) 所示。

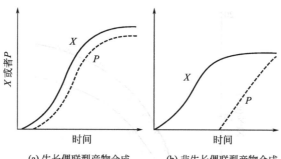

(a) 生长偶联型产物合成 (b) 非生长偶联型产物合成

图 1-6 分批发酵中细胞生长及产物形成的动力学形式

$$dP/dt = \alpha \, dX/dt \tag{1-34}$$

$$q_p = \alpha\mu \tag{1-35}$$

式中 P——产物浓度；

$\quad \alpha$——系数；

$\quad X$——生物量浓度；

$\quad q_p$——产物比生长速率，即 $q_p = (dP/dt)/X$。

这主要符合 Gaden 分类 I 型和第 4 种合成方式。

另一类的产物合成通常出现在细胞生长完成以后（或在相对低的生长率的情况下），称为非生长偶联型，如图 1-6(b) 及式(1-36) 或式(1-37) 所示。

$$dP/dz = \beta X \tag{1-36}$$

$$q_p = \beta \tag{1-37}$$

但是，实际上这些方程未能够反映产物合成既不是在生长过程出现，也不是在生长后出现的情况，如以上第二组（Gaden 分类 II 型）的柠檬酸和 PHB 的合成，或在很多情况下的青霉素的合成，即以上第三组（Gaden 分类 III 型）。

如图 1-6 所示，如果式(1-36) 有效，某些产物将在 $t=0$ 到 $t=t$ 之间合成，它与现存的细胞浓度成比例。为了克服这种模型的限制，在式中加入一项，表达通过基质（通常是氮，N）控制生长而实现产物合成抑制，结果产生式(1-38)

$$dP/dt = \beta X[K_N/(K_N + N)] \tag{1-38}$$

式中 N——基质中的氮浓度；

$\quad K_N$——以 N 为限制性基质的平衡常数。

其他物理量同前。

这个方程很好地模拟了甲基营养菌（methylotrophs）以甲烷为碳源以及产碱杆菌属（ralstonia eutropha）以 CO_2 为碳源时的 PHB 积累情况，产碱杆菌属结果如图 1-7 所示。

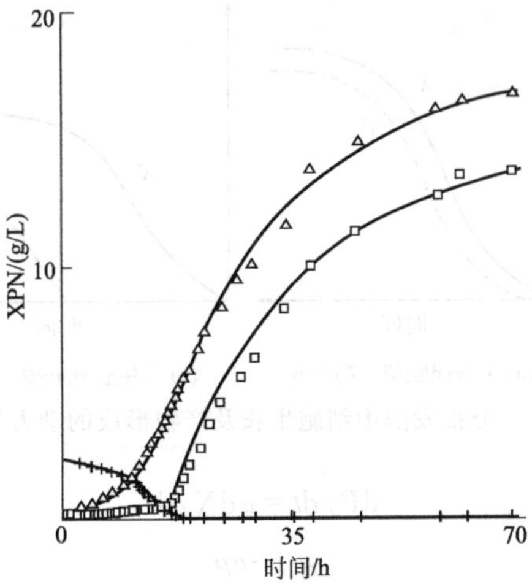

图 1-7　产碱杆菌属细胞生长及胞内产物 PHB 积累的实验数据

＋—代表培养基中的氮（N）；□—产物（P）积累；△—总细胞量（X），包括非产物生物量和产物生物量

在某些场合下，将式(1-34) 和式(1-36) 组合可以很好地模拟实际数据，这就是人们提到的混合生长偶联型，如式(1-39) 和式(1-40) 所示：

$$\mathrm{d}P/\mathrm{d}t = \mathrm{d}X/\mathrm{d}t + \beta X \tag{1-39}$$

$$q_{\mathrm{p}} = \alpha\mu + \beta \tag{1-40}$$

对于胞内聚合物（如 PHB）合成的情况，生物量包括了非产物生物量和产物生物量，因此总的生长必须分成两项，如式(1-41)，第一项（$\mathrm{d}R/\mathrm{d}t$）相当于细胞部分，它与蛋白质含量成比例，受培养基中限制蛋白质合成的营养（如 N）水平控制，R 表示余数。第二项（$\mathrm{d}P/\mathrm{d}t$）相当于胞内产物积累：

$$\mathrm{d}X/\mathrm{d}t = \mathrm{d}R/\mathrm{d}t + \mathrm{d}P/\mathrm{d}t \tag{1-41}$$

$$\mathrm{d}R/\mathrm{d}t = \mu_{\max}R[N/(K_{\mathrm{s}}+N)] \tag{1-42}$$

而 $\mathrm{d}P/\mathrm{d}t$ 由式(1-37) 得出。

四、高浓度基质及产物的抑制动力学

非常高的基质浓度可以抑制生长及产物合成。例如为了得到很高的生物量或产物浓度，需要在发酵过程中加入基质（如碳源等），称为流加发酵，因为不可能在发酵开始时就加入所有细胞生长及（或）产物合成所需的基质。如果以葡萄糖作为碳源，则通常发酵开始时的浓度不大于 150g/L，如果大于 350g/L 则使大部分微生物不生长，这是由于渗透性作用导致细胞脱水所致。这种现象称为基质抑制。有很多方程描述这种现象，并有综述概括。最重要的似乎是两个基质抑制方程：

非竞争性抑制：

$$\mu = \mu_{max}/[(1+K_s/S)(1+S/K_1)] \tag{1-43}$$

竞争性抑制：

$$\mu = \mu_{max}S/[K_s(1+S/K_1)+S] \tag{1-44}$$

式中　K_1——基质抑制常数，对竞争性抑制和非竞争性抑制是不同的。

其他物理量同前。

代谢产物在高浓度下产生抑制是极为普遍的。这些抑制既影响生长率，又影响产物代谢的比率。3个最常见的生长抑制方程如下。

竞争性抑制：

$$\mu = \mu_{max}S/[K_s(1+p/K_p)+S] \tag{1-45}$$

非竞争性抑制：

$$\mu = \mu_{max}/[(1+K_s/S)(1+p/K_p)] \tag{1-46}$$

$$\mu = \mu_{max}(1-p/p_{max}) \tag{1-47}$$

式中　p——产物浓度；

K_p——产物抑制平衡常数。

其他物理量同前。

另一方面，如果产物合成采用依赖于基质浓度的混合生长偶联模型表达，则：

$$\frac{dp}{dt} = \left(\alpha \frac{dX}{dt} + \beta X\right)\left(\frac{S}{K_s+S}\right) \tag{1-48}$$

式(1-48)中，产物抑制项可用几种方法包括，如式(1-49)～式(1-51)所示：

$$\frac{dP}{dt} = \left(\alpha \frac{dX}{dt} + \beta X\right)\left(\frac{S}{K_s+S}\right)e^{-Kp} \tag{1-49}$$

$$\frac{dP}{dt} = \left(\alpha \frac{dX}{dt} + \beta X\right)\left(\frac{S}{K_s+S+(K_s/K_p)P}\right) \tag{1-50}$$

$$\frac{dP}{dt} = \left(\alpha \frac{dX}{dt} + \beta X\right)\left(\frac{S}{K_s+S}\right)\left[1-\left(\frac{P}{P_{max}}\right)^{n_1}\right]^{n_2} \tag{1-51}$$

式(1-51)给出了一个更全面的抑制项，其中n_1值（通常大于1）和n_2值（通常大于0而小于1）将取决于抑制作用的类型。

当产物抑制出现时，通常产物浓度已高至实际上令合成停止的浓度（$P > P_{max}$），即：

$$dP/dt = 0 \tag{1-52}$$

式(1-51)和式(1-52)已被成功用于模拟酵母生产甲醇和柠檬酸的合成。

五、环境因素对生长及代谢的影响

微生物生长及产物形成动力学受到环境条件（如温度、pH 等）的影响。温度是影响细胞特性的关键因素。生物反应器中所采用的大部分微生物是中温菌（20℃＜T＜50℃），有些也可能是嗜冷菌（T＜20℃）或嗜热菌（T＞50℃）。

图 1-8 所示为一个典型的生长速率曲线，它是绝对温度倒数的函数。当温度向最适温度方向增加时，每升高 10℃，生长率大约增加 1 倍。当超过最适温度后，生长率下降，随后出现死亡。从而得到净增长率方程：

$$\mathrm{d}p/\mathrm{d}t = (\mu - k_d)X \tag{1-53}$$

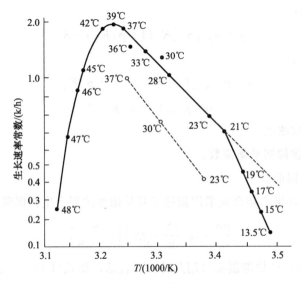

图 1-8 大肠杆菌生长速率的 Arrhenius 图

●—采用复合丰富培养基；○—采用葡萄糖矿物盐培养基；K—1K＝−273.15℃

这里 μ 和 k_a，可以用下列 Arrhenius 方程温度的函数表示，即：

$$\mathrm{d}X/\mathrm{d}t = (A\mathrm{e}^{-E_a/RT} - A'\mathrm{e}^{-E_d/RT})X \tag{1-54}$$

式中 t——时间，s；

E_a——活化能，J/mol；

E_d——死亡的活化能，J/mol；

μ——比生长速率，s^{-1}；

k_d——微生物的衰减系数，s^{-1}。

第一项代表比生长速率随温度的增加，E_a/RT 代表图 1-8 曲线右侧的斜率。典型的 E_a 值在 10～20kcal/mol（1kcal＝4.184kJ）。式（1-54）的第二项表示热死亡，当温度大于最适温度时它就显得很重要，E_d 值远大于 E_a 值，通常范围在 251～335kJ/mol（60～80kcal/mol）。因此，热死亡通常比细胞数增长对温度改变敏感得多。E_d/RT 代表图 1-8 曲线左侧的斜率。

pH 也会影响微生物的生长，但通常发酵都是在最适 pH 范围内或附近，对大多数微生物来说，可接受的 pH 范围可以是围绕最佳值变化 1～2 单位（总的 pH 变化范围达 3～4 个单位）。在某些情况下，生长的最适 pH 与产物形成时的 pH 是不同的（如酸合成）。哺乳动物细胞则对 pH 的变化非常敏感。不同细胞的最适 pH 见表 1-3。

表 1-3　不同细胞的最适 pH

细胞	pH 范围	细胞	pH 范围
细菌	4～8	植物细胞	5～6
酵母	3～6	动物细胞	6.5～7.5
霉菌	3～7		

有时细菌可以在 pH 低至 3 的环境下生长，但这是一种特殊情况。在独特的 pH 下进行的发酵具有优势，它们通常可以运行较长时间而不被污染，因为可以污染它们的微生物极少。

发酵过程中 pH 可以改变。这通常取决于基质的特性，尤其是其中的氮源。常用的氮源是氨，随着发酵的进行，氨被细胞利用，pH 将下降。发酵过程进行 pH 控制即可解决这一问题。但是，对于大的发酵罐，在整个发酵培养过程中将产生较大的 pH 梯度。

第四节　生物反应器的质量与热量传递

一、生物反应器的质量传递

质量传递在选择反应器形式（搅拌式、鼓泡式、气升式等）、生物催化剂状态（悬浮或固定化细胞）和操作参数（通气率、搅拌速度、温度）中起决定性的作用，并将直接或间接影响过程中各步骤以及系统周期性单元设计的很多方面。

反应器中微生物的所有活动最终导致生物量的增加或形成所期待的产品，它与环境的质量传递及微生物的热量扩散有联系。基质在发酵液体积内扩散和代谢物的扩散率必须满足以反应器为整体的质量和热量衡算。在普通气-液反应器中，低溶解度气体的传递是最明显的问题，这是由于基质连续供给的需要，否则在液体中它将瞬间耗尽，变为限制反应速率的反应物。对于好氧生化过程，氧的供给已成关键问题。供氧速率通常被认为是生物反应器的选择和设计中的主要问题。

物质从实际化学反应点传递或传递到实际化学反应点的速率，可以影响，有时甚至掩饰化学转化的真实速率。在这些情况下，实际上所测的是总速率，被称为过程的"宏观动力学"。在特定的生化过程下，包括数千个化学反应，每一个单一反应的宏观动力学不但难于观察和跟踪，而且几乎是没有用的。即使是最精细的结构模型，对复杂的活细胞来说也只是粗略的近似。在大部分实际应用中，在给定的环境条件下，人们只是对细胞水平上的速率感兴趣。这些速率对假定能够识别分子水平现象的观察者来说是宏观动力学，对细胞水平的观察者来说就成为基本的或宏观动力学方面的信息。以下将整个细胞看作催化活点，并定义宏观动力学的第二水平，包括在细胞和环境间发生的运输现象。两步可以区分如下：气-液相之间的传递，液相与微生物之间的传递。当细胞发生凝聚时，热和质量的传递必须首先从液体传至凝聚物，然后传至凝聚物内，如果是固定化细胞，还需增加进一步的过程步骤。

1. 气-液质量传递

生化工程师感兴趣的重点一般是从实验室规模设备上得到的数据是否可以用于实际大规模生物反应器的设计中。必须选择及决定反应器结构的最相关参数是体积质量传递系数 $k_L A$，它是质量传递的比速率，指在单位浓度差下，单位时间、单位界面面积所吸收的气体。它取决于系统的物理特性及流体动力学。体积质量传递系数是由两项产生的：①质量传递系数 k_L，它取决于流体的物理特性和靠近流体表面的流体动力学；②通气反应器单位有效体积的气泡面积 A。今天人们已清楚知道，k_L 对动力输入的依赖是相当弱的，而界面面积是一个重要的物理特性、几何设计及流体动力学功能，它是一个集总参数，不能定义在一点上。另一方面，质量传递系数实际上是基质（或其他被传递的化合物）的质量通量 N_s 与推动这一现象的梯度（浓度差）之间的比例因子：

$$N_s = k_L (S_1 - S_2) \tag{1-55}$$

式中 S_1、S_2 为分别表示 1 和 2 两个质量传递之间的基质浓度值。

在实际反应器中，有可能同时共存较宽范围的梯度值，因此，必须选择代表整个反应器的值。

由此可见，质量传递系数的值取决于式(1-55)的定义采用的浓度。这就意味着确定它是代表反应器的流体动力学模型。缺乏对这一事实的认识是个别著作里出现错误数据的原因。它们采用错误的驱动力计算质量传递系数。最常见的错误是为了简化计算，在没有保证假设有效的条件下假设混合完全均匀。

显然，好氧培养时，气-液体系中氧的传递极为重要。通常来说，微生物的呼吸和底物微生物氧化中是不需要酶的，无论间歇式培养还是连续培养都需要不断通入空气。氧气是难溶于水的气体，常温条件下，一个标准大气压下，空气和水之间平衡的溶解氧（dissolved oxygen，简称为 DO）仅为 10mg/L 以下，在反应器的典型通气过程中，氧气的饱和溶解度为 7～8mg/L，是非常低的。另一方面，$1cm^3$ 的微生物培养体系中有 1 亿～10 亿个细胞，因此对于这些数量庞大的细胞集团来说需氧量是非常大的。如果反应中通气停止，则几秒后溶氧浓度就接近于 0 了。因此，连续地将氧气从气相转移至液相对于维持胞内完全氧化代谢是一项基本要求，如何比较经济地解决氧气需求量的问题是非常重要的。如果几分钟内培养基中未通气，会严重影响需氧培养模型——产黄青霉菌生产青霉素的发酵能力；然而对于兼性好氧微生物——酿酒酵母或大肠杆菌而言，短暂的缺氧过程会剧烈地改变它们产物的合成。

　　一般来说，微生物反应比化学反应的时间要长，有用物质的生产成本占运行成本的大部分，此部分成本主要消耗在给微生物反应提供必需的氧气包括气体的通入和搅拌等部分。实际上微生物能利用的氧气量和向反应器中通入的空气中的氧气量相比是非常低的（大多数情况下低于 20%）。可以看到，大部分氧气是无法被利用的。以上的事实说明，对于好氧微生物反应来说，氧气的传质是非常重要的。

　　氧由空气泡传递到生物细胞可分成几个步骤进行，可以用传统的氧传递理论表述如下：①氧从气相主体扩散到气液界面；②氧通过气液界面；③通过气泡外侧的滞流液膜，到达液相主体；④在液相主体溶解；⑤通过细胞或细胞团外的滞流液膜，到达细胞团与液体的界面；⑥通过细胞或细胞团与液体的界面；⑦在细胞团内的细胞与细胞间的介质中扩散；⑧通过细胞膜进入细胞内；⑨在细胞内部进行扩散与反应。

　　各个步骤为串联过程，氧的总传递阻力为各个步骤的阻力的总和。其中步骤①～④表示供氧过程及其阻力，步骤⑤～⑨表示耗氧过程及其阻力。当单个细胞以游离状态悬浮于液体中时，步骤⑦过程及其传质阻力不存在。在上述传递过程中，由于气相主体与液相主体呈湍流流动，扩散速率较大，可以忽略其传质阻力，也可不考虑细胞间的传质阻力，因此总传递速率主要决定于气液界面间的传递速率。当细胞凝聚成块或采用固定化细胞时，溶氧传递至细胞簇内部的效率十分低下，因此内部细胞会因缺氧而凋亡。因此，对于悬浮细胞的培养，步骤③通常是整个传递过程的限速步骤。

　　常见的氧传递模型分为三种，分别为双膜理论、渗透扩散理论和表面更新理论，而后两种理论是在前面理论的基础上提出的。虽然后面两种理论相对双膜理论来说考虑得更为周全，以瞬间和微观的角度详细分析了传质机理，但是双膜理论参数少，较为简单，因此以双膜理论为基础的应用更为广泛。

（1）双膜理论　其认为气液两相之间存在一个界面，两侧分别是呈层流状态的气膜和液膜，气液界面上两相的浓度是相互平衡的，不存在传递阻力，并且两相的主流中不存在氧浓度差，氧在双膜间的传递以定态的形式进行，所以氧气在气液两膜间的传递速率是相同的。

（2）渗透扩散理论　其是在双膜理论的基础上进行修正，认为层流或静止液体中气体的吸收传递并非定态过程，而是液膜中氧是边扩散边吸收，氧浓度的分布也随时间而变化。

（3）表面更新理论　其又是在渗透扩散理论修正的基础上提出的，认为液相各微元内气液的接触时间是不等的，并且液面上各微元被其他微元置换的概率也是相同的。

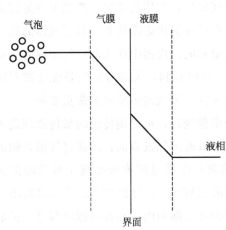

图 1-9　气体在发酵过程中的传递

图 1-9 所示为气体在发酵过程中的传递途径。关于氧气传质的问题，首先需要考虑氧气的溶解度。

溶解氧是与微生物直接相关的环境因素。溶解氧对于不同的微生物来说，都与其生长以及代谢反应直接相关，是一种必须要考虑的营养源（基质）。对于好氧代谢，氧气作为呼吸反应最终的氢元素受体（或者是电子受体），最终生成水。这种化学反应主要由氧化酶负责，氧化酶大致可分为细胞色素酶和黄素酶。而在利用脂肪烃和芳香烃等碳源的场合中，含碳基质分子直接吸收氧气，这种反应是由加氧酶来催化的。气体的溶解度受分压、温度、盐（电解质）的浓度等因素影响。气相中氧气的分压 p_{O_2} 由亨利法则（Henry's law）决定。

其次叙述微生物利用氧气的速率和氧气的消耗速率等问题，以明确微生物对氧气的需要。

氧气的摄入速率（oxygen uptake rate，OUR）和摄氧率 $r_{O_2}[\text{g}/(\text{L·h})]$ 由式(1-56) 计算：

$$OUR = r_{O_2} = q_{O_2}x \tag{1-56}$$

式中　r_{O_2}——摄氧率，单位时间内单位体积的发酵液需氧量，$\text{g}/(\text{L·h})$；

　　　q_{O_2}——呼吸强度，单位时间内单位质量的细胞所消耗的氧气，$\text{g}/(\text{g·h})$；

x——细胞浓度，单位体积发酵液的细胞干重，g/L。

分批式操作中，因为 q_{O_2} 和 x 是随时间而变化的，所以 r_{O_2} 是时间的函数。一般来说，r_{O_2} 在对数生长期后期达到最大。按照最大的氧吸收速率 q_{O_2}，推算是比较安全的。对于恒化器型连续操作的稳定状态，用式(1-57)来表示：

$$\widetilde{r_{O_2}} = \widetilde{q_{O_2}}\widetilde{x} \tag{1-57}$$

要实时监测 q_{O_2} 随时间的变化，采用沃堡（Walburg）压力计检测很费时间，建议使用下面介绍的测量方法；可以通过分析生物反应器的出口和入口气体中氧气含量（经常使用氧化锆式气体分析计）求得，这种情况下得到整个生物反应器的平均值。q_{O_2} 数值的大小随使用菌株和培养条件变化而变化，但一般在 $0.05 \sim 0.5$g/(g·h)。

计算 q_{O_2} 的时候，对于一般的微生物反应关系式，根据燃烧反应的守恒方程得到下面的方程：

$$1/Y_{x/O_2} = \Delta[O_2]/\Delta x = A/Y_{x/s} - B - CY_{p/x}/Y_{x/s} \tag{1-58}$$

$\Delta[O_2]/\Delta x$ 是生长 1g 细菌所必需的氧气量，因此氧气与细菌收率的倒数相等。A、B、C 分别表示完全燃烧 1g 基质、干燥菌体、代谢产物时需要氧气的量。B 的数值随着细菌组成的变化而变化，比较常用的数值为 1.33g/(g·h)。若已知 Y_{x/O_2}，则

$$q_{O_2} = \mu/Y_{x/O_2} \tag{1-59}$$

因此，可以计算 $q_{O_2 max}$：

$$q_{O_2 max} = \mu_{max}/Y_{x/O_2} \tag{1-60}$$

最小培养基条件下，不生成除菌体、水、二氧化碳气体以外的代谢产物的时候，$C=0$，则联立式(1-58)、式(1-59) 可以得到下面的方程：

$$q_{O_2} = (A/Y_{x/s} - B)\mu \tag{1-61}$$

最后需要考虑满足这些需要的反应器的设计及操作条件的确定，以及氧气供应速率等工程方面需要考虑的问题。微生物反应体系中，气液界面附近的氧气消耗作用较小，可以认为氧气首先以物理吸收，然后在液相主体被消耗。这样氧气依次经过从气泡本身→气膜→液膜→液相主体→微生物细胞膜→微生物细胞内的生化反应这几个阶段。另外，在传递过程中，气泡周围的液膜阻力占支配地位。因此，培养体系的 OAR（氧的吸收速率，oxygen absorptive rate）可以用式(1-62) 表示。

$$OAR = k_L A\{[DO]^* - [DO]\} \tag{1-62}$$

气相、液相完全混合，且液相的深度没有影响的情况下，分批式操作（对于氧气实际上是半批式操作）中氧气的吸收和消耗，可由式(1-62) 和式(1-56) 联立求得。

$$d[DO]/dt = OAR - OUR = k_L A\{[DO]^* - [DO]\} - q_{o_2}x \qquad (1-63)$$

一般的分批式反应中，[DO] 的变化近似于稳态，令 $d[DO]/dt = 0$，得：

$$[DO]_t = [DO]^* - (q_{o_2})_t x_t / (k_L A)_t \qquad (1-64)$$

另外，[DO] 降到 0 时，$k_L A[DO]^* = q_{o_2}x$，r_{o_2} 由 $k_L A$ 控制。对于分批式操作，所需的 $k_L A$ 的方程为：

$$(k_L A)_{所需} = q_{o_2,\max X_{稳态}} / \{[DO]^* - [DO]_{临界}\} \qquad (1-65)$$

恒化器型连续操作中，$k_L A \gg f/V$，因此在稳态可以采用与式(1-64) 同样的方程表示：

$$[\widehat{DO}] = [DO]^* - \widetilde{q_{o_2}}\widetilde{x} / (k_L A) \qquad (1-66)$$

$k_L A$ 数据可从已发表的相关文献得到，但必须记住哪些是基于有限实验数据的概括。所设计的设备与原来实验系统的几何结构以及物理参数越接近，设计就越安全。测定 $k_L A$ 常用的方法有三种，分别为亚硫酸盐法、动态法和静态法。

① 亚硫酸盐法　亚硫酸盐法是应用较为广泛的测定氧的体积传质系数 $k_L A$ 的方法。其一般适用于在非培养情况下测定反应器的传质系数。基本原理为：在反应器中加入含有铜离子或钴离子为催化剂的亚硫酸钠溶液，进行通气搅拌，亚硫酸钠与溶解氧生成硫酸钠。由于亚硫酸根离子与氧的反应非常快，远大于氧的溶解速度，所以当氧溶解于 Na_2SO_3 溶液中立即被还原，因此反应速率由气液相的氧传质速率控制，而且反应液中的溶解氧浓度始终为零。

以铜离子或钴离子为催化剂，亚硫酸钠的氧化反应式为：

$$2Na_2SO_3 + O_2 \xrightarrow{Cu^{2+}或Co^{2+}} 2Na_2SO_4 \qquad (1-67)$$

过量的碘与反应剩余的 Na_2SO_3 反应，再用标准的 $Na_2S_2O_3$ 溶液滴定剩余的碘。根据 $Na_2S_2O_3$ 溶液消耗的体积，可求出 Na_2SO_3 的浓度。由此可得（由于 $c = 0$）：

$$k_L A = \frac{[Na]}{c^*} = \frac{\dfrac{d[Na_2SO_3]}{dt}}{c^*} \qquad (1-68)$$

将测得的反应液中残留的 Na_2SO_3 浓度与取样时间作图，由 Na_2SO_3 消耗曲线的斜率求出 $d[Na_2SO_3]/dt$，再由上式求出 $k_L A$。

该方法要多次取样，因此，有人提出只需要分析出口气体中氧的含量，省去滴定操作的 $k_L A$ 测定方法。$k_L A$ 可由下式给出：

$$k_L A = \frac{\rho V_A}{c V_L}(G_{进} - G_{出}) \qquad (1-69)$$

式中　$k_L A$——体积传质系数，1/h；

ρ——空气的密度，kg/m^3；

V_A——空气的体积流量，m^3/h；

V_L——反应液的体积，m^3；

$G_进$、$G_出$——进口、出口气体中的氧的摩尔分数；

c——反应液饱和溶氧系数，kg/m^2。

亚硫酸盐法的优点是方法简单并且适应 $k_L A$ 值较高时的测定，有利于研究反应器的性能、放大和操作条件的影响。但对于大型反应器来讲，每次实验需要消耗大量的高纯度的亚硫酸盐。此外模拟溶液的理化性质不可能完全与实际发酵液相同，要求较高的离子浓度，但同时较高离子浓度会降低界面面积和传质系数。

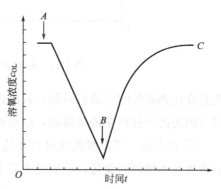

图 1-10　动态法测量溶氧浓度随时间的变化

② 动态法　利用发酵过程中细胞的呼吸活性，通过测量氧的非稳态质量平衡估算 $k_L A$。测定方法如图 1-10 所示。

开始通气一段时间，然后停止向培养液中通气（图中 A 点），当溶氧浓度下降至一定的水平，并且不低于临界溶氧浓度时，恢复通气（图中 B 点），随后让溶氧浓度逐渐升高；直至达到新的稳态（图中 C 点）。过程中氧的物料平衡式为：

$$\frac{dc}{dt} = k_L A(c^* - c) - r_{o_2} \tag{1-70}$$

当停止通气后，由于不存在气液两相的氧传递，则 $k_L A(c^* - c) = 0$，并且溶氧的下降速率等于氧的消耗速率，故求得的 AB 线的斜率等于氧消耗速率 r_{o_2}，c 为溶氧浓度。

上式可以改写为：

$$c = \left(-\frac{1}{k_L A}\right)\left(\frac{dc}{dt} + r_{o_2}\right) + c^* \tag{1-71}$$

根据恢复通气后溶氧变化的曲线，求出一定溶氧浓度对应的 dc/dt（即曲线的斜率），将 c 对 $(dc/dt + r_{o_2})$ 作图可以得一直线，其斜率为 $-1/k_L A$，在 y 轴上的截距为 c^*。见图 1-11。

动态法的优点是可用溶氧电极测定溶氧随时间的变化而简单地求出 $k_L A$。这种方法操作简单，受溶液中其他离子干扰少，而且还可在微生物培养状态下连续地测量，所得信息可迅速为发酵过程参考，但是使用这种方法存在一定的局限性。首

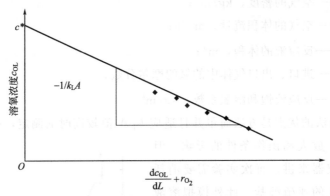

图 1-11　利用动态过程数据求 $k_{\mathrm{L}}A$ 和 c^*

先存在传感器的响应滞后问题，其次在溶氧溶度低于微生物临界溶氧浓度时不能使用（因为此时过程受传质限制，停止通氧时测定的摄氧率不为常数）。

③ 稳态法　当发酵连续进行并达到了稳态时，反应器内菌体浓度为常数，溶氧浓度也不随时间变化，耗氧速率等于供氧速率，即 $dc/dt=0$，因此：

$$r_{\mathrm{o}_2}=k_{\mathrm{L}}A(c^*-c) \tag{1-72}$$

故而有：

$$k_{\mathrm{L}}A=\frac{r_{\mathrm{o}_2}}{c^*-c} \tag{1-73}$$

稳定状态下有：

$$r_{\mathrm{o}_2}=\frac{V_{\mathrm{A}}}{V_{\mathrm{L}}}(G_{进}-G_{出})\frac{P}{760}\times\frac{273}{T+273}\times\frac{6}{2.24} \tag{1-74}$$

式中　P——空气压力，mmHg（1mmHg=133.32Pa）；

　　　T——空气温度，K；

　　　V_{A}——空气的体积流量，L/min；

　　　V_{L}——反应液的体积，L；

$G_{进}$、$G_{出}$——进口、出口气体中的氧的摩尔分数，mol/mol；

　　　另外，r_{o_2} 也可由溶解氧浓度的线性变化求得。

2. 机械搅拌生物反应器的质量传递

细胞所需的基质需要通过环绕它的边界层，然后才能进入细胞进行反应，进而合成相应的产物。通常情况下，微生物并不是自由悬浮于液体中，而是凝聚成絮状、颗粒状或固定在载体上。这种情况下就增加了质量传递过程的步骤，基质需要先从液相主体扩散至颗粒表面，再经过颗粒内的微孔达到颗粒内的表面的细胞或酶表面，最后才能被利用。同时反应产物经相反的过程进入液相主体。为了提高基质与细胞或酶的有效接触，通常需要通过搅拌装置的设计以提高反应器内的质量传递。通常质量传递的比速取决于输入到系统中的能量。这些能量消耗在剪切作用、循环以及液体混合上。剪切力能将大气泡打碎，产生小气泡，从而产生大的界面面积。

能量可通过搅拌叶做轴功以及采用通气方式做气体的膨胀功进入系统，因此建议采用以下的总方程式：

$$k_L A = A_1 (P_i / V_L)^\alpha (J_G)^\beta \tag{1-75}$$

式中　P_i——输入功率，W；

　　　V_L——液体体积，m^3；

　　　J_G——气体的空塔速度，m/s。

其他物理量同前。

A_1 为系数，常数 α 和 β 取决于系统的几何尺寸和液体的流变学特性。

Robinson 等提出了一个考虑流体特性影响的修正方程：

$$k_L A = A_1 (P_i / V_L)^\alpha (J_G)^{\beta\xi} \tag{1-76}$$

这里

$$\xi = (\rho_L)^{0.533} (D_L)^{2/3} \sigma^{-0.6} (\mu)^{-0.33} \tag{1-77}$$

式中　ρ_L——液体密度，kg/m^3；

　　　D_L——氧在液膜中扩散系数；

　　　σ——表面张力，N/m；

　　　μ——黏度，Pa·s。

由于 ξ 中没有包括离子强度的影响，作者给出了几套不同的 A_1、α 和 β 值，分别对应于水和盐溶液。这在低黏度下是正确的。Van'tRiet 概述了在搅拌容器中相同范围黏度的质量传递速率，并推荐一个考虑搅拌器高度处静压力的修正方程：

$$k_L A = A_1 (P_i / V_L)^\alpha (J_G P_a / P_s)^\beta \tag{1-78}$$

式中　P_a、P_s——大气中及搅拌叶高度处的静压力。

它们给出了对应聚结及非聚结流体的不同的常数值。这种分别考虑聚结及非聚结流体来表示结果的方法在文献中是相当普遍的。原因是我们缺乏有关控制这种复杂现象的变量的知识。

黏度对质量传递速率的影响对搅拌罐是很重要的，尤其在高黏度下（图 1-12）。当黏度在 0.5kPa·s 以下，质量传递系数（传质系数）几乎与流体黏度无关，但之后，相关性则很大。

Cooke 等采用纸纤维模拟丝状菌发酵培养的流变学，研究了在实验室及中试规模发酵集的混合及气-液速度传递比率。他们发现，在式(1-75)中加入包含悬浮液黏度的因子 ξ，使其与实验数据非常吻合。

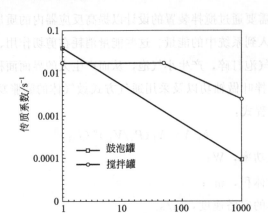

图 1-12　搅拌罐和鼓泡罐中液体黏度对质量传递系数的影响

高黏度流体的适当通气是非常困难的，在这些情况下就需要多叶片搅拌器及特殊设计的搅拌叶。

相对于氧气的气液传递，呼吸过程或发酵过程会生成二氧化碳，其同样需要快速的传递，过高的二氧化碳浓度会抑制微生物的代谢途径，因此二氧化碳的连续快速去除途径也是必需的。

3.气体搅拌生物反应器的质量传递

（1）鼓泡塔　从结构及操作的观点，鼓泡塔是最简单的一种反应器，属于气体搅拌反应器。它们是简单的容器，容器内气体喷入液体中，没有运动部件，容器内物料搅拌所需要的所有能量及培养所需要的氧均由喷入容器中的气体（通常为空气）提供。

由于剪切损伤，鼓泡系统一直被认为对动物细胞及其他敏感培养物有害。为此，有人建议采用避免气体与含有细胞的培养基直接接触的系统。这在实验室规模是可行的，但在大规模设备中，鼓泡反应器仍然是对生长最有利的。另一方面，在大规模生产中，鼓泡反应器的结构及操作简单等实际优点都给人留下了深刻印象。因此，鼓泡塔在化学及生化工业中都占有重要的位置。

鼓泡塔的质量传递在技术文献中一直是一个受关注的主题。Akita 和 Yoshida 方程式已被普遍接受，当考虑质量传递系数时成为一控制点：

$$k_L A D_c^2 / D_L = (Sh)(AD_c) = 0.6 Sc^{0.5} Bo^{0.62} Ga^{0.31} \in^{1.1} \qquad (1-79)$$

其中 ∈ 由下式给出：

$$\in / (1 - \in)^4 = c_1 Bo^{1/8} Ga^{1/18} Fr^{1.0} \qquad (1-80)$$

式中　D_c——塔直径，m；

D_L——氧在液膜中扩散系数；

Sh——-Sherwood 准数；

Sc——施密特数 $[\mu(\rho_L D_L)^{-1}]$；

Bo——Bodenstein 数 $[gD_c/\sigma]$；

Ga——伽利略数 $(gD_c^2\rho_L^2\mu^{-2})$；

Fr——弗劳德准数 $[J_G(D_c)^{-0.5}]$；

ρ_L——液体密度，kg/m^3；

σ——表面张力，N/m；

μ——液体黏度，$Pa\cdot s$。

（2）气升式反应器　气升式反应器给大规模生化过程提供了一些好处，尤其是动植物细胞培养，原因在于气升式反应器与传统生物反应器在流体动力学方面的差别。在传统的搅拌及鼓泡反应器中，液体运动所需要的能量是通过搅拌器或气体分布器在反应器的一点集中输入。气升式反应器不存在这种高能耗散率的点，因此剪切力场均匀得多。在生物反应器中运动的细胞或凝聚细胞不必忍受强烈的改变，流体流动具有主导作用。所以设备的几何设计尤其重要，特别是底部间隙（它代表反应器底部的流动阻力）以及气体分布器的设计对质量传递速率具有很大的影响，内循环气升式反应器各种因素的关系式如下：

$$Sh=6.82\times10^4 Fr^{0.9}PM^{-3.4}Ga^{0.13}X_{dr}^{-0.07}Y^{-0.18}(1+A_d/A_r)^{-1} \quad (1\text{-}81)$$

除了已知的 Sh、Fr 和 Ga 以外，这里介绍几何比 M，它是气泡分离组数 $[D_s(4D_c)^{-1}]$，具有反映气体分离区的作用，D_s 为气体分离区的直径；X_{dr} 为底部间隙比，解释底部设计；Y 为顶部间隙比，解释顶部空隙设计；A_d/A_r 为导流筒与反应器的横截面积之比。

对于外循环气升式反应器，Popovic 和 Robinson 提出了下面的方程式：

$$k_L A=1.911\times10^{-4}(J_G)_r^{0.525}(1+A_d/A_r)^{-0.853}\mu^{-0.89} \quad (1\text{-}82)$$

式中　$(J_G)_r$——反应器的气体空塔速率，m/s；

μ——液体黏度，$Pa\cdot s$

这是基于用羧甲基纤维素（CMC）溶液和水的实验数据所得到的结果。

应该强调的是，Popovic 和 Robinson 的方程式没有考虑气体分布器的形状及间隙，只考虑横截面积比（A_d/A_r）作为变量，与式(1-81)相反，与定义的几何学有关。

4. 液体-微生物之间的质量传递

细胞所需的基质扩散通过环绕它的边界层，然后进入细胞进行反应。最重要的问题之一是必须弄清控制的关键步骤是在细胞内还是在细胞周围。这一知识使我们能预测流体的物理特性可能对过程速率所造成的影响。

　　Rotem 等研究了黏度对紫球藻 *Porphyridium*. sp 生长速率的影响。将藻放在含有本身细胞壁多糖的可溶性成分培养基中培养，随着培养基中多糖浓度的增加，藻生长速率和最大细胞数相应减少。增加多糖浓度也抑制细胞的碳源消耗速率，从而抑制光合成。试管培养试验结果显示，对硝酸盐、碳酸氢盐、磷酸盐和钠的质量传递系数随着多糖浓度的增加而减小。可得出如下结论：生长速率的减小是营养传递受到高浓度多糖阻碍所致。

　　5. 微生物活性对质量传递的增强作用

　　当气体被液体吸收并发生反应，由于化学反应使所吸收的气体浓度改变，吸收率会增强。这种增强作用可推广至大部分的湍流系统质量传递模型。这些推论的一个有趣特性是所有不同模型所预示的增强作用实际上是相等的，因此，可以采用一个简单的模型——膜模型（film model）。

　　氧被吸收到发酵液中，类似于气体被吸收到液体中，它与悬浮的小颗粒发生反应。氧在气-液界面扩散时被消耗，因此氧的吸收速率被增强。实验表明，在表面通气搅拌中氧的吸收率高于物理吸收的预期值。这种现象可以用所观察到的气-液界面附近微生物的积聚进行解释。

　　在表面通气搅拌中，当质量传递系数 k_L 较小时，氧的吸收速率将随微生物的活性增大而增强。微生物的分布也是一个影响因素，尤其是当表面的浓度远大于主体内的浓度时。另一方面，在传统的通气罐、搅拌罐或鼓泡塔中，质量传递系数相对较高，则微生物所消耗的氧对氧的传递速率不会加强。

　　虽然大部分通气生化过程都是如此，但通常在发酵罐设计时都没有考虑增强作用，而在充填量非常满的发酵液条件下的情况将发生改变。在这种情况下，质量传递系数将下降至很低，忽略增强因素的影响将由于氧传递的观点而导致发酵罐的设计误差过大。

　　6. 粒子间的质量传递

　　有些情况下，微生物不是自由悬浮于液体中，而是凝结成絮状、小丸状或固定于一固体支持物上（固定化酶的形式也是如此），这时质量传递过程就需要增加一个步骤。除了要穿越环绕粒子周围的液体边界层以外，扩散基质必须从外表面传送到生物转化实际发生的地方，这就意味着基质必须经过长而曲折的路程才能到达位于粒子中心的细胞处发生作用。扩散限制对所需要的生物催化剂量的影响已是众所周知，这种现象已长时间被观察和分析。另一方面，扩散限制可以被过程设计者用作人工控制的手段。作为固定化的结果，酶的操作稳定性可以补偿甚至超过粒子间扩散的有害方面。在受到保护的絮团、颗粒或酶支持物内部，pH 和温度的波动也将变缓。而且在其他方面它可能对溶液成分的消耗有利，正如大家所知的废水反硝化处理过程，会在通气罐内产生一个厌氧的环境。这可认为是质量传递限制所造成的。因为生物凝聚物的内部氧的消耗而提供了一个厌氧的微环境。因此，与传统催化剂相反，对于生物催化剂，有时可将粒子内扩散而引起的附加限制视为有利因素。尽管如此，大部分情况下，设计者均是以消除粒子间扩散的有害影响为目标。

二、生物反应器的热量传递

1. 细胞活动释放的热量

细胞活动热的释放与生物反应的化学计量之间存在着紧密的关系。图 1-13 基质消耗过程中能量的总平衡显示了一个好氧发酵过程和简单基质消耗的能量相等。

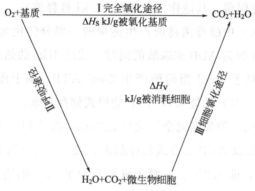

图 1-13　基质消耗过程中能量的总平衡

生长及维持所需要的能量来源于基质的氧化。物质的氧化总伴随着电子的转移，伴随着能量释放所进行的电子转移称为"有效电子转移"，氧化过程中每分子氧可以接收 4 个电子。例如：0.5mol 氧气与 1mol 氢气化合形成 1mol 水蒸气，同时放出 241.4kJ 热量，过程中有效电子转移数为 2，记作 2 (av, e^-)。当 1mol 葡萄糖完全氧化时，需要消耗 6mol 的氧，相应的有效电子转移数为：$6 \times 4 = 24$ (av, e^-/mol)。从大量实验得到，有机化合物氧化时每转移一个有效电子，平均释放出 111kJ 的热量，记作：

$$\Delta H_{av,e} = -111 kJ/(av, e^-)$$

因此，葡萄糖完全氧化释放的能量应为：

$$\Delta H_s^* = (-111) \times 24 = -2664 kJ/mol$$

但是，当我们用量热器测定葡萄糖燃烧过程得到的是：$\Delta H_s = -2804 kJ/mol$，两者相差在 5% 左右，这样的误差在工程上是允许的。因此可以用有效电子转移数来计算有机物氧化所释放的能量，这在工程上是十分方便的。任何有机物只要写出其氧化的反应方程式，根据反应式中所消耗氧的物质的量，就可以计算出反应所释放的能量。

葡萄糖作为营养源，在生物体内彻底氧化分解时：

$$C_6H_{12}O_6+6O_2 \longrightarrow +6CO_2+6H_2O+2871kJ$$

即在生物体内，1mol 的葡萄糖在彻底氧化分解以后，共释放出 2871kJ 的能量。如果代谢产物分别为酒精和乳酸，它们的燃烧热分别为：

$$C_2H_5OH+3O_2 \longrightarrow 3CO_2+3H_2O+1368kJ$$

$$CH_3CHOHCOOH+3O_2 \longrightarrow 3CO_2+3H_2O+1337kJ$$

1mol 葡萄糖在酒精发酵或乳酸发酵中产生的反应热分别为 136kJ 和 197kJ。葡萄糖经酒精发酵分解后有 2871kJ−136kJ＝2735kJ 转移到酒精中保留（也就是乙醇燃烧热 1368×2kJ 被保留，其他作为生成热 136kJ 被释放）。

酒精发酵（厌氧）中醇母菌将所产生能量的一部分转化为 ATP。在标准状态下 1mol ATP 加水分解为 ADP 和磷酸的同时，放出 31kJ 的热量。已知在酒精发酵或乳酸菌发酵中相对于 1mol 葡萄糖产生 2mol ATP。基于此，在酒精发酵中有 46％（2×31/136＝0.46）的能量以 ATP 的形式储存起来。

好氧反应中，1mol 葡萄糖完全氧化生成 38mol 的 ATP，31×38/2871＝0.41，也就是说 41％的能量以 ATP 的形式储存起来。乳酸发酵（厌氧时）的能量效率为 31×2/2871＝0.022，即 2.2％。一般厌氧培养中 Y_{ATP}（细胞质量与 ATP 物质的量的比值）约为 10.5g/mol，好氧培养中为 6~29g/mol。

图 1-14 所示为不同微生物在不同培养基生长的耗氧速率与产热速率的简单比

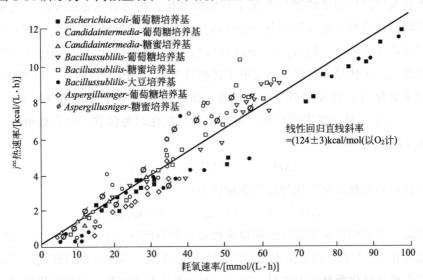

图 1-14　几种微生物在不同培养基中生长的耗氧速率与产热速率的关系

1kcal＝4.184kJ

例。表 1-4 和表 1-5 所示分别为基质和细胞产率对需氧量及释放热的影响，采用不同基质时微生物连续培养过程中的释放热。如果某一特定系统找不到相应数据，也可采用 Minkevich 和 Ershin 发现的规律（112.8kJ/单位传递给氧的有效电子）进行化学计算得到一个相当接近值。

表 1-4　基质和细胞产率对需氧量及释放热的影响

微生物	基质	细胞产率 /(g/L)	需氧量 /(g/100g)(以细胞计)	释放热 /(kJ/100g)(以细胞计)
细菌	n-烷烃	1.0	172	3266
酵母	n-烷烃	1.0	197	3345
	糖类	0.5	67	1591

表 1-5　采用不同基质时微生物连续培养过程中的释放热

基质	细胞产率/%基质	释放热/(kJ/100g)(以细胞计)	热释放速率/(kJ/h)
n-烷($C_{12} \sim C_{18}$)	100	3270	50
甲烷	60	7550	125
蔗糖	50	1590	25

2. 反应器中的热量传递

生物反应对温度有严格的要求，因此有必要对生物反应器中的热传递进行了解。含有微生物和细胞的反应过程的速率相对低，因此一般在反应器中因热影响导致局部温度变化的问题并不普遍。即使是有高分子产物释放到培养基中并产生很高的黏度，仍不需要将热传递作为控制步骤，因为这样一个黏度的培养基也妨碍质量传递，从而使得热量的产生受到限制。这些情况下需关注的要点仍是质量传递而非热量传递。对于固定化酶催化的反应将需要不同的考虑。

搅拌发酵罐中的热量传递可用化学反应器设计的方程进行计算。通气过程中由于气泡的存在，大多数情况下会产生剧烈的湍流，但不会使这些装置中热传递速率发生很大改变。

鼓泡塔中的热传递速率远大于单相流所期望的速率。这是由鼓泡塔中的流动特性，即气泡驱动的湍流和液体的再循环所造成的。

对于气升式反应器，其流动状态类似于鼓泡塔，如果内部再循环度高，或者较接近管道中的净两相流状态，则建议采用管道传热方程进行计算。

3. 生物反应器中的热量计算

能量存在于物质之中，物质代谢过程即是能量代谢过程。在微生物反应过程中，消耗的基质中的能量一部分通过合成代谢转移到细胞和产物中贮存起来，其余部分通过分解代谢转化为热能（发酵热）释放出来，生物反应器中的能量平衡可表示为：

$$Q_{生物}+Q_{搅拌}+Q_{气体}=Q_{累积}+Q_{交换}+Q_{辐射}+Q_{蒸发}+Q_{废气} \quad (1\text{-}83)$$

式中　$Q_{生物}$——营养基质被菌体分解产生大量的热能，部分用于合成高能化合物
　　　　　　　ATP，供给合成代谢所需要的能量，多余的热量则以热能的形式
　　　　　　　释放出来，形成生物热；

　　　　$Q_{搅拌}$——搅拌器转动引起的液体之间和液体与设备之间的摩擦所产生的
　　　　　　　热能；

　　　　$Q_{气体}$——通风搅拌所产生的热量；

　　　　$Q_{累积}$——体系中积累的热量；

　　　　$Q_{交换}$——向冷却器转移的热量；

　　　　$Q_{辐射}$——通过罐体向大气辐射的热量；

　　　　$Q_{蒸发}$——蒸发造成的热损失

　　　　$Q_{废气}$——废气因温度差异所带走的热量。

当 $Q_{废气}$、$Q_{累积}$ 和 $Q_{气体}$ 可忽略不计时，反应过程中需要被冷却装置带走的总热量为：

$$Q_{总}=Q_{交换}=Q_{生物}+Q_{搅拌}-Q_{蒸发}-Q_{辐射} \quad (1\text{-}84)$$

化合物标准的燃烧热可代表其所包含的化学能。如果微生物发酵过程中各种物质的变化量（基质的消耗量、菌体的生长量和产物的生产量）都能够进行测量，那么就可以利用标准燃烧热的数据计算出理论发酵热（分解代谢热）。方程如下：

$$-\Delta H_{c}=\sum_{i=1}^{m}(-\Delta H_{Si})(-\Delta S_{i})-\sum_{j=1}^{n}(-\Delta H_{Pj})(\Delta P_{j})-(\Delta H_{a})(\Delta X)$$

$$(1\text{-}85)$$

式中　ΔH_{c}——发酵过程释放的分解代谢热，kJ；

　　　ΔH_{Si}——第 i 项基质的标准燃烧热，kJ/mol；

　　　ΔS_{i}——第 i 项基质的消耗量，mol；

　　　　m——基质的总项数；

　　　ΔH_{Pj}——第 j 项产物的标准燃烧热，kJ/mol；

　　　ΔP_{j}——第 j 项产物的生成量，mol；

　　　　n——产物的总项数；

　　　ΔH_{a}——干菌体的标准燃烧热，kJ/g，往往因菌体不同而不同，一般取值
　　　　　　　为-22.15kJ/g。

应用化合物的标准燃烧热数据可进行生物反应过程的能量衡算。将式(1-85)各项对发酵时间微分并移项得：

$$\sum_{i=1}^{m}\left(-\Delta H_{Si}\right)\left(-\frac{\mathrm{d}S_i}{\mathrm{d}t}\right)=\left(-\Delta H_a\right)\left(\frac{\mathrm{d}X}{\mathrm{d}t}\right)-\sum_{j=1}^{n}\left(-\Delta H_{Pj}\right)\left(\frac{\mathrm{d}P_j}{\mathrm{d}t}\right)+\frac{\mathrm{d}H_c}{\mathrm{d}t}$$

$$(1-86)$$

式(1-86)是发酵过程能量衡算式：式左边为总化学能消耗率；右边第一项是菌体化学能转移率，第二项是产物化学能转移率，第三项是分解代谢能（发酵热）释放率。

图 1-15 所示为乙醇、甘油发酵流程。实际生物反应过程中的热量计算，可采用如下 4 种方法：

图 1-15　乙醇、甘油发酵流程示意图

① 通过反应中冷却水带走的热量进行计算。根据经验，每立方米发酵液每小时传给冷却器最大的热量为：青霉素发酵约为 25000kJ/($m^3 \cdot h$)，链霉素发酵约为 19000kJ/($m^3 \cdot h$)，四环素发酵约为 20000kJ/($m^3 \cdot h$)，肌苷发酵约为 18000kJ/($m^3 \cdot h$)，谷氨酸发酵约为 31000kJ/($m^3 \cdot h$)。

② 通过反应液的温升进行计算。根据反应液在单位时间内（如 0.5h）上升的温度而求出单位体积反应液放出热量的近似值。例如，某味精生产厂，在夏天不开冷却水时，$25m^3$ 发酵罐每小时内最大升温约为 12℃。

③ 通过生物合成进行计算。如本节开始所述。

④ 通过燃烧热进行计算。

$$Q_{总}=\sum Q_{基质燃烧}-\sum Q_{产物燃烧} \qquad (1-87)$$

式中　$Q_{基质燃烧}$——基质的燃烧热；

$Q_{产物燃烧}$——产物的燃烧热。

生物反应器中的换热装置的设计，首先是传热面积的计算。换热装置的传热面积可由式(1-88)确定：

$$A=Q_{总}/K\Delta t_m \qquad (1-88)$$

式中　A——换热装置的传热面积，m^2；

$Q_{总}$——由上述方法获得的反应热或反应中每小时放出的最大热量，kJ/h；

K——换热装置的传热系数，kJ/($m^2 \cdot h \cdot$℃)；

Δt_m——对数温度差，℃，根据冷却水进出口温度与醪液温度而确定。

根据经验，夹套的 K 为 $400\sim700\text{kJ}/(\text{m}^2\cdot\text{h}\cdot\text{℃})$，蛇管的 K 为 $1200\sim1900\text{kJ}/(\text{m}^2\cdot\text{h}\cdot\text{℃})$，如管壁较薄，对冷却水进行强制循环时，$K$ 为 $3300\sim4200\text{kJ}/(\text{m}^2\cdot\text{h}\cdot\text{℃})$。气温高的地区，冷却水温高，传热效果差，冷却面积较大，1m^3 发酵液的冷却面积超过 2m^2。在气温较低的地区，采用地下水冷却，冷却面积较小，1m^3 发酵液的冷却面积为 1m^2。发酵产品不同，冷却面积也有差异。

第五节　生物反应器的剪切力问题

化学过程中反应器的放大基本上是集中于如何使在大规模容器中的平均产率与小型实验室规模反应器的相同，但要达到这一目的并不是一件简单的任务，这是因为大容器的流体力学经常是复杂的而且难于建立模型。大容器中质量和热量的传递遵从对流机制，并通常与湍动涡流有关，因此，剪切流在反应器中经常存在。流体剪切作用的大小是生物反应器设计和优化的一个重要参数。特别是对剪切作用非常敏感的生物反应体系，如动植物细胞培养、某些丝状菌的培养和酶反应体系。在反应器设计时，则必须考虑流体剪切的影响。习惯上承认过度剪切会损伤悬浮细胞，导致活力损失，对于易碎细胞甚至会出现破裂。但是，在某些情况下，可发现在一定限制范围内的剪切具有很多正面影响。这些正面影响可能是由于热和质量传递速率的增强而引起。有人提出，剪切本身有时对培养生长速率及代谢物产率具有有益的影响，在这种情况下，剪切将成为过程动力学的一个参数。对于给定的一个反应器设计，黏度和动力输入将决定流动方式，它将影响反应器在微观规模及宏观规模下的性能。剪切的出现作为前者的证据之一，它直接影响热及质量传递，从而影响生物量的生长及产物形成。

一、剪切力的计算方法

流体剪切作用来自于反应器内机械和气流的搅拌作用。下面就机械搅拌和气流搅拌所产生的剪切力的估算方法分别加以讨论。

1.机械搅拌的剪切力

生物反应器内装有机械搅拌的目的，一方面是使细胞或固定化酶等生物催化剂保持悬浮状态；另一方面是使反应器内物料混合均匀，对于需氧的细胞反应过程，也促进氧从气相传递到培养液中。为此，搅拌转速一般较高，以使流体呈湍流状态，因而也产生了较强的流体剪切力。机械搅拌反应器的流体剪切力有以下几种估算方法。

（1）积分剪切因子　图 1-16 所示为搅拌器桨叶附近的速度分布与切变率估计。

其特征为桨叶叶端附近的流动速度最大，而在器壁上的流动速度为零。为估计桨叶与器壁之间的剪切力，可计算沿两者之间距离的平均速度差，即积分剪切因子 ISF（integrated shear factor, s^{-1}）。

$$ISF = \frac{\Delta u_L}{\Delta x} = \frac{2\pi nd}{D-d}$$

式中 u_L——流动速度，m/s；

        D——反应器直径，m；

        d——搅拌器直径，m。

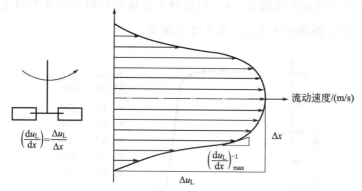

图 1-16　桨叶附近的速度分布与切变率估计

图 1-17 所示为贴壁依赖型 FS-4 动物细胞在微载体上培养的相对生长速率与 ISF 的关系。图中相对生长速率是指有剪切力作用下培养所得的细胞数与没有剪切力作用下培养所得细胞数的比值。可见，当 ISF 增加到一定的数值，由于剪切造成细胞损伤，细胞的生长停止。

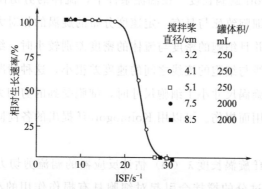

图 1-17　FS-4 动物细胞的相对生长速率与 ISF 的关系

一般在较大容量的反应器中，由于桨叶叶端与容器的器壁距离较远，桨叶叶端的速度造成的剪切作用较小，因此用桨叶叶端与器壁间的平均速度差能较好地反映这种情况。积分法可用于直接计算反应器中的剪切力，但其结果的精确性不够。

（2）时均切变率　由于反应器中不同黏度的流体流股之间的流动内摩擦力、流体与搅拌器等固体表面摩擦力等原因所产生的流动速度较高的湍流是一种随机变化的流型，故可用时均切变率［time-averaged shear rate $\gamma_{均}$（s^{-1}）］估算这种情况的流体剪切作用，以分析反应器内的流体速度分布随空间位置（例如反应器中液面和底部）和时间的变化规律。

图 1-18 所示为动物细胞株 FS-4 的相对生长速率与时均切变率的关系。当 $\gamma_{均}$ 约为 $2.5s^{-1}$ 时，细胞停止生长，发生死亡现象。

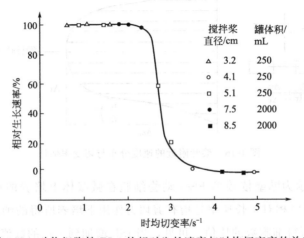

图 1-18　动物细胞株 FS-4 的相对生长速率与时均切变率的关系

（3）Kolmogoroff 旋涡长度　在湍流条件下，流体的剪切作用与细胞所处环境的速度分布有关，细胞致死与具有一定速度分布的旋涡的相对大小有关。当旋涡尺寸大于细胞尺寸，并且细胞的密度与流体的密度差别较小时，细胞会随流体一起运动，这时流体的流线与细胞的流线之间的速度差很小，这种情况下细胞受到的剪切力较小；相反，当旋涡尺寸小于细胞尺寸时，细胞受到的剪切力较大，因而细胞可能受到剪切力的作用而损伤。可以用 Kolmogoroff 提出的各向同性湍流理论对此进行分析。

用 Kolmogoroff 旋涡长度 λ（m）估计反应器的湍流剪切力，与运动黏度和搅拌输入功率有关。过分的搅拌会引起对细胞具有损伤作用的小尺度旋涡的形成。图 1-19 所示为动物细胞株 FS-4 在各种黏度培养液中的相对生长速率与旋涡长度的关系，实验结果显示反应器中对细胞损伤作用较大的平均旋涡长度小于 $100\mu m$，一般这个尺寸是平均微载体直径的一半。

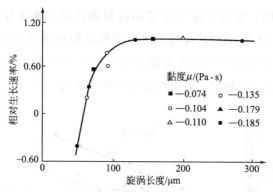

图 1-19 不同黏度下动物细胞株 FS-4 的相对生长速率与旋涡长度的关系

2. 气流搅拌的剪切力

在一仅有气流搅拌的鼓泡反应器中，同样会产生大小不等的剪切力。如图 1-20 所示，气泡在鼓泡反应器中经历形成、上升和气液分离三个过程，各个过程都会对细胞造成损伤。其中，气体分布器的气体喷嘴附近的剪切力是反应器中最小的区域，其大小取决于通气速率和喷嘴的内径。在气泡上升过程中，细胞受到的剪切力与喷嘴附近的剪切力在同一数量级。气泡脱离液面的过程对细胞的损伤最大，细胞受到的剪切力最大。主要影响因素是液体的表面张力、密度和气泡的液膜厚度。如图 1-21 所示，气液分离开始时，气泡的上部被液膜覆盖，然后液膜破裂形成气腔，这时液膜处于气腔的下方，气液分离过程的剪切力据估算比气泡的形成和上升过程的剪切力大 100～1000 倍。

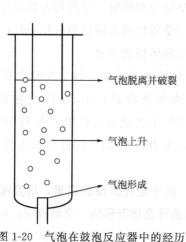

图 1-20 气泡在鼓泡反应器中的经历

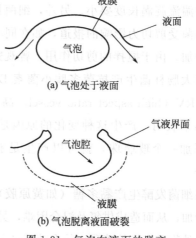

图 1-21 气泡在液面的脱离

将 k_d（细胞比死亡速率常数，s^{-1}）与 V_g（通气速率，m^3/s）和 H_L（液面高度，m）对应作图，得到了图 1-22 所示的细胞比死亡速率与通气速率和液面高度的关系。如图 1-22 所示，对符合上述模型假设的鼓泡反应器的细胞培养过程，影响细胞流体力学损伤的主要因素为通气速率和反应器液面高度。通气速率越大，液面高度越高，则 k_d 值越大，表明细胞死亡速率越大。

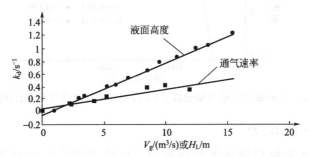

图 1-22　细胞比死亡速率常数与通气速率和液面高度的关系

　　许多生物细胞和酶对剪切作用十分敏感，因而开发剪切力低，并且混合传质效果好的反应器是生物反应器研究与开发的发展方向之一。目前低剪切生物反应器的开发一是通过搅拌器的改型，例如由涡轮桨改型为轴向流搅拌桨；二是开发新型生物反应器，例如旋涡膜式反应器和无泡式反应器等。

二、剪切力对微生物的影响

1.细菌

　　一般认为，细菌对剪切是不敏感的。细菌大小一般为 $1\sim2\mu m$，这比发酵罐中常见的湍流旋涡长度要小。另外，细菌具有坚硬的细胞壁，受剪切力影响较小。但也有细菌受剪切力影响的报道，如在同心圆中受剪切的大肠杆菌（$E.coli$）细胞长度会增加。由于搅拌的剪切作用，曾观察到细胞体积的变化。

　　用大肠杆菌生产抗菌多肽小菌素 B17，在摇瓶培养时，B17 在胞内积累；但在 HARV（high aspect ratio vessel，高截面纵横比容器）中，B17 分泌到胞外。研究结果表明，产生这种变化的原因是 HARV 中的低剪切作用。在 HARV 中即使只添加一个玻璃珠，就可以产生足够的剪切力，使 B17 积累在胞内而不分泌到胞外。

　　在细菌发酵生产黏多糖（如黄原胶）时，由于胞外多糖的积累，培养液的黏度逐渐增加，从而造成供氧及混合困难，另在细胞外会逐渐形成一个黏液层，从而造成细胞内外物质交换的障碍，使多糖产量下降。为提高多糖产量，反应器中的滞流层及细胞外的黏液层必须通过高剪切力作用除去。如在一种新型细菌多糖 Methylan 生产中，当剪切力逐渐增加到 30Pa 时，Methylan 产量增加，细胞外多糖层造成的传质限制被消除或减弱。

2. 酵母

酵母比细菌大，一般为 $5\mu m$，但比常见的湍流旋涡长度仍要小。酵母细胞壁较厚，具有一定剪切抗性，但是酵母通过出芽繁殖或裂殖会产生疤点，其出芽点及疤点是细胞壁的弱处。有报道证明酵母出芽繁殖受到机械搅拌的影响。

3. 丝状微生物

丝状微生物包括霉菌和放线菌，在工业上特别是抗生素生产中应用广泛。霉菌是一种丝状真菌，属真核生物，包括毛霉、根霉、曲霉、青霉等。放线菌属原核生物，包括链霉菌、诺卡菌、小单孢菌等。霉菌和放线菌都形成分枝状菌丝，菌丝可长达几百微米。

在深层浸没培养中，丝状微生物可形成两种特别的颗粒，即自由丝状颗粒和球状颗粒。在自由丝状形式下，菌丝的缠绕导致发酵液的高黏度及拟塑性。这样就导致发酵液中混合和传质（包括氧传递）非常难。为增强混合和传质，需要强烈搅拌，但高速搅拌产生的剪切力会打断菌丝，造成机械损伤。如果菌丝形成球状，则发酵液中黏度较低，混合和传质比较容易，但菌球中心的菌可能因为供氧困难而缺氧死亡。

（1）球状形式　丝状微生物通过相互缠绕形成球状，菌球大小一般为 0.2～10mm，研究表明菌球大小取决于菌球形成及后续时期的搅拌强度。

丝状微生物形成菌球有两种类型。一种是共聚类型，在孢子萌发期形成，结果是菌球中含大量孢子。如曲霉每个菌球就含几百个孢子。对于这种类型，强烈的搅拌会阻止菌球的形成。另一种是非共聚类型，每个孢子形成一个菌球，菌球形成后，通过菌丝断裂繁殖又会形成新的菌球，从而孢子/菌球小于 1。对于这种类型，搅拌对菌球的影响尚不十分明确。

菌球一旦形成后会呈现出不同形态，依形态可分为疏松球状、中心紧密外围疏松球状和紧密光滑球状。紧密光滑球状可能会由于菌丝自溶而形成中心空洞。这些菌球会受到搅拌和培养条件的影响，一般当搅拌强度增加时，菌球变小而紧密，如图 1-23 所示。

搅拌会对菌球产生两种物理效果：一种是搅拌削去菌球外围的育膜，减小粒径；另外一种是使菌球破

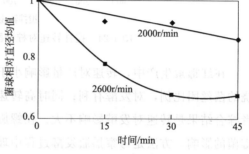

图 1-23　搅拌速度及时间对菌球直径的影响

碎。这些效果主要是由于遗流旋涡剪切引起。另外菌球间碰撞及菌球与间浆碰撞也可产生部分作用。

（2）自由丝状形式　在搅拌罐中也常遇到自由丝状形式的菌丝体。由于剪切会打断菌丝，所以需要控制搅拌强度。搅拌强度会对菌丝形态、生长和产物生成造成影响，还可能导致胞内物质的释放。具体影响如下。

① 对形态的影响。机械力对自由丝状微生物的作用是打断菌丝，改变菌丝形态，可以通过显微镜观察到形态的变化。1990 年 Packer 和 Thomas 报道的图像分析方法（image-analysis-based method）可用来定量描述菌丝的形态特征。对青霉素研究表明，搅拌转速增加会导致菌丝变短、变粗、菌丝分叉增多。红霉素生产中高速搅拌剪切使菌丝变短、变粗，但菌丝分叉减少。

② 对胞内物质释放的影响。有报道表明，由于搅拌强度的增加，核苷酸等低分子量物质会从真菌及链霉素中渗漏出来。但渗漏并不是细胞破裂引起，渗漏速率与培养条件及菌龄有关。

③ 对菌体生长和产物生产的影响。丝状微生物的生长和产物生产与搅拌密切相关。利用黑曲霉的三种突变株进行 11 批柠檬酸发酵试验表明，生物量及柠檬酸的生产均有一最佳搅拌转速（图 1-24）。在低搅拌转速下产量低可能是由于低转速下氧传递的限制，高转速下菌体生长加快但产量下降是由于剪切使菌丝损伤造成的。形态观察说明，高转速下菌丝变粗，缠绕紧密，分叉增多。

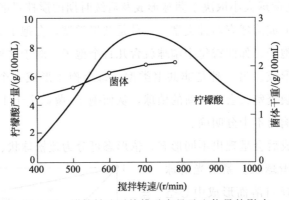

图 1-24　搅拌转速对柠檬酸产量及生物量的影响

在红霉素生产中，转速对产量影响小于 5%。可能是由于高转速降低了高度缠绕的菌丝团比例，对发酵有利；同时高转速下形成了小尺寸菌丝，对发酵不利。两者综合结果是转速对发酵影响不大。在螺旋霉素生产中，考察剪切力对螺旋霉素链霉菌的影响。方法是考察摇瓶发酵过程中玻璃珠数量、添加玻璃珠时间及不同发酵阶段添加玻璃珠对发酵的影响，以及在 50L 发酵罐上，通过改变搅拌速度调整对菌体的剪切力，并考察不同发酵阶段剪切力对发酵的影响。结果随着玻璃珠数的增加，菌体浓度和必特螺旋霉素产量下降明显；48h时添加玻璃珠对必特螺旋霉素合成有促进效果，效价提高8%，且菌体浓度变化不大。发酵前期（0～48h）和发酵后期（72～96h），过强的剪切力会对发酵产生不利的影响。在50L发酵罐中，不同发酵阶段调整剪切力，使发酵产物单位数比对照提高16.7%。可得出结论：剪切力对必特螺旋霉素合成有显著影响。

从以上分析可知，剪切对丝状微生物的影响没有统一的结论，菌株不同，剪切的影响不同。

三、剪切对动物细胞的影响

大规模的动物细胞培养应用越来越广泛，可生产许多有价值的药物如疫苗、激素、干扰素等。但是，动物细胞对剪切作用非常敏感。因为它们尺寸相对较大，一般为$10～100\mu m$，并且没有坚固的细胞壁而只有一层脆弱的细胞膜。因此，剪切敏感成为动物细胞大规模培养的一个重要问题。

不同剪切力对人脐静脉内皮细胞（human umbilical vein endothelial cells, HUVEC）表达基质金属蛋白酶-9（maxtrix metalloproteinase-9，MMP-9）的影响研究表明，低剪切力及振荡剪切力均能诱导体外培养的HUVEC对MMP-9mRNA的表达，且增加其蛋白质活性，而生理性剪切力却能抑制这种表达。

四、剪切对植物细胞的影响

植物细胞培养可用来生产一些高价值的植物细胞代谢产物，如奎宁、吗啡、紫杉醇等。植物细胞个体相对大一些，一般为$20～150\mu m$。内含较大液泡，细胞壁较脆，无柔韧性，这些特征表明植物细胞比动物细胞耐剪切能力稍好一些，但与微生物相比，对剪切作用仍很敏感，在高剪切环境下将损伤、死亡，具体表现为细胞膜整体性的丧失，生长活性下降，有丝分裂活性降低，结团尺寸减小，形态发生变化，胞内物质如蛋白质丢失，生长和次级代谢产物生成速率发生变化。研究胡萝卜细胞表明，细胞的各种生理活性受到剪切水平的影响，如导致细胞分解及破坏膜完整性的能量要比阻止生长及影响有丝分裂的能量高。

对海带配子体细胞以不同搅拌速率0～1000r/min、施加短期0～60h连续剪切的研究表明，海带配子体对连续剪切力较为敏感。连续剪切2.5d后，细胞损伤率随搅拌速度的增加呈S形曲线，其中，90r/min（叶端线速度为0.165m/s左右）为临界转速，此时细胞叶绿素浓度积累达到最大值2.36mg/L；中高速搅拌速率（270～1000r/min）下叶绿素浓度迅速下降，1000r/min下细胞损伤率为静止对照样的 18 倍。可见，适度的剪切力和连续剪切时间可加强传质，对细胞培养有利，但过大的剪切强度或过长的剪切时间均会造成细胞叶绿素浓度负增长，胞内氮、磷释放，细胞损伤率上升及细胞显微形态变化等负面影响。

东北红豆杉细胞的临界剪切力为 $0.36 \sim 0.57 \mathrm{Pa}$，当剪切力超过临界值时，细胞产生大量碎片并死亡；剪切力小于临界值时，显微镜下观察到细胞仍保持完整状态，不会导致细胞破碎和死亡，但剪切后的细胞生长发生停滞。

五、剪切对酶反应的影响

酶作为一种具有生物活性的蛋白质，剪切力会在一定程度上破坏酶蛋白质分子精巧的空间结构，引起酶的部分失活。一般认为酶活性随剪切强度和时间的增加而减小。

研究剪切对过氧化氢酶活性的影响，结果表明，酶的残存活性随剪切作用时间与剪切力乘积增大而减小。

在膜分离式的酶解反应器中，葡萄糖淀粉酶失活随叶轮叶尖速度增大而加快。在同样搅拌剪切时间下，酶活力的丢失与叶轮叶尖速度是一种线性关系。在同样条件下，凹槽叶轮搅拌引起酶失活最大，刮力叶轮次之，平板叶轮搅拌引起的酶失活最小，这与搅拌造成的流体剪切程度相符。

六、生物反应器中剪切力的比较

研究发现，以微孔、金属丝网作为空气分布器的三叶螺旋桨反应器（MRP）能提供较小的剪切力和良好的供氧，优于六平叶涡轮桨反应器，并认为在高浓度细胞培养时，MRP 型反应器将显示更大的优越性；离心式叶轮反应器（centrifugal impeller bioreactor）与细胞升式反应器（cell-lift bioreactor）相比具有较高升液能力，较低剪切力，较短混合时间，在高浓度下具有高得多的溶解氧系数，有用于剪切力敏感的生物系统的巨大潜力。

相对于传统搅拌式反应器，非搅拌式反应器所产生的剪切力较小，结构简单，其主要类型有鼓泡式反应器、气升式反应器和转鼓式反应器等。通过对培养紫苏细胞的生物反应器进行比较，发现鼓泡式反应器优于机械搅拌式反应器；但由于鼓泡式反应器对氧的利用率较低，如果用较大通气量，则产生的剪切力会损伤细胞。喷大气泡时，湍流剪切力是抑制细胞生长和损害细胞的重要原因。较大气泡或较高气速导致较高剪切力，对植物细胞有害。

气升式反应器中无机械搅拌，剪切力相对低，广泛应用于植物细胞培养的研究和生产。气升式反应器用于多种植物细胞悬浮培养或固定化细胞培养，但其操作弹性较小；低气速时，尤其高径比（H/D）大、高密度培养时，混合性能欠佳。过量供气及过高的氧浓度反而会影响细胞的生长和次生代谢产物的合成。将气升式发酵罐与慢速搅拌结合使用可弥补低气速时混合性差的弱点，采用分段的气升管，也有利于氧的利用与混合。气升式反应器中剪切对细胞的损伤主要是由于气泡破碎造成，但由于它的高径比（9∶1）大，可减少气泡破碎区，很多单克隆抗体在气升式反应器中即使在无血清的情况下也能培养成功。英国 Celltech 公司已成功地用 1000L 气升式反应器生产单克隆抗体。

转鼓式反应器用于烟草细胞悬浮培养的研究发现，与有一个通风管的气升式反应器相比，相同条件下转鼓式反应器中生长速率高，其氧的传递及剪切力对细胞的伤害水平方面均优于气升式反应器。

升流式生物反应器（lift-stream bioreactor）利用罐中心一根连有多孔板的杆上下移动达到搅拌的目的，可用于培养剪切力敏感细胞。

另外，许多有别于传统微生物反应器的新型反应器正用于植物细胞的研究生产，如用新型环回式流化床反应器（loop fluidized bed reactor）进行小果咖啡（coffea arabica）培养，消除了气体直接喷射引起的剪切力；用固定床反应器培养固定化烟草细胞，生长速率与摇瓶相同，胞内合成与摇瓶无明显区别；用一种植物细胞表面固定化培养系统，避免了传统搅拌罐悬浮培养中的流体流动力或剪切力问题，并促进植物细胞的凝聚，使次级代谢产物合成和积累增加；用植物细胞膜反应器将细胞固定在膜上 3mm 一层，培养基在膜下封闭回路循环流动，营养透过膜扩散至细胞层，次级代谢物透过膜扩散至培养基等。

第二章

通风发酵设备

通风发酵设备是需氧生化反应设备的核心和基础。20 世纪 40 年代中期，青霉素工业化生产和深层通风发酵技术的出现，标志着近代通风发酵工业的开始。

目前，常用通风发酵设备有机械搅拌式通风发酵罐、自吸式发酵罐、气升式发酵罐、塔式发酵罐、全自动发酵罐，其中机械搅拌式通风发酵罐占主导地位。

第一节　机械搅拌式通风发酵罐

机械搅拌式通风发酵罐是利用机械搅拌器的作用，使空气和发酵液充分混合，促使氧在发酵液中溶解，保证供给微生物生长、繁殖、发酵所需要的氧气。机械搅拌式通风发酵罐，能适用于大多数生物过程，如谷氨酸、柠檬酸、酶制剂、抗生素、酵母等发酵，是标准化的通用产品。对工厂而言，选用通用设备，对不同的微生物过程具有更大的灵活性。因此，通常只有在机械搅拌式通风发酵罐的气液传递性能或剪切力不能满足生物过程时，才会考虑用其他类型的发酵罐。

机械搅拌式通风发酵罐是目前使用最多的一种发酵罐。其使用性能好、适应性强、放大容易，从小型到大型微生物培养过程都可应用，故称为通用罐。其缺点是，罐内机械搅拌剪切力容易损伤细胞，造成某些细胞培养过程减产。

一、机械搅拌式通风发酵罐的结构

机械搅拌式通风发酵罐由罐体搅拌器、挡板、轴封、空气分布器、消泡器、传动装置、联轴器、冷却管、人孔、视镜以及管路等构成。其外形与结构如图 2-1 所示。

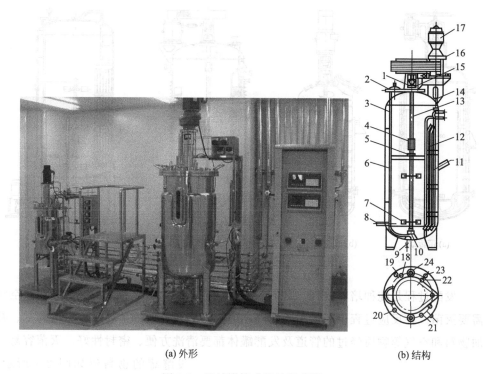

(a) 外形　　　　　　(b) 结构

图 2-1　机械搅拌式通风发酵罐

1—轴封；2—人孔；3—梯子；4—联轴器；5—中间轴承；6—温度计接口；7—搅拌叶轮；8—进风管；

9—放料口；10—底轴承；11—热电偶接口；12—冷却管；13—搅拌轴；14—取样管；15—轴承座；

16—传动带；17—电动机；18—压力表；19—取样口；20—进料口；21—补料口；

22—进气口；23—回流口；24—视镜

机械搅拌式通风发酵罐，是兼具机械搅拌和压缩空气分布装置的发酵罐。目前，最大的通用式发酵罐容积可达到 $1000m^3$。图 2-2 所示为目前工业化发酵企业中常用的各种型式的通用式发酵罐。

1. 发酵罐的物料流

发酵罐作为生物反应场所必须能满足生物反应对各种条件参数的需要。发酵是放热的，反应中需要不断将放出的热量移出，反应体系温度的控制是通过性能良好的换热器实现的。夹套式换热器只适合小型罐，沉浸蛇管式适合大型罐。

发酵过程中，需要对过程及其参数监控，如温度、酸碱度、溶解氧、空气流量、尾气氧、二氧化碳、罐内压力、装料体积等。另外，发酵过程中产生的泡沫需消除，一般采用加消泡剂的方法进行消除。因此，要在罐体上设计相应的仪器仪表的接口和物料进口。

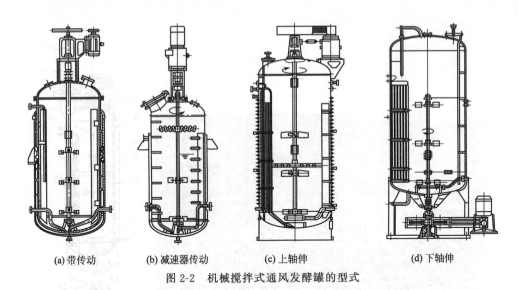

(a) 带传动　　(b) 减速器传动　　(c) 上轴伸　　(d) 下轴伸

图 2-2　机械搅拌式通风发酵罐的型式

　　发酵过程是纯种培养过程，是无菌操作，进入罐内的培养基、补加物料和空气需要灭菌。在反应过程中，罐内与大气相通时，必须安装无菌呼吸器。培养基、补加物料和空气等物质经过的管道及发酵罐体都要清洗方便、密封性好、灭菌容易。

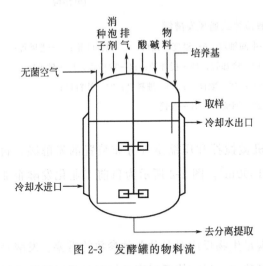

图 2-3　发酵罐的物料流

　　发酵罐的物料流如图 2-3 所示。进行发酵罐管道综合布置设计时，根据各种物料流的性质设计相应的进出管口。

　　2. 罐体

　　(1) 结构小型发酵罐直径在 1m 以下，上封头用法兰与罐身相连。为便于清洗，小型发酵罐顶部设手孔。对罐径大于 1m 的大、中型发酵罐，封头直接焊在罐身上，顶部设快开人孔及清洗用快开手孔，罐顶装视镜及灯镜。罐顶接管包括进料管、补料管、排气管、接种管和压力表接管等。罐身接管有冷却水进出管、进空气管、取样管、温度计管和测控仪表接口。

　　(2) 工艺对罐体的要求，罐体由圆柱体和椭圆形或碟形封头焊接而成，材料为不锈钢。为满足工艺要求，罐体须承受一定的压力和温度，要求能耐受 130℃ 和 0.15MPa（表压）。罐壁厚度取决于罐径、材料及耐受的压力。发酵罐内尽量减少死角，避免藏垢积污，灭菌能彻底，避免染菌。

3.发酵罐的搅拌器与挡板

物料混合和气体在发酵罐的分散靠搅拌器和挡板实现。搅拌器使流体产生圆周运动，称为原生流。挡板用以防止搅拌产生的中心旋涡。原生流受挡板作用产生轴向运动，称为次生流。原生流速和搅拌转速成正比，次生流速近似与搅拌转速的平方成正比。因此，转速提高时，主要靠次生流加速流体的轴向混合，使传质传热速率提高。

（1）搅拌器　搅拌器可使被搅拌液体产生轴向流动或径向流动、混合和传质，使通入的空气分散成气泡并与发酵液充分混合，使气泡破碎以增大气液界面，获得所需溶氧速率，并使细胞悬浮分散于发酵体系中，以维持适当的气-液-固（细胞）三相的混合与质量传递，同时强化传热过程。

① 搅拌器的类型　常见搅拌器外形及叶轮结构如图 2-4、图 2-5 所示。发酵罐中的机械搅拌器，分为轴向和径向推进两种型式。前者如桨叶式和螺旋桨式，后者如涡轮式。涡轮式搅拌器，按桨叶形状分为圆盘平直叶涡轮搅拌器、圆盘弯叶涡轮搅拌器、圆盘箭叶涡轮搅拌器等型式。

(a)圆盘平直叶涡轮搅拌器　　(b)圆盘弯叶涡轮搅拌器　　(c)圆盘箭叶涡轮搅拌器

图 2-4　几种常见的搅拌器外形

   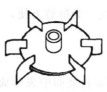 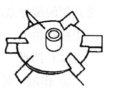

(a)螺旋桨推进式　(b)Lingtnin A315推进式　(c)圆盘平直叶涡轮　　(d)圆盘弯叶涡轮　　(e)圆盘箭叶涡轮

图 2-5　发酵罐搅拌器叶轮结构

② 搅拌器的特点　如图 2-6 所示，螺旋桨式搅拌器在罐内将液体向下或向上推进，形成轴向螺旋流动，混合效果较好，但对气泡分散效果不好。常用的螺旋桨叶数 $Z=3$，螺距等于搅拌器直径，最大叶端线速度不超过 25m/s。

圆盘平直叶涡轮和没有圆盘的平直叶涡轮的搅拌特性差别甚微，但圆盘平直叶

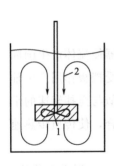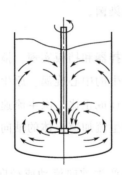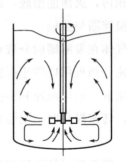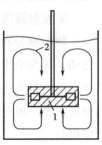

(a) 螺旋桨式搅拌器流动状态　　　　　　　　　　(b) 涡轮式搅拌器流动状态

图 2-6　液体在搅拌过程中流动状态

1—充分混合区；2—总体流动

涡轮的圆盘可避免大气泡从轴部叶片空隙上升，保证气泡更好分散。圆盘平直叶涡轮搅拌器具有很大循环输送量和功率输出，适用于各种流体，包括黏性流体、非牛顿流体的搅拌混合。

圆盘弯叶涡轮搅拌器的搅拌流型与平直叶涡轮相似，前者的液体径向流动较强烈。因此，在相同搅拌转速时，前者混合效果较好。由于前者的流线叶型，相同搅拌转速时，输出功率较后者小。因此，在混合要求特别高、溶氧速率相对要求略低时，选用圆盘弯叶涡轮。

圆盘箭叶涡轮搅拌器，搅拌流型与上述两种涡轮相近。其轴向流动较强烈，同样转速下，造成的剪切力低、输出功率较低。

涡轮式搅拌器结构简单、传递能量高、溶氧速率高。缺点是轴向混合差，搅拌强度随搅拌轴距增大而减弱。故培养液较黏稠时，混合效果下降。常用涡轮式搅拌器的叶片数为 6 个，也有 4 个或 8 个的。为强化轴向混合，采用涡轮式和推进式叶轮共用的搅拌系统。为拆装方便，大型搅拌叶轮可做成两半型，用螺栓联成整体装配于搅拌轴上。

（2）挡板

① 作用　是防止液面中央形成旋涡流动，改变液流方向，由径向流改为轴向流，促使液体剧烈翻动，增强湍动和溶氧传质。

② 尺寸　发酵罐内通常设 4~6 块挡板，宽度 $B=(0.1~0.12)D$，即可达到全挡板条件。全挡板条件是指在一定转速下再增加挡板或罐内附件，轴搅拌功率不再增加而液面旋涡基本消除的最低条件，如图 2-7 所示。此条件与挡板数 Z、挡板宽度 B 和罐径 D 之比有关。要达到全挡板条件，须满足式（2-1）要求：

$$\frac{B}{D}Z = \frac{(0.1~0.12)D}{D}Z = 0.5 \tag{2-1}$$

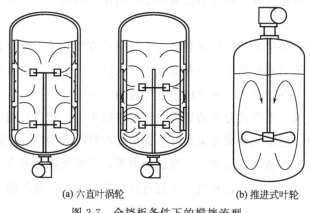

(a) 六直叶涡轮　　　　　　　(b) 推进式叶轮

图 2-7　全挡板条件下的搅拌流型

式中　D——发酵罐直径，mm；

　　　Z——挡板数；

　　　B——挡板宽度，mm。

③ 安装要求　挡板数量及安装方式不是随意的，它们影响流型和动力消耗。发酵罐内挡板沿罐壁周向均匀分布地直立安装。液体黏度低时，挡板可紧贴罐壁，与液体环向流成直角。黏度高时，挡板离壁安装，挡板离开罐壁距离为挡板宽度的1/5 至 1 倍。黏度更高时，将挡板倾斜一个角度，可防止黏滞液体在挡板处形成死角。罐内有传热蛇管时，挡板安装在蛇管内侧。挡板高度可改变流型，挡板上缘与静止液面齐平。液面上有轻浮不易润湿的固体物料时，需在液面上造成旋涡。这时，挡板上缘可低于液面 100～150mm，挡板下缘可到罐底。

发酵罐中除挡板外，还有冷却器、通气管、排料管等装置也起挡板作用。换热装置为列管或排管时，在足够多的情况下，发酵罐内不另设挡板。

4. 空气分布装置

（1）作用　空气分布装置可以吹入空气，并使空气均匀分布。通过改变气泡大小，改变气泡的比表面积。

（2）型式结构　空气分布装置的型式有单管式和环形管等。单管式分布装置，空气由分布管喷出上升时，被搅拌器打碎成小气泡，并与醪液充分混合，增强气液传质效果。第二种型式是开口朝下的多孔环形管，如图 2-8 所示。由于这种空气分布装置的空气分布效果在强烈机械搅拌的条件下，对氧

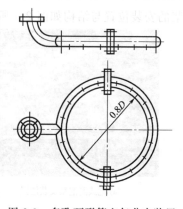

图 2-8　多孔环形管空气分布装置

的传递效果不比单孔管好，相反会造成不必要的压力损失，且物料易堵塞小孔，已很少采用。

在通气量较小的情况下，气泡直径与空气喷口直径有关。喷口直径越小，气泡直径越小，氧的传质系数越大。但在通气量较大的情况下，气泡直径仅与通气量有关，而与通气出口直径无关。风管内空气流速为 20m/s。

（3）安装要求　单管式分布装置管口正对罐底中央，管口与罐底距离可根据溶氧情况适当调整，使空气分散效果最好。为防止吹管吹入的空气直接冲击罐底，加速罐底腐蚀，在分布装置下部装置不锈钢分散器，可延长罐底寿命。多孔环形管环直径为搅拌器直径 0.8 倍时较有效。小孔直径为 5～8mm，喷孔朝下，孔总面积等于通风管截面积。

5.机械消泡装置

发酵过程中，由于发酵液中含蛋白质等发泡物质，在强烈通气搅拌下会产生大量泡沫。在通气发酵生产中，有两种消泡方法：一是加入消泡剂；二是使用机械消泡装置，即消泡器。

消泡器分为两大类：一类置于罐内，目的是防止泡沫外溢，它在搅拌轴或罐顶另外引入的轴（搅拌轴由罐底伸入时）上装上消泡桨，如耙式消泡桨；另一类置于罐外，目的是从排气中分离已溢出的泡沫，使之破碎后将液体部分返回罐内，如半封闭式涡轮消泡器。

通风发酵罐的消泡，对易起泡的发酵液，以添加油脂或合成消泡剂为主要消泡手段，辅助机械消泡。发酵罐机械消泡装置与蒸发器所用装置基本相同，通常采用耙式消泡桨或半封闭式涡轮消泡器。

（1）耙式消泡桨　耙式消泡桨是最简单实用的消泡装置。直接装在搅拌轴上，消泡耙齿底部比发酵液面高出适当高度，消泡器长度为罐径的 0.65 倍。耙式消泡桨的安装位置与结构如图 2-9 所示。

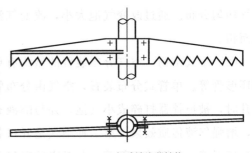

(a) 耙式消泡桨安装位置　　　　　　　　(b) 耙式消泡桨结构

图 2-9　耙式消泡桨的安装位置与结构

（2）半封闭式涡轮消泡器　如图 2-10 所示，泡沫直接被涡轮打碎或被涡轮抛出撞到罐壁而破碎。对下伸轴发酵罐，在罐顶装半封闭式涡轮消泡器，在高速旋转下，可达到较好的机械消泡效果。消泡器直径为罐径的 1/2，叶端线速度为 12～18m/s。

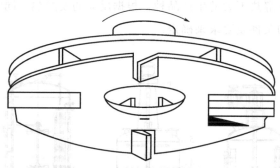

图 2-10　半封闭式涡轮消泡器

机械消泡的优点是不需引进消泡剂等物质，可减少培养液性质上的改变，节省原材料，减少污染机会。缺点是不能从根本上消除引起稳定泡沫的因素。

6. 罐的换热装置

发酵罐的换热装置如图 2-11、图 2-12 所示。有夹套式、内（外）盘管式、立式蛇管式。容积为 5m³ 以下的发酵罐（包括种子罐），采用夹套为传热装置。大于 5m³ 以上的发酵罐，因夹套传热面受限而采用立式蛇管、外盘管作为传热装置。夹套的传热系数为 630～1050kJ/(m² · h · ℃)，蛇管和外盘管的传热系数为 1260～1680kJ/(m² · h · ℃)。

为减少发酵罐内部件死角，减少泄漏机会，且易清洗，大型发酵罐采用外盘管

图 2-11　发酵罐内部换热装置

作为传热装置。它把半圆形钢、角钢制成螺旋形，或将条形钢板冲压成半圆弧形焊在发酵罐的外壁，同时提高冷却剂流速和质量，以提高传热系数。对生产品种发酵热较大的发酵罐，安置外盘管传热面积仍不够时，罐内还要安装立式蛇管加大传热面积。发酵罐传热面积的确定，按某生产品种的发酵过程中某时刻的最大发酵热作为设计依据。对发酵热不大的生产品种，根据反应的发酵热，同时考虑培养基灭菌的冷却形式、冷却条件及要求来确定。

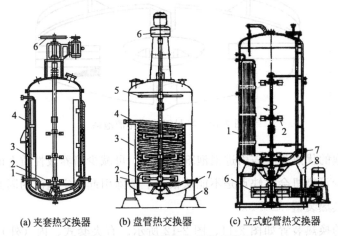

(a) 夹套热交换器　　　(b) 盘管热交换器　　　(c) 立式蛇管热交换器

图 2-12　发酵罐的换热装置类型

1—罐体；2—搅拌器；3—挡板；4—热交换器；5—消泡桨；6—传动机；7—通气管；8—支座

7. 轴封、联轴器和轴承

（1）轴封

① 轴封的作用　搅拌轴密封为动密封，即搅拌轴是转动的，顶盖是静止的，两个构件间具有相对运动。这时的密封要按照动密封原理设计。对动密封的基本要求是密封可靠、结构简单、寿命长。轴封的作用是使罐顶或罐底与轴间的缝隙加以密封，防止泄漏和污染杂菌。

② 轴封的结构　端面式轴向动密封，又称为端面机械轴封。有一对摩擦面的动密封，称为单端面机械密封。有两对摩擦面的动密封，称为双端面机械密封。后者有两道动密封面，密封效果好。两者结构和工作原理基本相同。如图 2-13 所示，为单端面机械密封结构及密封装置。其基本结构由摩擦副即动环和静环、弹簧加荷装置、辅助密封圈（动环密封圈和静环密封圈）等元件组成。密封作用，是靠弹性元件（如弹簧、波纹管等）及密封介质压力，在两个精密的平面（动环和静环）间产生压紧力，相互贴紧，并做相对旋转运动而达到密封效果。其主要作用是将较易泄漏的轴面密封改变为较难渗漏的端面（径向）密封。

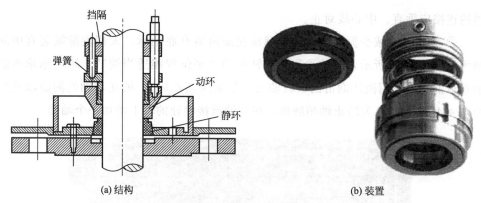

(a) 结构　　　　　　　　　　　　　　(b) 装置

图 2-13　单端面机械密封

通风发酵罐的轴封是机械动密封，属于有泄漏密封。但在其有效寿命期内，泄漏量极小。

端面式轴封的优点是：密封可靠，泄漏量极少。清洁，无死角，可防止杂菌污染。使用寿命长。较少需要调整，动环由于密封流体压力和弹簧力等推向静环方向，密封面自动保持紧密接触，因此较少需要调整。摩擦功率损耗小。轴与轴套不受磨损。结构紧凑，安装长度较短。

端面式轴封的缺点是：结构复杂，对动环及静环的表面光洁度及平直度要求高，安装要求高，拆装不便，初装成本较高。

（2）联轴器和轴承

① 联轴器　联轴器的作用，是将两个独立的轴联在一起，传递运动和功率。大型发酵罐搅拌轴较长，分 2～3 段，用联轴器使上下搅拌轴成牢固的连接。联轴器随连接的不同要求而有各种不同的结构，基本上分为刚性联轴器和弹性联轴器两类。常用的联轴器如立式夹壳联轴器、纵向可拆联轴器、刚性联轴器、链条联轴器、弹性块式联轴器等，如图 2-14 所示。小型的发酵罐采用法兰将搅拌轴连接，

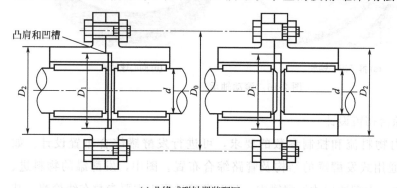

(a) 凸缘式联轴器装配图　　　　　　　　　　　　　(b) 夹克式联轴器

图 2-14　联轴器

轴的连接应垂直、中心线对正。

② 轴承   为减少振动，中型发酵罐在罐内装有底轴承，大型发酵罐装有中间轴承，如图 2-15 所示，底轴承和中间轴承的水平位置能适当调节。罐内轴承不能加润滑油，应采用液体润滑的塑料轴瓦（如聚四氟乙烯），轴瓦与轴的间隙取轴径的 0.4%～0.7%。为防止轴颈磨损，在与轴承接触处的轴上增加一个轴套。

图 2-15   发酵罐搅拌轴的中间支撑轴承

几种常用滚动轴承、滑动轴承及轴套的外形与结构如图 2-16～图 2-18 所示。

(a) 推子滚子轴承   (b) 向心球轴承

图 2-16   滚动轴承

8. 发酵罐的综合布置设计

根据发酵罐内物料流和控制参数的要求，可进行发酵罐综合布置设计。如图 2-19 所示，为通用式发酵罐的结构及管路综合布置。图中，发酵罐的物料进、出输送系统较复杂。大型通用式发酵罐中，只对发酵过程中主要参数在线检测，其他参数通过取样检测。

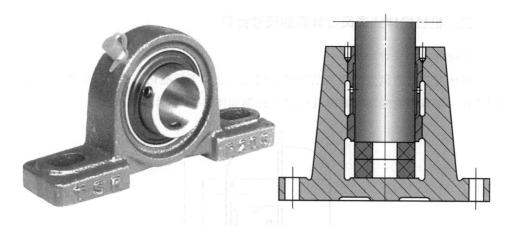

(a) 向心滚动轴承　　　　　　　　　(b) 推力滑动轴承示意图

图 2-17　滑动轴承

(a) 轴套　　　　　　　(b) 带孔轴套　　　　　　　(c) 轴瓦

图 2-18　滑动轴承的轴套

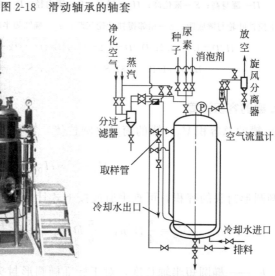

(a) 结构　　　　　　　　　　(b) 管路综合布置

图 2-19　通用式发酵罐

二、机械搅拌式通风发酵罐的尺寸计算

1. 罐体主要尺寸比例

机械搅拌式通风发酵罐的结构和几何尺寸已趋于标准化，根据厂房条件、罐体积等在一定范围内变动。具体几何尺寸比例如图 2-20 所示。

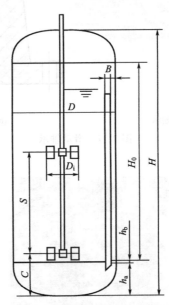

图 2-20　机械搅拌式通风发酵罐几何尺寸

H—罐身高；S—液位高；H_0—罐高；D—罐内径；D_i—搅拌叶轮直径；B—挡板宽度；

C—下搅拌叶轮与罐底距；S—相邻搅拌叶轮间距；h_a—椭圆短半轴长度；h_b—椭圆形封头的直边高度；

$H/D=1.7\sim3.5$；$D_i/D=1/2\sim1/3$；$B/D=1/12\sim1/8$；$C/D_i=0.8\sim1.0$；

$B/D_i=1/12\sim1/8$；$S/D_i=1\sim2.5$；$S/D_i=2\sim5$；$H_0/D=2$

2. 罐的容积计算

① 罐的总容积 V_0　罐的筒身（圆柱体）容积为：

$$V_1 = \frac{1}{4}\pi H_0 D^2 \tag{2-2}$$

椭圆形封头的容积，可查手册或按下式计算：

$$V_2 = \frac{\pi}{4}D^2 h_b + \frac{\pi}{6}D^2 h_a = \frac{\pi}{4}D^2\left(h_b + \frac{1}{6}D\right) \tag{2-3}$$

式中　h_a——椭圆短半轴长度，对于标准椭圆形封头 $h_a = \frac{1}{4}D$；

h_b——椭圆形封头的直边高度；

D——罐的内径。

所以，罐的总容积

$$V_0 = V_1 + 2V_2 = \frac{\pi}{4}D^2\left[H_0 + 2\left(h_b + \frac{1}{6}D\right)\right] \tag{2-4}$$

② 罐的有效容积 V 发酵罐　总高度为：

$$H = H_0 + 2(h_a + h_b) \tag{2-5}$$

液柱高度为：

$$H_L = H_0\eta' + h_a + h_b \tag{2-6}$$

式中，η' 为装料高度与圆柱部分高度的比例。

所以，罐的有效容积为：

$$V = V_1\eta' + V_2 = \frac{\pi}{4}D^2\left(H_0\eta' + h_b + \frac{1}{6}D\right) \tag{2-7}$$

③ 罐的公称容积 V_N　对一个发酵罐的大小，用"公称容积"表示。公称容积是指罐的筒身（圆柱体）体积和底封头体积之和。罐的公称容积为：

$$V_N = V_1 + V_2 = \frac{\pi}{4}D^2\left(H_0 + h_b + \frac{1}{6}D\right) \tag{2-8}$$

第二节　气升式发酵罐

气升式发酵罐是应用最广泛的生物反应设备，如图 2-21 所示。无机械搅拌装置，反应器结构简单、不易染菌、溶氧效率高、能耗低。目前，世界上最大型的通气发酵罐就是气升环流式，体积达 $3000m^3$。如图 2-22（a）为单罐容积 $200m^3$ 的 ALF 型气升式外环流发酵罐。

气升式反应器有多种类型，有气升环流式、鼓泡式、空气喷射式等。工作原理：把无菌空气通过喷嘴或喷孔喷射进发酵液中，通过气液混合物的湍流作用而使空气泡分割细碎。由于形成的气液混合物密度降低故向上运动，气含率小的发酵液下沉，形成循环流动，实现混合与溶氧传质。

生物工业大量应用的气升环流式发酵罐、气液双喷射气升环流发酵罐如图 2-23、图 2-24 所示。鼓泡罐是最原始的通气发酵罐，鼓泡式反应器内没有设置导流筒，不能控制液体的主体定向流动。

图 2-21　实验室小型气升式发酵罐

(a) 200m³的ALF型气升式外环流发酵罐   (b) 大型气升式发酵罐顶端

图 2-22　气升式发酵罐

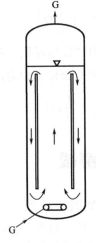
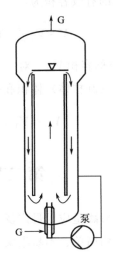

图 2-23　气升环流式反应器   图 2-24　气液双喷射气升环流式反应器

一、气升式发酵罐的结构

根据上升管和下降管布置方式，气升式发酵罐可分为两类。

一类为内循环式，上升管和下降管在反应器内，循环在反应器中进行，结构紧凑，如图 2-25(a) 所示。多数内循环发酵罐内置同心导流筒，也有内置偏心轴导流筒或隔板的。

另一类是外循环式，下降管置于发酵罐外部，以便加强传热，如图 2-25(b) 所示。主要结构包括罐体、上升管、空气喷嘴等。

二、气升式发酵罐的特点

反应溶液分布均匀，气液固三相均匀混合。溶氧速率和溶氧效率较高。剪切力

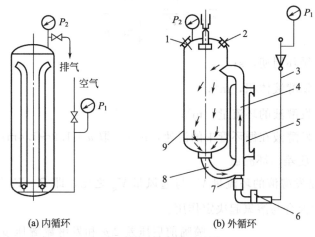

(a) 内循环　　　　　　　　　(b) 外循环

图 2-25　气升式发酵罐

1—人孔；2—视镜；3—空气管；4—上升管；5—冷却管；6—单向阀；7—空气喷嘴；8—气升管；9—罐体

小，对生物细胞损伤小。传热良好，便于在外循环管路加装换热器。结构简单，冷却面积小，易于加工制造。维修、操作及清洗简便，可减少染菌机会。料液填充系数达 80%～90%，不需加消泡剂。要求通风量和通风压头较高，使空气净化工段负荷增加，对黏度较大发酵液，溶解氧系数较低。

三、气升式发酵罐的工作原理

在环流管底设有空气喷嘴，空气在喷嘴口以 25～30m/s 速度喷入环流管。由于喷射作用，气泡被分散于液体中，借助于环流管内气-液混合物的密度与反应主体之间的密度差，使管内气-液混合物连续循环流动。罐内培养液中溶解氧，由于菌体代谢而逐渐减小，当其通过环流管时，由于气-液接触而达到饱和。

四、气升式发酵罐的性能指标

1. 循环周期

发酵液必须维持一定环流速度以不断补充氧气，使发酵液保持一定的溶氧浓度，适应微生物生命活动需要。循环周期是指液体微元在反应器内循环一周所需平均时间，即平均循环时间。循环周期在 2.5～4min。不同细胞的需氧量不同，能耐受的循环周期不同。如果供氧速率跟不上，会使菌体活力下降而降低发酵产率。如黑曲霉发酵产生糖化酶，菌体浓度为 7% 时，循环周期要求 2.5～3.5min。如大于 4min，会造成缺氧使糖化酶活力急剧下降。循环周期 T_{um} 用下式计算：

$$T_{\text{um}} = \frac{V_{\text{L}}}{V_{\text{c}}} = \frac{V_{\text{L}}}{\frac{1}{4}\pi d^2 u} \tag{2-9}$$

式中　T_{um}——循环周期，s；

　　　V_{L}——发酵液体积，m^3；

　　　V_{c}——发酵液的环流量，m^3；

　　　u——发酵液在循环管中的流速，m/s，取 $u = 1.2 \sim 1.4\,\text{m/s}$。

2. 气液比、压差、环流量

气液比 R 是发酵液的环流量 V_{c} 与通风量 V_{g} 之比，即 $R = V_{\text{c}}/V_{\text{g}}$。通风量对气升式发酵罐的混合与溶氧起决定作用。

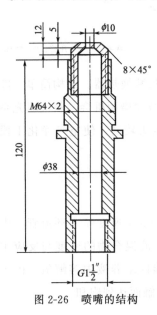

图 2-26　喷嘴的结构

喷嘴前后压差 Δp 和发酵罐罐压 p_0 对环流量 V_{c} 有一定关系。当喷嘴直径一定、发酵罐内液柱高度不变时，压差 Δp 越大，通风量越大，相应增加了液体的循环量。

$$\Delta p = p_1 - \left(p_0 + \frac{H_{\text{L}}}{100}\right) \tag{2-10}$$

式中　Δp——喷嘴前后压差，MPa；

　　　p_1——喷嘴前的空气绝对压力，MPa；

　　　p_0——罐内绝对压力，MPa；

　　　H_{L}——液面到喷嘴口液柱高度，m。

3. 喷嘴直径

喷嘴的结构如图 2-26 所示。具有适当直径的喷嘴才能保证气泡分割细碎，与发酵醪均匀接触，增加溶氧系数。循环管径一定时，喷嘴孔径不能过大，才能保证气泡分割细碎。喷嘴直径、循环管直径与发酵罐容积关系的参考值见表 2-1。

表 2-1　喷嘴直径、循环管直径与发酵罐容积关系

发酵罐容积/m^3	循环管直径/mm	喷嘴直径/mm
3～4	150	5～6
5～6	175	6～7
7～8	200	8～9
9～10	220	10～10.5
10～13	300	11～12
13～15	400	12～14

环流管直径为定值时，喷嘴直径 d_0 与通风量 V_g 之间的关系也可由经验式表示：

$$V_g = 2.38 \times 10^4 d_0^{2.5} (\Delta p)^{0.6} p_0^{0.3} \qquad (2\text{-}11)$$

4.影响气升式发酵罐性能的主要因素

影响空气消耗量的因素、循环周期，须符合菌种发酵需要。

（1）液面到喷嘴缩孔的垂直高度　空气流动和空气浮力的作用，使升液管与罐之间产生压力差，使醪液不断循环。液面到喷嘴缩孔的垂直高度越大，压力差也越大，醪液循环量及空气提升能力就越大。

（2）液面至升液管出口高度　罐内实际液面低于升液管液体出口时，醪液循环量和升液效率都明显下降，液面越低，效率越低。罐内液面与上升管出口相平时，醪液循环量和升液效率都达到最大。液面高过上升管出口时，对提高效率没有明显影响。

（3）摩擦阻力对升液能力的影响　尽量缩短循环管的总长度，按最短线路安装循环管和选用阻力较小的管件，并尽量采用单管式，不采用直径较小的多管式，以减小摩擦阻力。上升管的出口在发酵罐侧壁，以切线方向与罐相接，这样管道阻力小，总扬程大大减小，可提高升液能力。

（4）喷嘴前后压力差对升液能力的影响　压力差增大，醪液循环量增大，因而缩短循环周期。

（5）罐内压力对升液能力的影响　罐内压力逐步升高时，醪液循环量及空气提升能力都逐步下降，但变化不大。从经济上考虑，没有特殊必要，最好采用低压操作。

（6）喷嘴直径对升液能力的影响　喷嘴较小时，醪液循环量较小。空气压力较低时，采用较大直径喷嘴。空气压力较高时，喷嘴直径可缩小。具有适当直径的喷嘴才能保证气泡分割细碎，与发酵液均匀接触，增加溶氧系数。

五、典型气升环流式发酵罐——ICI压力循环式发酵罐

气升环流式发酵罐因结构较简单、溶氧速率高、能耗低、便于放大设计和加工制造特大型发酵罐，自20世纪70年代以来，在单细胞蛋白生产、废水处理等领域应用十分广泛。

英国伯明翰ICI公司的压力循环式发酵罐，是国际上最出色的代表。其公称容积达3000m³，液柱高达55m，通气压力高，发酵液量达2100m³。为强化气液混合与溶氧，沿罐高度设有19块有下降区的筛板，防止气泡合并为大气泡。为使塔顶气液部分分离排气，顶部设气液分离部分，直径约等于塔径的1.5倍。ICI压力

循环式发酵罐主要尺寸如图 2-27 所示。

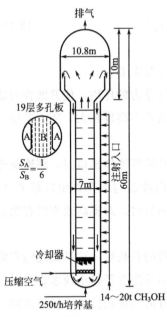

图 2-27 ICI 压力循环式发酵罐

据测定及生产运行结果可知，发酵罐中液体上升速度为 0.5m/s，下降区的速度为 3~4m/s。在上升管与下降区的气含率分别达 52% 和 48%。由于液位高，饱和溶氧浓度 c（相应温度、压力条件下饱和溶氧浓度，mol/m^3）很高，故溶氧速率可高达 $10kg/(m^3 \cdot h)$。相应通气功率高达 $6.6kW/m^3$，溶氧效率为 $1.5kg/(kW \cdot h)$。

其他较小型的气升环流式反应器的溶氧效率约为 $2kg/(kW \cdot h)$，通气功率约为 $P_g/V_L = 1.5kW/m^3$，溶氧速率达 $3kg/(m^3 \cdot h)$。为防止 CO_2 积聚，发酵液循环时间控制在 1~3min。

气升环流式反应器，除用于酵母生产、细胞培养及酶制剂、有机酸等发酵生产外，也广泛用于废水生化处理。如博奥（BIOHOCH）反应器便是典型的代表。其特点是，一个反应器内设多个气升环流管，有效容积达 $8000~20000m^3$，具有节能、操作稳定、出水的生物需氧量 BOD 和化学需氧量 COD 低、无噪声、对环境无污染及占地面积小等优点。

第三节 自吸式发酵罐

自吸式发酵罐是一种不需要空气压缩机，利用机械搅拌吸气装置或液体喷射吸气装置吸入无菌空气，实现混合搅拌与溶氧传质的发酵罐。自吸式发酵罐已用于生产葡萄糖酸钙、维生素 C、酵母、蛋白酶等产品。

一、自吸式发酵罐的特点

与传统的机械搅拌式通风发酵罐相比，自吸式发酵罐具有如下特点。

1. 优点

① 无需空气压缩机及其附属设备，减少厂房占地面积。

② 减少工厂发酵设备投资 30% 左右。

③ 设备便于自动化、连续化，降低劳动强度，减少劳动力。

④ 发酵周期短，发酵液中菌体浓度高，分离菌体后废液量少。

⑤ 设备耗电量小，能保证发酵所需空气，并能使气液分离细小、均匀地接触，吸入空气中 70％～80％的氧被利用。

2. 缺点

① 进罐空气处于负压，增加染菌机会。

② 搅拌转速高，可能使菌丝被切断，正常生长受影响。

③ 须配备低阻力损失的高效空气过滤系统。

为克服上述缺点，可采用自吸气与鼓风相结合的鼓风自吸式发酵系统，在过滤器前加装鼓风机，适当维持无菌空气正压。这不仅减少染菌机会，而且可增大通风量，提高溶氧系数。

二、机械搅拌自吸式发酵罐

机械搅拌自吸式发酵罐是不需外接压缩空气，利用改进搅拌器结构，在搅拌过程中自行吸入空气的发酵罐，如图 2-28 所示。发酵罐关键部件是带有中央吸气口的搅拌器。国内采用的自吸式发酵罐中，搅拌器是带有固定导轮的三棱空心叶轮，三棱叶轮和导轮如图 2-29 所示。叶轮直径 d 为罐径 D 的 1/3，叶轮上下各有一块三棱形平板，在旋转方向的前侧夹有叶片。叶轮向前旋转时，叶片与三棱形平板内空间的液体被甩出而形成局部真空，将罐外空气通过搅拌器中心的吸入管吸入罐内，并与高速流动的液体密切接触，形成细小气泡后分散在液体中，气液混合流体通过导轮进入发酵液主体。导轮由 16 块具有一定曲率的翼片组成，排列于搅拌器外围，翼片上下有固定圈予以固定。三棱搅拌器各部分尺寸比例见表 2-2。

(a) 食醋自吸式发酵罐

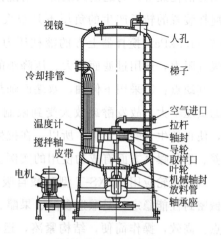

(b) 机械搅拌自吸式发酵罐结构

图 2-28　机械搅拌自吸式发酵罐

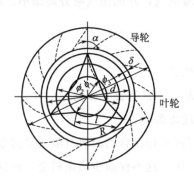

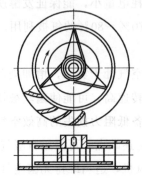

(a) 三棱叶轮和导轮尺寸　　　　　(b) 三棱叶轮和导轮装配关系

图 2-29　三棱叶轮和导轮

表 2-2　三棱形搅拌器各部分尺寸比例

名称	符号	与叶轮比例关系	名称	符号	与叶轮比例关系
叶轮外径	d	$1d$	翼片曲率	R	$7/10d$
桨叶长度	L	$9/16d$	翼叶角	α	$45°$
交点圆径	φ_1	$3/8d$	间隙	δ	$1\sim2.5mm$
叶轮高度	h	$1/4d$	叶片厚	b	按强度计算
挡水口卷	φ_2	$7/10d$	叶轮外缘高	h_1	$h+2b$
导轮外径	φ_3	$3/2d$	导轮外缘高	h_2	h_1+2b

　　为保证发酵罐足够的吸气量，搅拌器转速比通用式的高。功率消耗量维持在 $3.5kW/m^3$ 左右。虽然自吸式发酵罐消耗搅拌的功率较大，但因不需压缩空气，总动力消耗经济，为通用式发酵罐的搅拌功率与压缩空气动力消耗之和的 2/3。由于搅拌装置的转子产生的负压不是很大，自吸式发酵罐的罐压不能维持太高，为 $1.96\sim4.9kPa$。搅拌器上方的液柱压力不能过高，罐体积不宜太大。另外，为减少吸气阻力，选用过滤面积大、压降小的空气过滤器。

　　其缺点：①采用下伸轴，双端面轴封检修工作量大；②三棱形转子高速旋转产生的负压不大，故发酵罐放大受到限制；③搅拌转速高，可能使菌丝被搅拌器切断，使正常生长受到影响。所以，在抗生素发酵上较少采用，但在食醋发酵、酵母培养、生化曝气方面有成功使用的实例。

　　自吸叶轮应用：ZXS-T 型醋酸自吸式发酵通气机。该机采用下伸轴式，合金机械密封性能稳定，是酿造食醋、果醋、醋饮产品发酵设备的关键配套部件。该机优点：高效，操作简便，结构紧凑，运行平稳，寿命长。平均产酸速率达 0.20g/(100mL·h)，最高达到 0.40g/(100mL·h)，节能 50% 以上。

第四节　塔式发酵罐

塔式发酵罐又称为空气搅拌高位发酵罐，是高径比较大的非机械搅拌式生物反应器。

塔式发酵罐是气液两相反应器，是气体鼓泡通过含有反应物或催化剂的液层，实现气液反应过程的反应器。反应器以气体为分散相，液体为连续相。通常液相中含固体悬浮颗粒，如固体培养基、微生物菌体等。

一、塔式发酵罐的结构

塔式发酵罐，如图 2-30 所示。反应器内流体运动状况是随分散相气速的大小而改变，分为两种。一种是均匀鼓泡流。气速较低，气泡大小均匀，浮升较规则。另一种为非均匀鼓泡流。

随着气速增加，小气泡被大气泡兼并，同时造成液体循环流动。为有利于气体的分散和液体的循环，塔内装有多层水平筛板，其高径比大，液体深度大。

二、塔式发酵罐的工作原理

在塔式发酵罐中，压缩空气由塔底导入，经过筛板逐渐上升。气泡在上升过程中，带动发酵液同时上升。

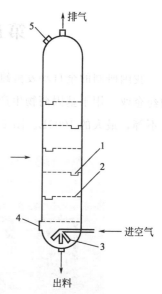

图 2-30　塔式发酵罐

1—导流筒；2—筛板；

3—分配器；4、5—人孔

上升后的发酵液通过筛板上带有液封作用的导流筒下降而形成循环。导流筒下端的水平面与筛板间的空间是气液混合区，筛板对气泡的阻挡作用，使空气在塔内停留时间较长。同时，在筛板上大气泡被重新分散，提高氧的利用率。利用通入培养液的气泡上升时带动流体运动，产生混合效果。塔式发酵罐高径比 H/D 高达 7，流体深度大，空气进入培养液后有较长停留时间，并可将气体重新分散。适用于培养液黏度低、含固量少、需氧量较低的培养过程。

最简单的塔式反应器内部是空塔。塔底部用筛板或气体分布器分布气体。工作原理是，利用通入培养基中的气泡上升时带动液体产生混合，将气泡中氧供培养基中菌体使用。

三、塔式发酵罐的特点

优点：①罐身高，高径比为 6～7；②罐内装导流筒；③液位高，空气利用率高，节约空气 50%；④动力消耗少，节约动力 30%；⑤不用电机搅拌，省去轴封，容易密封，减少剪切作用对细胞的损害；⑥结构简单，造价较低。

缺点：①罐底存在沉淀物；②温度高时降温较难。

塔式发酵罐适用于多级连续发酵，有的多级连续发酵器具有 10 多层筛板，用于微生物培养。

第五节　全自动发酵罐

我国研制的全自动发酵罐，是通气发酵罐，罐体体积从几升至几百升。在生物制药企业，用于基因药物生产的发酵罐大部分进口的，发酵罐容积是数十升至数百升不等，最大的 1000L。图 2-31 是气升式四联全自动发酵罐。

图 2-31　气升式四联全自动发酵罐

一、全自动发酵罐的组成

图 2-32 是全自动发酵罐装置示意图。

1. 罐体

实验室发酵罐的罐体由玻璃制成，中试或工业生产用发酵罐用 304L 或 316L 型不锈钢制成。

2. 探测装置

典型发酵罐的探测装置有如下几种。

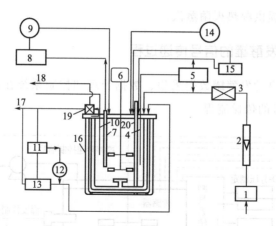

图 2-32　全自动发酵罐装置示意图

1—压碎空气系统油水分离器；2—转子流量计；3—空气过滤器；4—溶氧电极；

5—溶氧控制系统；6—搅拌系统；7—pH 电极；8—pH 控制系统；

9—酸碱补加装置；10—热敏电极；11—温度控制系统；12—加热器；

13—冷冻水浴系统；14—消沫装置；15—培养液流加装置；

16—培养罐罐体；17—冷却水出口；18—排气；19—排气冷凝器；20—取样管

① 温度探头：监测培养过程中温度变化。

② 溶氧电极：直接浸在发酵液中，监测发酵液中溶氧变化。

③ pH 电极：直接浸在发酵液中，监测发酵液中 pH 变化。

3. 溶氧控制系统

① 空气流量计：通过调节空气流量的大小来调节发酵液中溶氧水平。

② 搅拌电机和搅拌联动装置：搅拌电机提供旋转动力，带动搅拌联动装置转动；后者的叶片搅动发酵液，打散气泡，增加气液接触界面，提高溶氧水平。

4. 温度控制系统

包括罐体底部冷却水管和空气出口处冷凝器上的冷却水管。由于发酵过程中会产生热量，通入冷却水可维持温度恒定。

5. 酸碱平衡装置

蠕动泵把酸性或碱性溶液泵入发酵液中，调节 pH。

6. 其他装置

① 接种口：通过接种口给发酵罐中接入种子液，也可在发酵过程中补充营养。

② 取样口：通过取样口可从发酵罐中取出发酵液，以供检测分析。

③ 空压机及过滤系统：用无油空气压缩机提供输送空气的动力，空气经过高效过滤器后向发酵罐提供无菌空气。

④ 加热器：提供湿热灭菌蒸汽。

二、全自动发酵罐的信号传递过程

图 2-33 是全自动发酵罐数据采集、数据处理和控制系统在形成指令等自动控制过程中各种信号的传递流程。

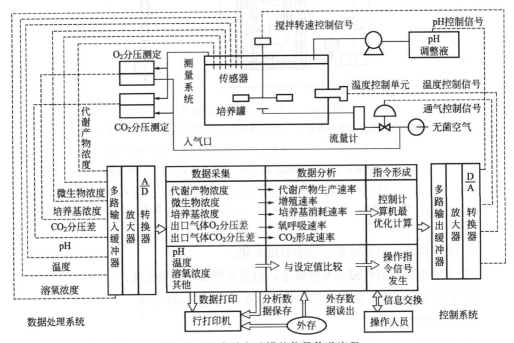

图 2-33 全自动发酵罐的信号传递流程

全自动发酵罐的信号传递系统由测量系统、数据处理系统和控制系统组成。测量系统测量出各种数据，并由变送器变换成电信号，在数据处理系统按照系统程序和用户程序的要求将数据处理成各种指令，由控制系统将指令转换成各种执行信号并发送到相应的执行器（如电动机、电磁阀、电磁铁）付诸实施。

全自动发酵罐测定的参数较多，分为物理参数、化学参数和生物参数。测定参数的方法，有就地测量、在线测量和离线测量三类。不改变反应体系的流动情况，直接用仪器测定各参数的方法，称为就地测量法。如果利用连续的取样系统与分析仪器相连，对各参数进行连续测定，称为在线测量法。通过取样系统在一定时间内取样，离开反应器进行样品处理和分析测量的方法，称为离线测量法。其中，分析测量方法包括常规化学分析法和现代仪器分析法。

在全自动发酵罐发酵过程中，常规检测参数有以下几种。

1. 物理参数

包括温度、压力、搅拌转速、搅拌功率、空气流量、黏度、浊度、料液流量等参数。

2. 化学参数

包括 pH、培养基浓度、溶解氧浓度、氧化还原电势、产物浓度、废气中氧浓度、废气中 CO_2 浓度等参数。

3. 生物参数

包括菌丝形态、菌体浓度等参数。

第三章

厌氧发酵设备

微生物分厌氧性和好氧性两大类。供微生物生存和代谢的生产设备也各不相同，有厌氧发酵设备和通风发酵设备。厌氧发酵设备，即不通入氧气或空气的发酵设备，最常见的是酒精发酵罐和啤酒发酵罐。

第一节　酒精发酵设备

过去由于酒精发酵罐容积较小，在设备工厂制造完毕才运到酒精厂安装调试。发酵罐大小不但取决于生产规模和发酵能力，还受车辆运载能力、运输沿途道路和桥梁承受能力、装卸能力等方面的限制。

目前，先进国家用的大型酒精发酵罐生产酒精的工艺已成熟，大型酒精发酵罐发酵失败现象已极罕见。因生物化学工程技术已能充分满足发酵全过程工艺要求。随着对发酵罐功能的深入研究和工艺生产实践经验积累，大型酒精发酵罐已在酒精厂现场制作，制造质量不断提高，不仅罐容已突破 $4000m^2$，发酵罐布局也更合理。

酒精以淀粉质或糖蜜为原料，利用酵母发酵、蒸馏等过程制得。酒精发酵方式有间歇式、半连续和连续式三种。发酵设备分为间歇式和连续式两类。间歇式发酵设备，主要是酒精发酵罐，分为密闭式和开放式。目前，大多数工厂都采用密闭式发酵罐。

一、密闭式酒精发酵罐

从酒精发酵罐材质的使用历史看，制造酒精发酵罐的材料从木材、水泥、碳素钢发展到目前的不锈钢。罐容积从 $1m^3$，渐次升为 $10m^3$、$100m^3$、$200m^3$、

$500\mathrm{m}^3$、$1000\mathrm{m}^3$、$2000\mathrm{m}^3$、$3000\mathrm{m}^3$、$4000\mathrm{m}^3$，其间经历约 100 年时间。其中，$500\mathrm{m}^3$ 以上大型发酵罐，是 20 世纪 90 年代才逐渐发展起来的。图 3-1 所示为密闭式酒精发酵罐群。

从酒精发酵罐几何形状看，分为碟形封头圆筒形发酵罐、锥形发酵罐、圆筒形斜底发酵罐、圆筒形卧式发酵罐。从发酵型式上分类，有开放式和密闭式。

常见的 $500\mathrm{m}^3$ 以下发酵罐，多设计为锥筒形发酵罐。超过 $500\mathrm{m}^3$ 容积的发酵罐，多设计为圆筒形斜底发酵罐。美国最大的圆筒形斜底发酵罐容积达 $4200\mathrm{m}^3$。改进型的圆筒形卧式发酵罐可能更有前途。因为，其高度相对较低

图 3-1　密闭式酒精发酵罐群

（罐高降低、罐底部压力降低，有利酵母菌生存代谢），便于工艺操作，容积还可能增大，倾斜放置更有利于 CIP 在线清洗系统发挥作用。按综合工艺能力分析，发酵罐罐容不易再扩大。发酵罐形状从通用碟形发酵罐发展到锥形发酵罐和斜底大容积发酵罐。

碟形发酵罐是早期发酵罐的基本形状。由于醪液排出不如锥形发酵罐顺畅，加之制作大容积碟形发酵罐封头比锥形发酵罐锥体难度大，所以，现在大型发酵罐已很少有碟形发酵罐设计。

锥形发酵罐由于对支撑地基强度要求高，目前很难做到超过 $800\mathrm{m}^3$ 的锥形发酵罐。斜底发酵罐由于地基容易处理，只要把斜底角度处理适当，发酵罐罐底处理平坦光滑，也相当于变形的锥形发酵罐，最大斜底发酵罐已设计成 $4200\mathrm{m}^3$ 以上，而且运行情况良好。

密闭式发酵罐用钢板制成，钢板厚度视发酵罐容积而异，采用 $4\sim8\mathrm{mm}$ 厚钢板。罐身呈圆柱形，罐身径高比 $1:(1.1\sim1.4)$。上下封头为圆锥形或碟形。罐内冷却装置为盘管，盘管数量取每立方米发酵醪不少于 $0.25\mathrm{m}^2$ 的冷却面积。盘管分上下两组安装，并加以固定。有在罐顶用淋水管或淋水围板使水沿罐壁流下，达到冷却发酵醪目的。对于容积较大的发酵罐，两种冷却形式可同时采用。对地处南方的酒精厂，因气温较高，故应加强冷却措施。有的工厂在发酵罐底部设置吹泡器，以便搅拌醪液，使发酵均匀。罐顶设 CO_2 排出管和加热蒸汽管、醪液输入管。管路设置应尽量简化，一管多用，减少管道死角，防止杂菌污染。大发酵罐的顶端及侧面设人孔，以便清洗。

1. 密闭式酒精发酵罐的结构

酒精发酵罐的筒体为圆柱形，上下封头为碟形或锥形，如图 3-2 所示。酒精发酵过程中，为回收 CO_2 及带出的酒精，发酵罐宜采用密闭式。罐顶设人孔、视镜及 CO_2 回收管、进料管、接种管、压力表、测量仪表接口管等。罐底装排料口和排污口，罐身上下部装取样口和温度计接口。对大型发酵罐，为便于维修和清洗，在近罐底处装设人孔。

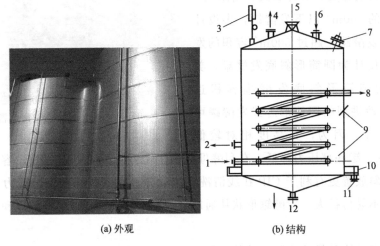

(a) 外观　　　　　　　　(b) 结构

图 3-2　酒精发酵罐

1—冷却水入口；2—取样口；3—压力表；4—CO_2 气体出口；5—喷淋水入口；

6—料液及酒母入口；7—人孔；8—冷却水出口；9—温度计；

10—喷淋水收集槽；11—喷淋水出口；12—排料口和排污口

发酵冷却装置，对中小型发酵罐，多采用罐顶喷水淋，罐外壁表面进行膜状冷却。对大型发酵罐，采用罐内装冷却盘管或罐内盘管和罐外壁喷洒联合冷却装置。为避免发酵车间潮湿和积水，在罐底部沿罐体四周装有积水槽。

2. 洗涤装置

（1）发酵罐水力洗涤器　如图 3-3 所示。它由一根两头装喷嘴的喷水管组成，两头喷水管弯成一定弧度，喷水管上均匀钻一定数量的小孔，喷水管水平安装，借活络接头与供水管连接。

发酵罐水力洗涤器工作原理，是借喷水管两头喷嘴以一定喷出速度形成反作用力，使喷水管自动旋转，将喷水管内洗涤水由喷水孔均匀喷洒在罐壁、罐顶和罐底上，达到水力洗涤的目的。

发酵罐水力洗涤器的特点：①结构简单；②操作方便，降低劳动强度，提高工作效率；③在水压不大的情况下，水力喷射强度和均匀度都不够理想，以致洗涤不彻底，大型发酵罐更明显。

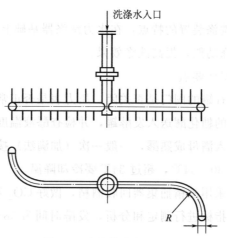

图 3-3　发酵罐水力洗涤器

（2）发酵罐水力喷射洗涤装置　如图 3-4 所示。一根直立空心分配管，沿轴向安装于罐中央，分配管上按一定间距均匀钻有 $\phi4\sim6mm$ 小孔，孔与水平成 20°角，喷水管借助活络接头，上端和供水管连接，下端和垂直分配管连接。垂直分配管上端装水力洗涤器。

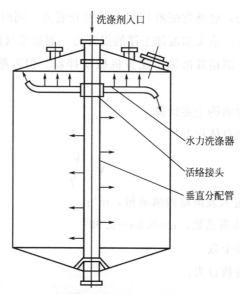

图 3-4　发酵罐水力喷射洗涤装置

发酵罐水力喷射洗涤装置的工作原理，是洗涤水在较高压力（0.6～0.8MPa）下，由喷水管两端喷嘴喷出，喷水管以 48～56r/min 自动旋转，高压水喷射到罐壁上。垂直分配管也以同样水流速度喷射到罐壁和罐底,在短时间内迅速完成洗涤作业。

发酵罐水力喷射洗涤装置的特点:在水力洗涤器基础上,增加垂直分配管,加强对罐壁和罐底的洗涤功能,提高洗涤效果。

3. 酒精发酵罐的操作要点

① 进料前,先检查罐的阀门是否关闭,压力表是否正常。

② 用泵将冷却好的糖化醪送入发酵罐,并检查醪液温度。

③ 按要求的量接入酒母成熟醪,一般一次(加满法)接入量为 10%。

④ 间歇发酵温度 30~34℃,超过 34℃要冷却降温。

⑤ 发酵过程中要采用酒精捕集器回收酒精,做好 CO_2 利用工作。

⑥ 对发酵成熟醪指标进行测定和分析,发酵时间为 58~72h,通常 60 多小时发酵完毕。

发酵酒精度一般为 8%~10%(体积分数),好的可达 10%~12%。通过对成熟醪液分析,可发现生产中存在的问题,采取相应措施。

4. 酒精发酵罐中发酵液循环原理

酒精发酵罐发酵时,罐内不同高度的发酵液 CO_2 含量不同,形成 CO_2 含量梯度。罐底 CO_2 气泡密集程度较高,醪液密度小,罐上部 CO_2 气泡密集程度低,醪液密度大。于是,底部发酵液具有上浮提升能力。同时,上升 CO_2 气泡对周围液体也具有拖曳力。拖曳和液体上浮的提升力一起形成气体搅拌作用,使发酵液在罐内循环。因此,酒精发酵罐不配置机械搅拌器。但发酵罐体积大时,可配置侧向搅拌。

5. 酒精发酵罐的主要计算

(1) 发酵罐总体积 V

$$V = \frac{V_0}{\eta} \qquad (3-1)$$

式中　V_0——进入发酵罐内醪液量,m^3;

　　　η——装满系数,$\eta=0.85\sim0.90$。

(2) 发酵罐个数

确定发酵罐数目为:

$$N = \frac{nt}{24} + 1 \qquad (3-2)$$

式中　N——发酵罐个数,个;

　　　n——每日使用的发酵罐个数,个;

t——发酵罐周转时间，h；

1——成熟醪贮罐数，个。

二、酒精捕集器

发酵过程中，随 CO_2 带走酒精的损失量为 $0.5\% \sim 1.2\%$。为回收这些酒精，工厂采用在发酵车间设置酒精捕集器的方法。常用捕集器有泡罩塔式、填料式、复合式三种。

1. 酒精捕集器的作用原理

利用酒精易被水吸收溶解的特征，含酒精的 CO_2 混合气与水接触时，所含酒精蒸气被水吸收，成稀酒精溶液，达到回收的目的。

2. 酒精捕集器的结构

（1）泡罩塔式酒精捕集器　其结构与酒精蒸馏塔相似，由 $5 \sim 7$ 块单泡罩塔板组成，层板距 $150 \sim 180mm$，每层泡盖数可为单个，也可采用多个。

（2）填料式酒精捕集器　实际是个填料吸收塔，如图 3-5 所示。由一个中间圆筒体、上下为椭圆封头组成。内部装有上下两块筛孔板，在下层筛板上，堆放一定厚度的陶瓷环、玻璃或焦炭块。器身下有 CO_2 进口，上有水进口。器顶有 CO_2 出口，器底有水封排出口。

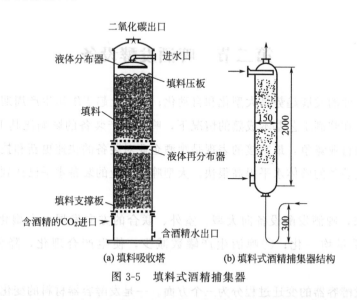

图 3-5　填料式酒精捕集器

（3）复合式酒精捕集器　如图 3-6 所示。它由两部分组成，上部是一节筛板塔，下部是膜冷凝器。器身冷凝段有冷却水进出口，器身底部有 CO_2 进口，上盖有吸附用水进口和 CO_2 出口，下盖有淡酒出口。

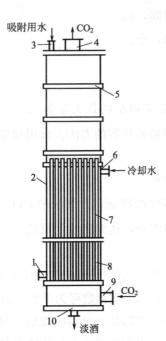

图 3-6　复合式酒精捕集器

1—冷却水出口；2—膜冷凝器；3—吸附用水进口；4—CO_2 出口；5—筛板塔；
6—冷却水进口；7—列管；8—列管间隙；9—CO_2 进口；10—淡酒出口

第二节　啤酒发酵设备

　　啤酒工业的发展趋势是大型化和自动化；工艺上趋于缩短生产周期，提高整体经济效益。在啤酒工艺基本成熟的情况下，啤酒生产装备的影响比其工艺影响大。因此，啤酒行业竞争，最直接的表现是啤酒企业对装备的快速更新和技术提升。我国啤酒企业装备的整体水平提高很快，大型啤酒企业的装备水平已达到国际同行业先进水平。

　　近年来，啤酒发酵设备向大型、室外、联合的方向发展。大型化的目的是：①使啤酒质量均一化；②啤酒生产罐数减少，使生产合理化，降低主要设备投资。

　　啤酒发酵容器的变迁过程分为三个方面。一是发酵容器材料的变化。材料由陶器向木材→水泥→金属材料演变。现在的啤酒生产，后两种材料都在使用。我国新建啤酒厂，发酵罐使用不锈钢。二是由开放式发酵容器向密闭式转换。小规模生产时，糖化投料量少，啤酒发酵容器放在室内，开放式对发酵管理、泡沫形态的观察和醪液浓度测定等较方便。随着啤酒生产规模的扩大，投料量越来越大，发酵容器开始大型化，并变为密闭式。从开放式转向密闭发酵的最大问题是发酵时被气泡带到表面的泡盖的处理。开放发酵便于撇取，密闭容器人孔较小，难以撇取，可用吸取法分离泡盖。三是密闭容器的演变。开始是在开放式长方形容器上面加穹形盖子的密闭发酵罐槽，随着技术革新过渡到用钢板、不锈钢或铝制的卧式圆筒形发酵罐。后来出现的是立式圆筒体锥底发酵罐。这种罐是 20 世纪初期瑞士的奈坦（Nathan）发明的，称为奈坦式发酵罐（奈坦罐）。

目前使用的大型发酵罐是立式罐，如奈坦罐、联合罐、朝日罐等。由于发酵罐容量增大，清洗设备也有很大改进，大都采用 CIP 自动清洗系统。

一、圆筒体锥底发酵罐

20 世纪 20 年代，德国工程师发明立式密封圆筒体锥底发酵罐，简称锥形罐。由于当时生产规模小而未引起重视。20 世纪 50 年代后，各国经济得到发展，啤酒工业不断发展，产量骤增。这使原有传统啤酒发酵方法和设备不能满足需要。人们纷纷开始研究新的啤酒发酵工艺并经过多年的改进，大型的锥形发酵罐从室内走向室外。我国从 20 世纪 70 年代中期开始采用这项技术，露天锥形发酵罐容积大、占地少、设备利用率高、投资省，便于自动控制，被广大啤酒企业所使用，代替了冷藏库式的传统发酵。目前，全国新建和改建的啤酒厂，大都采用露天锥形罐发酵。

1. 结构特点

如图 3-7 所示，圆筒体锥底发酵罐（简称锥形罐）具有锥形底，锥底角 60°～90°，在主发酵期后方便酵母回收。为保证啤酒良好的过滤性，酵母多采用凝聚性能好的菌株。罐体设冷却夹套，冷却能力满足工艺降温要求。罐的柱体部分设 2～3 段冷却夹套，锥体部分设一段冷却夹套。这种结构有利于酵母沉降和保存。锥形罐是密闭罐，可回收 CO_2，也可进行 CO_2 洗涤。既可作发酵罐，又可作贮酒罐。发酵罐中酒液的自然对流比较强烈，罐体越高，对流作用越强。对流强度与罐体形状、容量大小和冷却系统的控制有关。锥形罐具有相当高度，凝聚性较强的酵母易沉淀，而凝聚性差的酵母需借助其他手段分离。锥形罐不仅适用于下面发酵，也适用于上面发酵。在山东，很多啤酒厂使用锥形罐生产上面发酵的小麦啤酒。

锥形罐的尺寸过去并没有严格规定，高度可达 40m，直径超过 10m。随着发酵理论不断完善和酿酒技术不断进步，为满足啤酒质量要求，锥形罐须按照规范精心设计制造。

酵母不但承受液压，还承受气压。如果再考虑 CO_2 浓度，即 CO_2 浓度梯度因素，酵母的生理性能无疑会受到较大影响。另外，锥形罐高度过高，发酵液对流过强，影响啤酒质量。因此，罐内液位高度是一个重要参数。它不仅影响发酵副产物的组成，同时也影响酵母活性和生理代谢。罐体高径比应根据工艺要求确定。

(a) 圆筒体锥底发酵罐外观

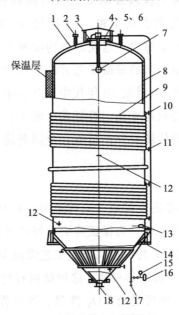

(b) 圆筒体锥底发酵罐结构

图 3-7　圆筒体锥底发酵罐

1—顶盖；2—通道支架；3—人孔；4—视镜；5—真空阀；6—安全阀；7—自动清洗装置；

8—罐身；9—冷却套；10、11—冷媒出口；12—温度计；13—采样阀；

14—罐底；15—压力表；16—CO_2 出口；17—压缩空气、

洗涤用水进口；18—麦汁进口、酵母和啤酒出口

　　锥形罐发酵分为一罐法和两罐法。一罐法发酵是指将传统的主发酵和后发酵阶段都放在一个发酵罐内完成。这种方法操作简单，啤酒发酵过程中不换罐，避免在

发酵过程中接触氧气。罐的清洗方便，消耗洗涤水少、省时、节能，国内多数厂家采用一罐法发酵工艺。两罐法发酵又分两种：一种是主发酵在发酵罐进行，后发酵和贮酒阶段在贮酒罐中完成；另一种是主发酵、后发酵在一个发酵罐进行，在贮酒罐中完成。两罐法比一罐法操作复杂，但贮酒阶段的设备利用率较高，国内只有少数厂家采用这种发酵方法。

2.锥形罐的技术要求

圆筒体锥底发酵罐，直径 D 与圆筒体高度 H 之比范围较大，$D:H=1:(5\sim6)$ 均可取得良好发酵效果。但罐体不宜过高，特别是在未设酵母离心机的情况下。不然，酵母沉降困难，影响过滤。国内目前设备情况为 $D:H=1:(2\sim4)$。锥角采用 $60°\sim80°$，可兼顾设备，有利于酵母的排除及节约材料。考虑发酵泡沫空间，即罐的填充系数，罐的容量根据糖化麦芽汁产量的总体积，再加 20%容量。时间控制在 $12\sim15h$ 充满一罐。

冷却夹套的制冷量，应满足生产工艺要求。冷媒用液氨或乙二醇或 20%～30%酒精溶液。在设备中，冷却夹套的结构有多种，有扣槽钢、扣角钢、扣半圆钢、冷却层内带导向板、罐外加液氨管、长形薄层螺旋环形冷却管等，较理想的是长形薄层螺旋环形冷却管。图 3-8 所示为不同罐外冷却结构型式。

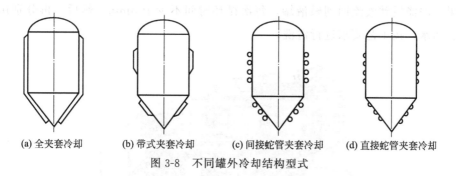

(a) 全夹套冷却　　(b) 带式夹套冷却　　(c) 间接蛇管夹套冷却　　(d) 直接蛇管夹套冷却

图 3-8　不同罐外冷却结构型式

罐体的保温材料采用聚氨酯泡沫塑料、脲醛泡沫塑料、聚苯乙烯泡沫塑料（阻燃材料）或膨胀珍珠岩、矿棉等。保温材料厚度 $100\sim200mm$，具体厚度依气候条件选定。外部加装保护层，如镀锌薄钢板、薄铝板或薄不锈钢板，既美观又有保护作用。

3.锥形罐内的对流和热交换

（1）CO_2 的作用　发酵液的对流主要是 CO_2 的作用结果。由于容器较大，不同高度的发酵液 CO_2 含量不同，整个锥形罐中形成一个 CO_2 含量梯度。发酵液中，CO_2 浓度大，相对密度就小。发酵液中，CO_2 浓度小，相对密度就大。罐下部 CO_2 的密集程度高，上部的 CO_2 含量小。于是，下部相对密度较小的发酵液，就具有上升的提升力。同时，CO_2 气泡上升时，对周围液体具有一种拖曳力。拖曳力和提升力的共同作用，形成了气体搅拌作用，使罐的发酵液得到循环，促进发酵液的混合和热交换。

(2) 冷却的作用　冷却操作时，啤酒温度发生变化，引起罐内发酵液对流循环。

(3) 人工充入 CO_2 的作用　在发酵后期，为加强冷却时酒液自然对流，人工充入 CO_2，强化酒液循环，加快啤酒成熟，除去酒液中生青味（CO_2 喷射环的位置高于酵母层位置，送入纯 CO_2）。在罐顶设 CO_2 回收总管，将回收的 CO_2 送入处理站。

4. 锥形罐的机械洗涤

大型发酵罐和贮酒设备都设有机械洗涤装置，为 CIP 自动清洗系统，如图 3-9 所示。在罐内设有喷射或喷淋装置，安装位置在喷出液体最有力地射到罐壁结垢最严重的地方。另外，还有相应的其他设备，如碱液罐、热水罐、甲醛罐及循环泵和管道。碱液可反复使用，浓度达不到要求时可补充。使用时，碱液温度不超过 75℃，浓度 3%～5%，可同时加入洗涤剂。用泵经管道送往发酵罐或贮酒罐中的高压旋转喷射装置，在物理作用和碱液等化学作用下，使污垢迅速溶解，达到清洗效果。洗涤后碱液流回到碱液罐，每次循环时间不少于 5min。然后，再分别用热水、清水，按工艺要求进行清洗。

图 3-9　啤酒 CIP 自动清洗系统

5. 辅助设备及自动控制

辅助设备包括洗涤液贮罐、甲醛贮罐、热水贮罐、空气过滤器、泵、CO_2 回收及处理装置。

锥形罐的容量大而高，人工操作不便，对温度、工作压力及液位显示等技术控制是利用自动控制系统来完成的。

6. 安装及使用要求

① 罐体焊接后，罐内壁焊缝必须磨平抛光至 $R_a \leqslant 0.8\mu m$，抛光方向与 CIP 自动清洗系统水流方向一致。

② 设备安装后，罐内及夹套分别试水压，水压为 294kPa。

③ 冷媒进口管装压力表和安全阀，进口冷媒的压力应小于 196kPa。排出管上应装有止回阀。如有几条进出口管，可分别集中在一总管上输送。

④ 对露天大罐，现场加工后，须安装于固定支座上，同时考虑防震、保温、防风载荷等因素。

⑤ 罐体的锥部应置于室内，酒液出口离地面高度要方便操作。洗涤剂贮罐、甲醛贮罐、泵和自动控制装置安装于室内，并对室内地面和墙面做技术处理，做到防腐、卫生。露天部分设置操作台，方便操作，并多为两排形式。

⑥ 圆筒体锥底罐的容量应和糖化设备的容量相应配合，最好在 12~15h 连续满罐。满罐时间过长，啤酒的双乙酰含量将显著提高，会延长整个生产周期。锥形罐容量要与包装能力相适应，最好能将一罐酒当天包装完，保证成品啤酒的质量。

⑦ 酵母的添加以分批添加为好。一次添加酵母操作比较方便，发酵起发快，污染机会少。但一次添加酵母后，在以后几批麦汁加入时，酵母易移至上层，形成上下层酵母不均匀的现象。

⑧ 若采用一罐法发酵，酵母回收分三次进行。第一次在主发酵完成时，第二次在后发酵降温之前，第三次在滤酒前。前两次回收的酵母浓度高，可选留部分作为下批接种用。留用的酵母如不洗涤，可采用循环泵送或通风排除酵母中 CO_2，使酵母保持良好的生理状态。

⑨ 滤酒时罐底部的浑酒先不排出，锥底设一出酒短管，长度高出浑酒液面即可，使滤酒时上部澄清良好的酒先排出。最后才将底部浑酒由罐底出口引出，也有在罐体中部设酒液排出管的。

⑩ 出酒时用脱氧水将阀出口及管道充满，减少吸氧。出酒后，立即开启 CIP 自动清洗系统。

⑪ 阀多采用手动碟阀、远控碟阀或带泄漏识别功能的阀。

7. 锥形罐的容量和数量

（1）锥形罐的容量　容量与每天生产的冷麦芽汁量相适应，最大不超过每天生产的冷麦芽汁量。装满一罐时间在 12~15h。罐的有效容量是每批冷麦芽汁的整数倍，罐的容量系数取 80%~85%。

（2）锥形罐的数量

用下式计算：

$$n = \frac{TN}{A} + 3 \qquad\qquad (3\text{-}3)$$

式中　n——锥形罐数量，个；

　　　T——发酵时间，周；

　　　A——每个锥形罐可装的麦汁批数；

　　　N——每周的糖化次数；

　　　3——考虑进出料等周转时间、清洗时间和发酵时间可能延长，需要的罐
　　　　　数，个。

对一罐法发酵工艺，发酵周期宜在 14～28 天。

二、联合罐

在美国出现的一种叫通用（Universal）型的发酵罐，称为联合罐，结构如图 3-10 所示，具有较浅的锥底，径高比为 1：（1～1.3），能在罐内进行机械搅拌，并具有冷却装置。这种发酵罐在日本得到推广，称为 Uni-Tank，意为单罐或联合罐。联合罐在发酵生产上的用途与锥形罐相同，用于前后发酵，也能用于多罐法及一罐法生产。因而它适合多方面的需要，故称其为通用罐。

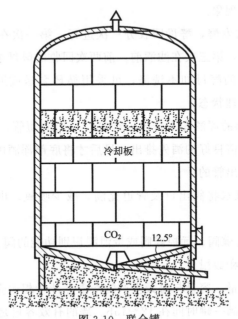

图 3-10　联合罐

1. 结构

联合罐主体是一圆柱体，由 7 层 1.2m 宽的钢板组成，总表面积 378m^2，总体

积 765m³。联合罐是由带人孔的薄壳垂直圆柱体、拱形顶及有足够斜度除去酵母的锥底组成。联合罐的基础是钢筋混凝土圆柱体，其外壁约 3m 高、20cm 厚。基础圆柱体壁上部形状是按照罐底斜度确定的。有 30 个铁锚均匀埋入圆柱体壁中，并与罐焊接。圆柱体与罐底间填入坚固结实的水泥砂浆，在填充料与罐底间留 25.4cm 厚的空心层绝热。基础的设计要求是按照耐压不超过 0.2MPa 且能经受住里氏 10 级地震。

联合罐的罐体要进行耐压试验，在全部充满的罐中加压 7.031kPa。联合罐大多数用不锈钢板制作。为降低造价，不设计成耐压罐（CO_2 饱充是在罐中进行，否则应考虑适当的耐压）。在美国及欧洲，联合罐用普通钢板制造，在钢板焊完后磨光表面，在罐内表面涂衬涂料，涂料涂布厚度 0.5～1.0mm，涂料涂布后在室温下聚合而固化。采用一段位于罐中上部的双层冷却板，传热面积要能保证在发酵液的开始温度为 13～14℃情况下，在 24h 内能使其温度降低 5～6℃。冷却夹套采用液氨或乙二醇冷却，能在发酵时控制品温。即便发酵旺盛阶段外观糖度每 24h 下降 3°（巴林糖度计），也能使啤酒保持一定温度。正常传热系数下，罐容 780m³，罐冷却面积 27m² 就能控制住温度。

罐体采用 15cm 厚的聚尼烷作保温层。聚尼烷是泡沫状，外面包盖能经风雨的铝板。为加强罐内流动、提高冷却效率及加速酵母沉淀，罐中央内安设一 CO_2 注射圈，高度恰好在酵母层之上。CO_2 在罐中央向上注入时，引起啤酒运动，使酵母浓集于底部出口处，同时，啤酒中不良挥发性组分被 CO_2 带着逸出。罐顶设安全阀，必要时设真空阀，还设 CIP 自动清洗系统。

联合罐可采用机械搅拌，也可通过对罐体精心设计达到搅拌作用。

2. 联合罐的特点

① 由于冷却夹套位于设备中上部，冷却时中上部液体温度下降得快，密度增加，麦汁沿罐壁下降，底部酒液从罐中心上升，形成对流，使酒温能很快下降。

② 为加强酒液冷却时自然对流和除去啤酒生青味、加速啤酒成熟，在冷却同时由喷射环通入 CO_2，充入 CO_2 程度由酒温和 CO_2 静压决定。冷却完毕后 CO_2 含量为 0.4%～0.45%。

③ 酒液运动，使出口处酵母浓度增加，便于酵母回收。

④ 发酵罐操作时，前半罐麦汁需通风，后半罐麦汁不需通风。发酵温度准确控制在（13±0.5）℃。发酵 4d 完毕，保持 2～3d，加速双乙酰（连二酮）的还原，再冷却降温并分离酵母。

⑤ 啤酒质量与传统法生产的啤酒无明显差异。生产时间缩短约 1/2，设备利用率高，投资费用低。

⑥ 清洗方便，自动控制，动力及冷耗少，啤酒损失少。

三、朝日罐

朝日罐，又称朝日单一酿槽，是 1972 年日本朝日啤酒公司试制成功的前后发酵合一的室外大型发酵罐。它采用高速离心技术，解决了酵母沉淀困难的问题，大大缩短了贮藏啤酒成熟时间。

1. 朝日罐的结构

朝日罐如图 3-11 所示。朝日罐是用 4~6mm 的不锈钢板制成的斜底圆柱形发酵罐，为罐底微倾斜的平底圆柱形罐，径高比为 1 : (1~2)。罐身外部和底部设有冷却夹套，其中罐身为两段冷却夹套，用乙二醇或液氨为冷媒。罐内设有可转动的不锈钢出酒管，其出口位于液柱中央，可使放出的酒液中 CO_2 含量较均匀。罐外设有高速离心机、循环泵和薄板换热器。朝日罐在日本和世界各国广为采用。

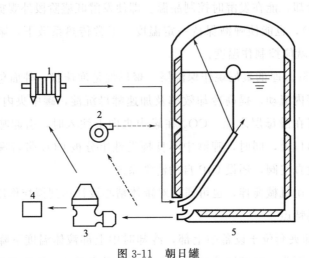

图 3-11　朝日罐
1—薄板换热器；2—循环泵；3—高速离心机；4—回收酵母；5—朝日罐体

2. 朝日罐的特点

朝日罐与锥形罐具有相同的功能，但生产工艺不同，其特点如下。

① 进行一罐法生产，可加速啤酒的成熟，提高设备利用率。

② 采用高发酵度、低凝聚性酵母。

③ 发酵液循环时分离酵母，减少发酵液损失。

④ 利用循环泵把罐内发酵液抽出送进循环，可使酒液中更多 CO_2 排出，除去啤酒生青味，加速啤酒成熟。

⑤ 利用薄板换热器解决了主发酵到后发酵贮酒温度的自动控制。

⑥ 利用离心机可更好除去热凝固物，更方便地分离酵母。

⑦ 清洗方便，自动控制，减少清洗，设备投入及生产成本较低。

⑧ 产品风味与传统方法无显著差异。

⑨ 较传统的生产方法，CO_2 含量低，电耗较大。

四、CIP 清洗系统

1. CIP 清洗系统的组成

啤酒发酵罐的容量逐步增大，发酵罐大部分安装在室外，原来清洗方法已不适用，需采用自动化喷洗装置。采用较多的是 CIP 清洗系统。CIP 系统为就地清洗系统。

图 3-12 是大型发酵罐与产品输送站及 CIP 清洗管的连接流程。由于大罐建在室外，所以连接管道长且主管径大，为 150mm。如果在大罐中加澄清剂，会在罐底形成沉渣层，故在罐出料处设沉渣阻挡器 5，同时为了能放尽罐底存液，出料处应设双重出口 6。罐底沉渣固形物具有一定的经济价值，应回收，所以在洗罐时尽可能少用水冲出沉渣，以免稀释。两罐具有倾斜平底，双重出口安装于倾斜底低处，罐顶有喷洗液进口及通气管 4。

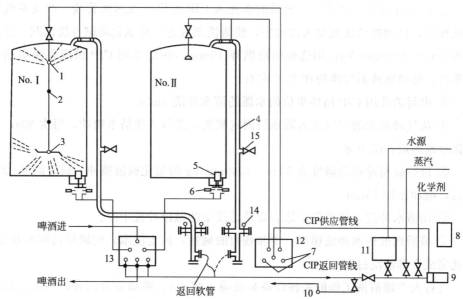

图 3-12 大型发酵罐与产品输送站及 CIP 清洗管的连接流程

1—固定喷头；2—滑动接头；3—回转喷头；4—通气管；5—沉渣阻挡器；6—双重出口；

7—微型开关；8—控制盘；9—CIP 供应泵；10—污水泵；11—水箱；12—清洗剂分配站；

13—啤酒进出站；14—压力调节阀；15—通气阀

　　图 3-12 表示大罐与啤酒进出站 13、清洗剂分配站 12 及 CIP 循环单位之间的关系。啤酒进出站，是嫩啤酒（麦汁）进入管、啤酒输出管及清洗液返回管间的连接，它位于罐出口底下，可用 U 形管在啤酒进出管与清洗管之间进行任意连接。通气管的出口应在低于罐出口的位置，由橡皮管与清洗液返回管线相连接。CIP 循环单位设在酒库内，包括微型开关 7（控制清洗液的进出）、控制盘 8、CIP 供应泵 9、污水泵 10、水箱 11。控制盘通过仪表来控制清洗液的温度、水位及罐的充满与放空等程序。清洗液进出阀和通气管上的通气阀 15 的控制与 CIP 系统的控制装置有关系，可在清洗操作开始前先将通气阀开启。清洗液返回管线的位置是在通气管末端之下，这样可在 CIP 清洗操作时保证通气管能得到有效清洗。通气阀位置应在罐内的清洗液的液位之上，可防止清洗后由于罐的冷却而造成真空，因为它可无阻地补入空气。通气管下部还具有压力调节阀 14。CIP 清洗工作程序是自动控制进行的，从控制盘上可通过仪表记录下温度、压力及时间等参数。

　　2. CIP 清洗工艺

　　CIP 清洗系统的清洗程序分为 7 个步骤。

　　① 预冲洗在罐底的沉渣放一半后进行。每次预冲洗时间 30s，进行 10 次，通过回转喷嘴进行，每次冲洗后有 30s 排出时间，主要排去底部沉渣。

　　② 在罐底被冲干净后，用定量的水充入 CIP 的供应及返回管线，改变系统进行碱预洗，自动将清洗剂加入供水中，使清洗剂成为一种氯化的碱性洗涤剂，总碱度为 3000～3300mg/kg，用这种碱液循环 16min。在此期间 CIP 供应泵吸引端注入蒸汽，使清洗液温度维持在 32℃左右。

　　③ 中间清洗用 CIP 循环单位的水罐的清水冲洗 4min。

　　④ 从气动器来的空气流入罐顶的固定喷头，进行 3 次清水喷冲，每次 30s，从罐顶沿罐四周冲洗下来。

　　⑤ 进行碱喷冲用总碱度为 3500～4000mg/kg 的氯化碱液喷冲，碱液温度 32℃左右，喷冲循环 15min。

　　⑥ 用清水冲洗，将残留于罐表面及管线中的碱液冲洗干净。

　　⑦ 最后用酸性水冲洗循环，中和残留的碱性，放走洗水，使罐保持弱酸状况。至此完成全部清洗过程。

　　进行大型罐清洗工作的关键设备是喷嘴（喷头）。喷嘴分为两种，一种是固定喷嘴，位于罐的上部。另一种是回转喷嘴，位于罐的下部。

　　固定喷头位于罐顶 1.2m 处，回转喷嘴位于罐底以上 2.4m 处。固定喷头是低容量低压的球形喷头。在进行基本操作前，用特殊的回转喷嘴除去罐底的固形物残渣。固定喷头位于 50mm 的清洗液供应管上，在喷头圆柱体部位联合一套管形成阀,以控制清洗时从喷孔出去的清洗液的流量,也可控制进入底下回转喷嘴中清洗液的量。通过活管(滑动接头),用几根 50mm 的管子支撑回转喷嘴,它带有推动回转喷嘴的伸长臂,喷嘴在聚四氟乙烯轴承上回转喷洗时,对罐底残渣产生刮冲作用。两种喷嘴都是不锈钢的,能自我清洗。回转喷嘴转速 15~20r/min。两种喷嘴清洗液的流量为 750L/min。

上述 CIP 系统为固定式。它可与一个至数个发酵罐连接,罐数越多,连接越繁杂,使用管线越多。目前也有使用活动 CIP 系统的工厂。CIP 清洗液供应及返回管线不做固定连接,CIP 循环单位装于手推轮车上。使用时,推至要清洗的大罐底侧,用橡皮软管使 CIP 循环单位与大罐洗液进出口临时连接成循环系统。一台 CIP 循环单位可用于数个发酵罐而不需使用众多的固定的连接管线,但操作劳动强度较大,自动化的程度受影响。

第三节 连续发酵设备

间歇发酵是微生物在一个罐内完成 4 个阶段的培养过程,而微生物在其前后两个非旺盛生长时间相当长。因此,必然导致发酵周期长,发酵罐数多,设备利用率低。例如,以淀粉质为原料日产 1t(96%,体积分数)的酒精,需要发酵罐容量 38~48m^3,啤酒需更大。

假如在发酵罐内连续不断流加培养液,同时连续不断排出发酵液,使发酵罐中微生物一直维持在生长加速期,同时又降低代谢产物的积累,缩短发酵周期,提高设备利用率。这就是 20 世纪 50 年代后发展起来的一种新型发酵技术,即连续发酵。

连续发酵具有培养液浓度和代谢产物含量相对稳定,从而保证产品质量和产量稳定的优点。同时,又具有发酵周期短、设备利用率和产量较高、节省人力和物力以及生产管理稳定、便于自动化生产等优点。

尽管连续发酵具有上述优点,但是在实际发酵工业中,连续发酵还未能全部代替传统的间歇发酵。因为,连续发酵试验和生产中,遇到了长期连续发酵过程中微生物突变和杂菌污染的问题,欲保持长期无菌状态,技术上尚有困难。此外,发酵液在连续流动过程中,不均匀性和丝状菌在管道中流动困难,以及对微生物动态活动规律缺乏足够认识。目前还不能根据连续发酵理论完全控制和指导生产。

但是,连续发酵的优越性依旧不可忽视。在连续发酵稳定状态条件下,根据微生物生长和代谢间某些数学关系,作为过程运转和控制的基础,从而可选定过程控制参数。运用连续发酵的基本理论,可人为控制微生物定向培养,进而研究微生物生理及代谢作用。这些均是控制发酵过程中极为重要的问题。

连续发酵的优点：微生物在整个发酵过程中始终维持在稳定状态，细胞处于均质状态。在此前提下，可用数学公式和实验公式表示连续发酵在稳定状态条件下，微生物生长速度、代谢产物、底物浓度和流加速度间的关系。借以选定过程控制参数，如稀释速率、串联罐数、停留时间等。这对于研究微生物生理变化及其应用起促进作用。

连续发酵方式是从单罐连续发酵发展到多罐串联连续发酵。尽管型式不同，连续发酵过程中菌体和培养液都处于均质流动状态。因此。连续发酵的基本理论仍以连续发酵动力学为主。

一、酒精连续发酵设备

酒精连续发酵是在发酵罐内连续不断流加培养液，同时连续不断排出发酵液，使发酵罐中微生物始终保持在生长加速期。培养液浓度和代谢产物含量具有相对稳定性。微生物发酵过程中，一直维持在稳定状态。这不仅缩短了发酵周期，还提高了设备利用率。目前，我国连续发酵方式，一般采用多罐串联连续发酵。

1.糖蜜制酒精的连续发酵设备与流程

（1）糖蜜制酒精的连续发酵设备组成　糖蜜原料制酒精连续发酵设备如图3-13所示。糖蜜连续发酵由8~9个发酵罐串联组成。通常第1、2罐称为酒母繁殖罐，第3、4罐称为主发酵罐，第5、6、7罐称为后发酵罐，第8、9罐为轮流使用的计量贮罐。

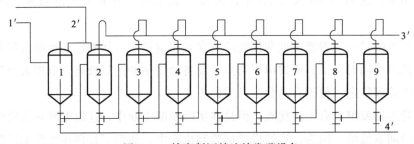

图 3-13　糖蜜制酒精连续发酵设备

$1'$—糖液；$2'$—酒母；$3'$—CO_2；$4'$—成熟醪

1,2—酒母繁殖罐；3,4—主发酵罐；5,6,7—后发酵罐；8,9—计量贮罐

（2）糖蜜制酒精连续发酵工艺流程　糖蜜制酒精连续发酵工艺流程如图3-14所示，采用大罐连续发酵，螺旋板式换热器罐外冷却新技术。大罐连续发酵占地面积小，投资少、操作方便，便于自动控制，大大减少刷罐水量。采用螺旋板式换热

器罐外冷却提高了设备利用率，并减少了设备内的死角。发酵灭菌采用蒸馏废热水代替蒸汽灭菌，节约蒸汽总用量的8%。蒸馏采用五塔（六段）式差压蒸馏，生产优级食用酒精和特级食用酒精。

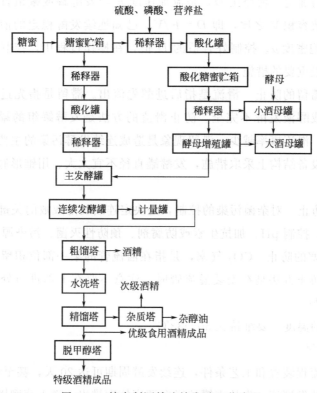

图 3-14　糖蜜制酒精连续发酵工艺流程

（3）糖蜜连续发酵设备的特点

① 连续发酵时，酵母随醪液流动，改善酵母生长和发酵条件，提高酵母活力，增加发酵率，发酵率达到85%～89%。

② 采用高浓度糖液，不需加酸酸化，不仅提高发酵液中酒精含量，还节约硫酸用量。

③ 节约大量水、压缩空气和燃料，减轻劳动强度。

④ 采用自动测量系统，大大提高劳动生产率。

（4）糖蜜连续发酵设备的操作要点

糖蜜连续发酵过程中，保持整个系统的稳定是进行正常发酵的关键。要保持系统稳定，首先要保持各发酵罐中酵母细胞密度稳定。

① 维持第1罐的酵母数

酵母和糖蜜同时连续流加入第1罐，在罐内通入适量空气，或增大酵母接种量，维持第1罐内工艺要求的酵母量。

② 连续发酵的控制

a. 稀释比的确定　稀释比 D，是流加速度 F 与发酵罐或罐组首罐（即流加糖化醪的罐）有效容积 V 之比，即 $D=F/V$。已知连续发酵稳定的前提是，稀释比 D 等于酵母细胞密度 μ。控制好合适的 D 值，在操作过程中，控制流加速度是连续发酵控制中最重要的措施。

b. 滑流和滞留的防止　滑流是指后进醪先流出。滞留是指先进醪后流出。滑流现象，会造成醪液发酵不完全。防止滑流的方法是发酵罐组的罐数不得少于6只。罐数越多，滑流概率越少。滞留现象是造成连续发酵污染的主要原因之一。防止滞留主要从设备结构上采取措施，发酵罐直径不宜太大、用锥形底的罐、没有死角等。

c. 污染的防止　对杂菌污染的控制，是决定连续发酵成败的关键。防止方法主要是加酸酸化、控制 pH、加抗生素或防腐剂、预防性灭菌、污染源的消除等。

d. CO_2 气塞的防止　CO_2 气塞，是指在溢流管的某一部位积留 CO_2，堵塞溢流管的现象。防止方法是在安装溢流管时，注意不要在上部进口处造成可能形成 CO_2 气塞的部位。

e. 流加罐的温度　要维持在 30～33℃。

③ 结束放料

按目前的流程装置和工艺条件，连续发酵周期可达20天，甚至更长。结束时，则贮存于每罐的发酵液，先从末罐按逆向顺序依次排出，送入蒸馏塔蒸馏，空罐依次进行清洗灭菌待用。

2. 淀粉质制酒精连续发酵设备与流程

(1) 淀粉质连续发酵设备组成

淀粉质连续发酵流程如图3-15所示。由11个发酵罐组成，前3只为酒母繁殖罐，最末2只为计量罐，其余为主、后发酵罐。

(2) 淀粉质连续发酵设备的特点

① 缩短发酵时间，提高设备利用率。

② 连续发酵时发酵液处于流动状态，为酵母生长繁殖创造有利条件，发酵率达 92.5% 以上，淀粉出酒率达 55.6% 以上。

③ 整个发酵过程在密闭容器内进行，减少杂菌污染和酒精损失。

④ 有利于酒精生产过程的连续化和自动化。

由于淀粉质原料连续发酵技术要求高，卫生条件十分严格，操作不易控制，使

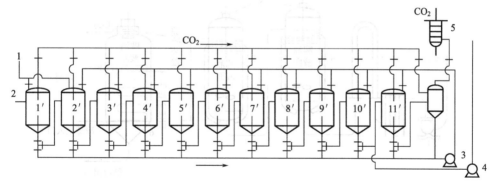

图 3-15　淀粉质连续发酵设备

1—糖液；2—酒母；3—换罐泵；4—成熟醪泵；5—洗涤器

用的工厂不多。

二、啤酒连续发酵设备

1. 啤酒连续发酵的特点

啤酒连续发酵的特点，是采用较高发酵温度，保持旺盛的酵母层，使麦汁在较短时间内发酵。连续发酵在发达国家均有采用。

（1）优点　生产操作稳定，便于管理，产品比较均一，易于自动控制。连续发酵在发酵罐中不断流加培养液，同时不断排出发酵液，两者均衡。因此，发酵罐内微生物始终维持旺盛的发酵阶段。培养液中细胞浓度和底物浓度保持一致，能充分发挥微生物的作用，提高收得率。生产周期短，设备利用率高，生产费用低。节省劳动力和减少清洗费用。酒花利用率高，节约啤酒花的用量。CO_2 回收率高，啤酒损失少。

（2）缺点　耗冷量大，对啤酒酵母品种有要求，存在酵母变异。生产灵活性差，一套设备只能生产一种产品。麦汁须严格灭菌，管理要求高，易污染。必须控制氧化味。

2. 啤酒连续发酵的流程及设备

（1）搅拌式多罐型啤酒连续发酵设备　发酵罐内装搅拌器，酵母悬浮酒液中，连续溢流出的酒液将酵母带走，使发酵罐中的酵母浓度始终不太高。分三罐式和四罐式。

① 三罐式连续发酵设备的组成

其工艺流程及设备如图 3-16 所示，发酵罐为不锈钢材料。

② 三罐式连续发酵设备的操作要点

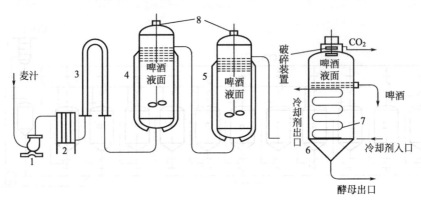

图 3-16　搅拌式三罐式啤酒连续发酵工艺流程

1—泵；2—板式灭菌器；3—柱式供氧器；4——级发酵罐；5—二级发酵罐；

6—酵母分离罐；7—蛇管；8—传动装置

麦汁冷却后，经过板式灭菌器灭菌，使 20～21℃ 冷却麦汁进入柱式供氧器充氧，进入二级发酵罐 5（需氧），加入酵母，搅拌均匀进行发酵。发酵度达到 50% 左右时，进入酵母分离罐 6，待发酵度达到要求后，在酵母分离罐 6 中冷却，使酵母沉淀。酵母从罐底排出，CO_2 从罐的上部排出，啤酒从侧管溢流，送入贮酒罐贮存，成熟后过滤灌装。

（2）塔式连续发酵设备

塔式连续发酵设备塔内不设搅拌装置，酵母大部分保留在塔底部，形成酵母柱，溢流中的酵母浓度远低于塔内酵母浓度。

① 塔式连续发酵生产流程及设备组成

如图 3-17、图 3-18 所示。

② 塔式连续发酵生产的操作要点

a.麦汁的准备　将贮存罐中的麦汁，经薄板换热器灭菌、冷却、充氧后，从塔底进入发酵塔，塔内装有多孔板，使麦汁均匀地分布到塔内各截面。

b.开始发酵　麦汁进入塔内，一边上升，一边发酵，直到满塔为止。此时，塔底形成沉积酵母层，当达到要求的酵母浓度梯度后，用泵连续泵入无菌麦汁，调节麦汁流量，使其到达塔顶时恰好达到要求的发酵度（注：麦汁开始时流速较慢，一周后可达到全速操作）。

c.正常生产及控制　发酵温度通过塔身周围三段夹套或盘管冷却来控制，冷却媒介用液氨或乙二醇溶液。发酵一定时间后，酵母会发生自溶，此时，在塔底排出部分老酵母，发酵仍可继续进行。为保证酵母柱疏松度，须常从塔底通入 CO_2。

d.流出的嫩啤酒　经酵母分离器分离酵母后，再经薄板换热器冷却至 -1℃，然后送入贮酒罐内，充 CO_2 后，贮存 4d 左右，再过滤灌装（注：塔顶圆柱体直径增大作为沉降酵母的离析器装置，可减少酵母随啤酒溢流而损失，使酵母浓度在塔身形成稳定的梯度，以保持恒定代谢状态）。

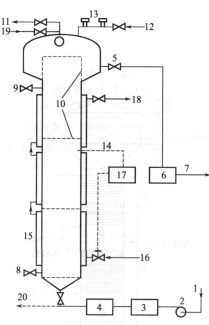

图 3-17　塔式连续发酵生产流程

1—麦汁进口；2—泵；3—流量计；4—薄板换热器；5、7—嫩啤酒出口；6—酵母分离器；

8、9—取样阀；10—折流器；11—CO_2 出口；12—蒸汽入口；13—压力/真空装置；

14—温度计；15—冷却套；16—冷媒入口；17—温度记录控制系统；

18—冷媒出口；19—CIP 设备；20—洗涤剂出口

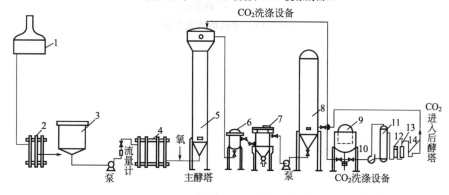

图 3-18　塔式连续发酵设备组成

1—麦汁澄清罐；2—冷却器；3—麦汁贮槽；4—灭菌器；5—塔式发酵罐；6—热处理槽；

7—酵母分离器；8—锥形后酵罐；9—CO_2 贮槽；10—CO_2 压缩机；

11—洗涤器；12—气液分离器；13—活性炭过滤器；14—无菌过滤器

(3) 啤酒连续发酵的主要设备

① 塔式主发酵罐

啤酒塔式发酵罐如图 3-19 所示。

② 啤酒酵母分离器

主要是碟式离心机。

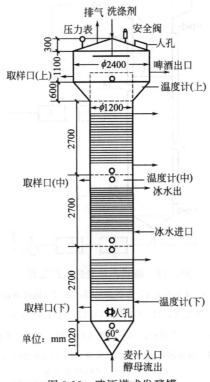

图 3-19　啤酒塔式发酵罐

第四章

过滤、离心与膜分离设备

在生物工业生产中，微生物发酵液、动植物细胞培养液、酶反应液及其他培养液大多是固相与液相的混合物，其目的产物有的分泌到细胞外，即胞外产物，如柠檬酸、乳酸等有机酸，有的则不能分泌到细胞外而保留在细胞内，如青霉素酰化酶、碱性磷酸酶等胞内酶及基因工程表达产物，还有的就是细胞本身，如酵母单细胞蛋白、嗜酸乳杆菌和双歧杆菌等。为了提取和精制目的产物，往往需要对悬浮液进行固液分离或液液分离，这是生物产品生产过程中的重要单元操作之一。

第一节　过滤设备与速度强化

发酵悬浮液的种类很多，大多数表现为黏度大和成分复杂的特点，且悬浮液中的固体粒子具有一定的可压缩性，使得分离更加困难。通常分离前先对悬浮液进行预处理。改变悬浮液的物理性质，再选择适宜的分离手段和操作条件，达到分离的目的。

悬浮液分离的方法有多种，生物工业中最常用的主要是过滤、离心及膜分离。过滤是生物工业中传统的单元操作，是目前用于固液分离的主要方法。离心可用于过滤的前处理，且对那些颗粒小、悬浮液黏度大、过滤速率慢甚至难以过滤分离的悬浮液分离有效，还可用于液液分离过程。膜分离技术是选择不同孔径的膜实现固液分离、溶质与溶剂的分离及浓缩和纯化操作。本章主要讲述生物工业中常用的加压过滤、真空过滤、离心分离及膜分离的有关设备及计算，并讨论过滤速率的强化、模型实验方法及分离过程的放大。

一、过滤速度的强化

提高过滤速度一方面可通过改变悬浮液的物理性质而促其分离，即对发酵液进行预处理；另一方面，选择适当的过滤介质和操作条件也可实现此目的。

1.发酵液的预处理

生物工业生产中的培养基和发酵液，由于高黏度、非牛顿流体、菌体细小且可压缩，若不经过适当的预处理就很难实现工业规模的过滤，同时由于菌体自溶释放出的核酸及其他有机物质的存在会造成液体浑浊，即使采用高速离心机也难以分离。还有一些发酵液中，高价无机离子（Ca^{2+}、Mg^{2+}、Fe^{3+}）和杂蛋白质较多。高价无机离子的存在，在采用离子交换法分离时，会影响树脂的交换容量。杂蛋白质的存在，在采用大网格树脂吸附法分离时会降低其吸附能力；采用萃取法时容易产生乳化，使两相分离不清；采用过滤法时，过滤速度下降，过滤膜受到污染。发酵液预处理的目的在于增大悬浮液中固体粒子的尺寸，除去高价无机离子和杂蛋白质，降低液体黏度，实现有效分离。预处理的方法有：加热、凝聚和絮凝、加吸附剂或盐类、调节 pH、加入助滤剂等。

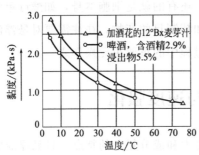

图 4-1　麦芽汁黏度-温度曲线

（1）加热　加热发酵液可有效降低液体黏度，提高过滤速率，同时，在合适的温度和受热条件下，蛋白质会变性，并凝聚形成大颗粒的凝聚物，可进一步改善发酵液的过滤特性。如柠檬酸发酵液加热至 80℃ 以上，可使蛋白质变性凝固，过滤速度加快，此外，液体黏度是温度的指数函数，升高温度是降低黏度的有效措施。图 4-1 是 12°Bx 麦芽汁的黏度-温度曲线。从图中可见，糖化醪在 78℃ 时的黏度仅是 40℃ 时的 1/2。因此在 78℃ 过滤比 40℃ 时过滤速度可提高 1 倍左右。为了防止目标产物变性，加热时必须严格控制加热温度和加热时间，加热温度过高或者时间过长，会造成细胞溶解，使胞内物质溢出，反而不利于后续产物的分离和纯化。

（2）凝聚和絮凝　凝聚（coagulation）和絮凝（flocculation）技术是发酵液预处理的重要方法，能有效地改变细胞、菌体和蛋白质等胶体粒子的分散状态，破坏其稳定性，使之聚集、颗粒增大，便于分离。凝聚是指在电解质作用下，胶粒之间双电层电排斥作用降低，电位下降，而使胶体体系不稳定的现象。絮凝则是指在某些高分子絮凝剂存在下，基于架桥作用，使胶粒形成较大絮凝团的过程，是一种以物理的集合为主的过程。

① 凝聚 发酵液中的细胞、菌体或蛋白质等胶体粒子的表面，一般都带有电荷，带电的原因很多，主要是吸附溶液中的离子和自由基团的电离。在生理 pH 下，发酵液中的菌体或蛋白质常常带负电荷，由于静电引力的作用，溶液中带相反电荷的阳离子被吸附在其周围，在界面上形成双电层。这种双电层的结构使胶粒之间不易聚集而保持稳定的分散状态。双电层的电位越高，电排斥作用越强，胶体粒子的分散程度也就越大，发酵液过滤就越困难。

凝聚作用就是向发酵液中加入某种电解质，在电解质中异电离子作用下，胶粒的双电层电位降低，使胶体体系不稳定，胶体粒子间因相互碰撞而产生聚集的现象。电解质的凝聚能力可用凝聚值来表示，使胶粒发生凝聚作用的最小电解质浓度（mol/L）称为凝聚值。根据 Schuze-Hardy 法则，反离子的价数越高，该值就越小，即凝聚能力越强。阳离子对带负电荷的发酵液胶体粒子凝聚能力的次序为：$Al^{3+} > Fe^{3+} > H^+ > Ca^{2+} > Mg^{2+} > K^+ > Na^+ > Li^+$。常用的凝聚电解质有 $Al_2(SO_4)_3 \cdot 18H_2O$、$AlCl_3 \cdot 6H_2O$、$FeCl_3 \cdot 6H_2O$、$FeSO_4 \cdot 7H_2O$、石灰、$ZnSO_4$、$MgCO_3$ 等。

② 絮凝 采用凝聚方法得到的凝聚体，其颗粒常常是比较细小的，有时还不能有效地进行分离。采用絮凝法则常可形成粗大的絮凝体，使发酵液较易分离。

絮凝剂是一种能溶于水的高分子聚合物，其分子量可高达数万乃至两千万以上，它们具有长链状结构，其链节上含有许多活性功能团，包括带电荷的阴离子或阳离子基团以及不带电荷的非离子型基团。它们通过静电引力、范德华力或氢键的作用，强烈地吸附在胶粒的表面。当一个高分子聚合物的许多链节分别吸附在不同颗粒的表面上，产生架桥联结时，就形成了较大的絮团，这就是絮凝作用。

对絮凝剂的化学结构一般有两方面的要求，一方面要求其分子必须含有相当多的活性官能团，使之能和胶粒表面相结合；另一方面要求须具有长链的线性结构，以便同时与多个胶粒吸附形成较大的絮团，但分子量不能超过一定限度，以使其具有良好的溶解性。根据其活性基团在水中解离情况的不同，絮凝剂可分为非离子型、阴离子型和阳离子型三类。根据其来源不同，工业上使用的絮凝剂又可分为如下三类。

a. 有机高分子聚合物 如聚丙烯酰胺类衍生物、聚苯乙烯类衍生物等。

b. 无机高分子聚合物 如聚合铝盐、聚合铁盐等。

c. 天然有机高分子絮凝剂 如聚糖类胶黏物、海藻酸钠、明胶、骨胶、壳聚糖、脱乙酰壳多糖等。

　　目前最常用的絮凝剂是有机合成的聚丙烯酰胺（polyacrylamide）类衍生物，其絮凝体粗大，分离效果好，絮凝速度快，用量少（一般以 mg/L 计），适用范围广。它们的主要缺点是存在一定的毒性，特别是阳离子型聚丙烯酰胺，一般不宜用于食品及医药工业。近年来发展的聚丙烯酸类阴离子絮凝剂，无毒，可用于食品及医药工业。

　　絮凝效果与絮凝剂的添加量、分子量和类型、溶液的 pH、搅拌转速和时间等因素有关。同时，在絮凝过程中，常需要加入一定的助滤剂以增加絮凝效果。溶液 pH 的变化会影响离子型絮凝剂中官能团的电离度，从而影响吸附作用的强弱。絮凝剂的最适添加量往往需通过试验确定，虽然较多的絮凝剂有助于增加架桥的数量，但过多的添加量反而会引起吸附饱和，絮凝剂争夺胶粒而使絮凝团的粒径变小，絮凝效果下降。如图 4-2 所示为 α-淀粉酶发酵液中，絮凝剂添加量对絮凝液滤速的影响。从图 4-2 中可看出，絮凝剂的最适添加量为 70mg/L。

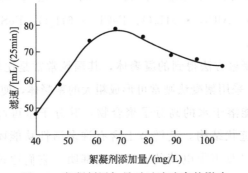

图 4-2　絮凝剂添加量对过滤速率的影响

　　（3）加入盐类　发酵液中加入某些盐类，可去除高价无机金属离子，如 Ca^{2+}、Mg^{2+}、Fe^{3+} 等。去除钙离子，常采用草酸钠或草酸，反应后生成的草酸钙在水中溶度积很小（18℃时为 1.8×10^{-9}），因此能将钙离子基本完全去除，生成的草酸钙沉淀还能促使杂蛋白质凝固，提高滤速和滤液质量。

　　镁离子的去除也可用草酸，但草酸镁溶度积较大（18℃时为 8.6×10^{-5}），故沉淀不完全，也可采用磷酸盐，使生成磷酸钙盐和磷酸镁盐沉淀而除去。除形成沉淀外，还用三聚磷酸钠，生成一种可溶性络合物而消除镁离子的影响：

$$Na_5P_3O_{10} + Mg^{2+} \longrightarrow MgNa_3P_3O_{10} + 2Na^+$$

三聚磷酸钠也能与钙、铁离子形成络合物。采用三聚磷酸钠的主要缺点是容易造成河水污染，大量使用应注意加强"三废"处理。

　　去除铁离子，可采用黄血盐，形成普鲁士蓝沉淀：

$$4Fe^{3+} + 3K_4Fe(CN)_6 \longrightarrow Fe_4[Fe(CN)_6]_3 \downarrow + 12K^+$$

高价金属离子的去除对离子交换法提取和成品质量影响很大。例如在用弱酸阳离子交换树脂提取庆大霉素时，如果预处理时加入草酸除去钙、镁离子，可使树脂对庆大霉素的交换容量提高 28%～30%，而最后成品的灰分可降低 70% 左右。

（4）调节 pH　蛋白质一般以胶体状态存在于发酵液中。胶体状态的稳定性与其所带电荷有关。蛋白质属于两性物质，在酸性溶液中带正电荷，而在碱性溶液中带负电荷。某一 pH 下，净电荷为零，溶解度最小，称为等电点。由于羧基的电离度比氨基大，蛋白质的酸性通常强于碱性，其等电点大都在酸性范围内（pH4.0～5.5）。因此，调节发酵液的 pH 到蛋白质的等电点是除去蛋白质的有效方法。大幅度改变 pH，还能使蛋白质变性凝固。

对于加入离子型絮凝剂的发酵液，调节 pH 可改变絮凝剂的电离度，从而改变分子链的伸展状态。电离度大，链节上相邻离子基团间的电排斥作用强，使分子链从卷曲状态变为伸展状态，则架桥能力提高，采用碱式氯化铝和阴离子聚丙酰胺配合使用，处理 2709 碱性蛋白酶发酵液，其 pH 对阴离子聚丙酰胺絮凝效果的影响如图 4-3 所示。可见，pH 适当提高能增大滤速，这是因为聚丙烯酰

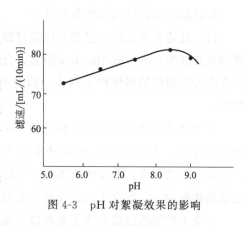

图 4-3　pH 对絮凝效果的影响

胺分子链上的羧基离解程度提高，使其达到较大的伸展程度，发挥了较好的架桥能力。

（5）加入助滤剂　在含有大量细小胶体粒子的发酵液中加入固体助滤剂，则这些胶体粒子吸附于助滤剂微粒上，助滤剂就作为胶体粒子的载体，均匀地分布于滤饼层中，相应地改变了滤饼结构，降低了滤饼的可压缩性，也就减小了过滤阻力。目前生物工业中常用的助滤剂是硅藻土，其次是珍珠岩粉、活性炭、石英砂、纤维素、白土等。

选择助滤剂应考虑以下几点。

① 粒度　助滤剂颗粒大，过滤速度快，但滤液澄清度差，反之，颗粒小，过滤阻力大，澄清度高。粒度选择应根据悬浮液中的颗粒和滤液的澄清度通过试验确定，一般情况下，颗粒较小的滤饼应采用细小的助滤剂。

② 助滤剂的品种　应根据过滤介质选择助滤剂品种。使用粗目滤网时易泄漏，可选择纤维素，可有效地防止泄漏；采用细目滤布时，可使用细硅藻土，若采用粗

粒硅藻土，则悬浮液中的细微颗粒仍将透过预涂层到达滤布表面，从而使过滤阻力增大。

滤饼较厚时（50～100mm），为了防止龟裂，可加入1%～5%纤维素或活性炭。

③ 用量　间歇操作时，助滤剂预涂层的厚度应不小于2mm。连续过滤机中根据过滤速度确定。加入悬浮液中的量，使用硅藻土时，通常细粒为500g/m^3，粗粒700～1000g/m^3，中等粒度700g/m^3，应均匀分散于悬浮液中而不沉淀，故一般设置搅拌混合槽。

另外，若助滤剂中的某些成分会溶于酸性或碱性液体中从而对产品造成影响时，使用前应对助滤剂进行酸洗或碱洗。

2. 过滤介质选择及操作条件优化

（1）过滤介质选择　过滤介质除过滤作用外，还是滤饼的支撑物。它应具有足够的机械强度和尽可能小的流动阻力。合理选择过滤介质取决于许多因素，其中过滤介质所能截留的固体粒子的大小以及对滤液的透过性是过滤介质最主要的技术特性。

过滤介质所能截留的固体粒子的大小通常以过滤介质的孔径表示。常用的过滤介质中纤维滤布所能截留的最小粒子约10μm，硅藻土为1μm，超滤膜可小于0.5μm。过滤介质的透过性是指在一定的压力差下，单位时间单位过滤面积上通过滤液的体积量，它取决于过滤介质上毛细孔径的大小及数目。

工业上常用的过滤介质主要有以下几类。

① 织物介质　织物介质又称滤布，包括由棉、毛、丝、麻等织成的天然纤维滤布和合成纤维滤布。这类滤布应用最广泛，其过滤性能受许多因素的影响，其中最重要的是纤维的特性、编织纹法和线型。生物工业常用的棉纤维、尼龙和涤纶滤布的某些特性及编织纹法、线型对过滤性能的影响分别列于表4-1～表4-3。

表 4-1　几种常用纤维滤布的物理性能

种类	最高安全温度/℃	密度/(kg/m^3)	吸水率/%	耐磨性
棉	92	155	16～22	良
尼龙	105～120	114	6.5～8.3	优
涤纶	145	138	0.04～0.08	优

表 4-2　不同编织纹法滤布对过滤性能的影响

纹法	浊度澄清度	阻力	滤饼中含水	滤饼脱落难易	寿命	堵孔倾向
平纹 斜纹 缎纹	依次下降↓	依次下降↓	依次减少↓	依次变易↓	中长短↓	依次变易↓

表 4-3 不同线型滤布对过滤性能的影响

线型	滤液澄清度	阻力	滤饼中含水率	滤饼脱落难易	寿命	堵孔倾向
合成纤维,单长丝滤布	最低	最小	最低	最易	最短	最少
合成纤维,多细丝单线滤布	↓依次增高	↓依次增大	↓依次增大	↓依次变难	↓依次增大	↓依次增大
棉纱线滤布						

② 粒状介质 粒状介质有硅藻土、珍珠岩粉、细砂、活性炭、白土等。最常用的是硅藻土。它是优良的过滤介质,主要有以下特性:a. 一般不与酸碱反应,化学性能稳定,不会改变液体组成;b. 形状不规则,空隙大且多孔,工业使用的硅藻土粒径一般为 $2\sim100\mu m$,密度 $100\sim250kg/m^3$,比表面积 $10000\sim20000m^2/kg$,具有很大的吸附表面;c. 无毒且不可压缩,形成的过滤层不会因操作压力变化而阻力变化,因此也是一种良好的助滤剂。

硅藻土过滤介质通常有以下三种用法。

a. 作为深层过滤介质 形状不规则的粒子所形成的硅藻土过滤层具有曲折的毛细孔道,借筛分、吸附和深层效应除去悬浮液中的固体粒子,截留效果可达 $1\mu m$。

b. 作为预涂层 在支持介质的表面上预先形成一层较薄的硅藻土预涂层,用以保护支持介质的毛细孔道不被滤饼层中的固体粒子堵塞。

c. 用作助滤剂 在待过滤的悬浮液中加入适量的硅藻土,使形成的滤饼层具有多孔性,支撑滤饼,降低滤饼的可压缩性,以提高过滤速度和延长过滤周期。

近年来发展的各种硅藻土过滤机常将后两种方法结合起来操作,得到良好的效果。硅藻土的粒度分布对过滤速度的影响很大。显然,粒度小,滤液澄清度好,但过滤阻力大;粒子大,则相反。工业生产中,根据不同的悬浮液性质和过滤要求,选择不同规格的硅藻土,通过实验确定适宜的配合比例,可取得较好的效果。

③ 多孔固体介质 多孔固体介质如多孔陶瓷、多孔玻璃、多孔塑料等,可加工成板状或管状,孔很小且耐腐蚀,常用于过滤含有少量微粒的悬浮液。

(2) 过滤操作条件优化

前已述及,悬浮液进行过滤分离的速度取决于它的物理性质和操作条件,根据过滤微分方程式:

$$\frac{dq}{d\tau}=\frac{\Delta p}{\mu r_0 x_0 q+\mu R} \tag{4-1}$$

式中 q——单位面积上所得的滤液体积,m^3/m^2;

τ——过滤时间,s;

$\dfrac{dq}{d\tau}$——过滤速度，m/s；

Δp——过滤压力差，Pa；

r_0——滤饼的比阻，$1/m^2$；

x_0——单位体积滤液中滤出滤饼的体积，m^3/m^3；

μ——滤液黏度，Pa·s；

R——滤布阻力，$1/m$。

$$x_0 = \frac{\text{滤饼体积}}{\text{滤液体积}} = \frac{V_e}{V} = \frac{Fl}{V} = \frac{l}{q} \tag{4-2}$$

式中　V_e——滤饼体积，m^3；

　　　V——滤液体积，m^3；

　　　F——过滤面积，m^2；

　　　l——滤饼层厚度，m。

式(4-1) 可写成：

$$\frac{dV}{d\tau} = \frac{1}{\mu} \times \frac{\Delta p F}{r_0 l + R} \tag{4-3}$$

很显然，过滤速率（dV/dτ）与过滤面积成正比，与过滤压差成正比，而与滤液黏度成反比，且滤饼比阻越大，过滤速率越小，滤饼层越厚，过滤速率越慢。这些参数均取决于悬浮液的物理性质、操作条件或二者的共同作用，下面分别讨论。

① 改善悬浮液的物理性质　改善悬浮液的物理性质主要是降低滤液黏度，减少滤饼比阻及滤饼层厚度。加热是降低滤液黏度最有效可行的方法。在过滤操作中，如果工艺条件允许，尽可能采用加热过滤。如啤酒生产中糖化醪维持在 78℃ 下过滤。另外，有些悬浮液还可用其他方法降低黏度。如在啤酒糖化醪中加入适量 β-葡萄糖苷酶，由于 β-葡萄糖苷键的降解可降低麦汁的黏度。

减少滤饼的比阻，依滤饼比阻的定义：

$$r_0 = \frac{128a}{n\pi d^4} \tag{4-4}$$

式中　d——滤饼层毛细孔直径；

　　　n——单位面积滤饼层上毛细孔的数目；

　　　a——毛细孔弯曲因子。

可见，增大毛细孔直径，减少弯曲因子均有利于降低滤饼比阻。工业生产中，悬浮液中加入絮凝剂，使细小的胶体粒子"架桥"长大，从而形成大孔径的滤饼层。加入固体助滤剂可降低滤饼层的可压缩性，使弯曲因子变小。

对于固体含量较大的悬浮液，过滤前可采用重力沉降或离心沉降方法分离出大部分粒子，再进行过滤操作，这样可使滤饼层的厚度减小，提高过滤速度，延长过滤周期。

② 优化操作条件　优化操作条件的目的主要是提高过滤速率，对于不可压缩滤饼，滤饼比阻 r_0 为一常量，则 $\dfrac{dq}{d\tau} \propto \Delta p$，即过滤压差大，推动力大，过滤速度快。此种情况下，在过滤介质、过滤设备所允许的机械强度范围内，尽可能采用加压过滤。然而，发酵液过滤所形成的滤饼通常是高度可压缩的，即 $r_0 = f(\Delta p)$，实验证明 r_0 与 Δp 成以下指数关系：

$$r_0 = r_{01} \Delta p^s$$
$$r_0 = r_{02} + a \Delta p^{s'} \tag{4-5}$$

式中　　s、s'——压缩性指数，对于大多数滤饼，s、s' 在 $0.1 \sim 0.95$ 之间，s、$s' = 0$

时，为完全不可压缩滤饼，等于 1 时为完全可压缩滤饼；

r_{01}、r_{02}、a——系数，这些参数均由实验确定。

在这种情况下，提高过滤压差的同时，也加大了滤饼的比阻。由于 r_0 与 Δp 之间的非线性关系，在某一压力差范围内，提高 Δp 有利于加大过滤速度，但当 Δp 超过某一值后，继续增加 Δp 反而使过滤速度减慢，其原因是 r_0 增加的幅度超过了 Δp 的增加值，导致过滤速率下降。

间歇式恒压过滤操作中，开始过滤时速度最大，随着过滤的进行，则过滤速率逐渐降低，因此，确定间歇过滤机的最佳过滤操作时间，便可获得最大的生产能力（最大平均过滤速率）。图 4-4 是典型的间歇式恒压过滤曲线。图中 τ_a 为辅助操作时间。从图中可以看出，若从原点做 τ-v 曲线的切线，则切点处的瞬时速度将等于整个循环时间内的平均速率，所对应的时间即为最佳过滤操作时间，以 τ_p 表示，即：

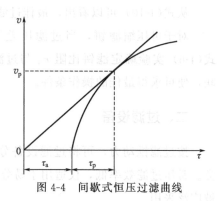

图 4-4　间歇式恒压过滤曲线

$$\frac{dV}{d\tau} = \frac{V}{\tau_a + \tau_p} \tag{4-6}$$

由过滤微分式(4-3) 知：

$$\frac{dV}{d\tau} = \frac{\Delta p F}{\mu r_0 x_0 \dfrac{V}{F} + \mu R}$$

令：

$$m=\frac{\mu r_0 x_0}{\Delta p F^2}, \ b=\frac{\mu R}{\Delta p F}$$

则：

$$\frac{dV}{d\tau}=\frac{1}{mV+b} \tag{4-7}$$

所以：

$$\frac{1}{mV+b}=\frac{V}{\tau_a+\tau_p} \tag{4-8}$$

恒压下对 $\frac{dV}{d\tau}=\frac{1}{mV+b}$ 积分为：

$$\tau_p=\frac{1}{2}mV^2+bV \tag{4-9}$$

于是由式(4-8)、式(4-9) 可求得间歇式恒压过滤的最佳操作时间为：

$$\tau_p=\tau_a+b\sqrt{\frac{2\tau_a}{m}} \tag{4-10}$$

得到的滤液体积为：

$$V_p=\sqrt{\frac{2\tau_a}{m}} \tag{4-11}$$

从式(4-10) 可以看出，最佳过滤操作时间 τ_p 总是大于辅助操作时间 τ_a。

对于可压缩滤饼，当过滤压差 Δp 在操作过程中变化时，应先由式(4-5)、式(4-6)实验确定滤饼比阻 r_0 与过滤压差 Δp 之间的函数关系，再与过滤方程关联，便可求得最佳的操作条件。

二、过滤设备

按过滤推动力，可将过滤设备分为常压过滤机、加压过滤机和真空过滤机三类。常压过滤效率低，仅适用于易分离的物料，加压和真空过滤设备在生物工业中被广泛采用。

1. 板框式及板式压滤机

（1）板框式压滤机　板框式压滤机主要由许多滤板和液滤框间隔排列而组成，如图 4-5 所示板和框多做成正方形，角端均开有小孔（图 4-6），装合压紧后即构成供滤浆或洗水流通的孔道。框的两侧覆以滤布，空框与滤布围成了容纳滤浆及滤饼的空间，滤板用以支撑滤布并提供滤液流出的通道。为此，滤板的两面制成沟槽，并分别与涉水孔道和滤料出口相通。滤板又分为洗涤板与非洗涤板两种，其结构与作用有所不同。每台板框压滤机有一定的总框数，其数目由生产能力和悬浮液固体浓度确定，最多可达 60 个，需要框数少时，可插入盲板以切断滤浆流通的孔道。

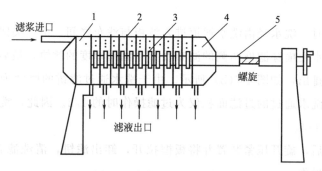

图 4-5　板框压滤机结构图

1—固定端板；2—滤布；3—板框支座；4—可动端板；5—支撑横梁；

•—过滤板；∶—滤框；∷—洗涤板

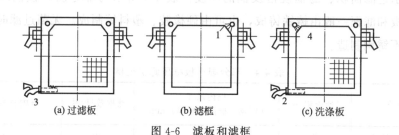

(a) 过滤板　　　　　(b) 滤框　　　　　(c) 洗涤板

图 4-6　滤板和滤框

1—料液通道；2—滤液出口；3—滤液或洗液出口；4—洗液通道

过滤时，悬浮液由离心泵或齿轮泵经滤浆通道打入框内，如图 4-7（a）所示，滤液穿过滤框两侧滤布，沿相邻滤板沟槽流至滤液出口，固体则被截留于框内形成

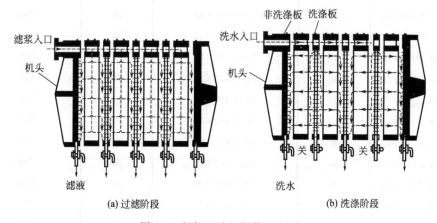

(a) 过滤阶段　　　　　　　(b) 洗涤阶段

图 4-7　板框压滤机操作示意图

滤饼。滤饼充满滤框后停止过滤。滤液在引出方式上有明流与暗流之分。前者适用于一般场合，如发酵液的过滤，后者则用于滤液需保持无菌，不与空气接触等场合。

洗涤滤饼时，洗水经由洗水通道进入滤板与滤布之间。由于关闭洗涤板下部的滤液出口，洗水便横穿滤框两侧的滤布及整个滤框厚度的滤饼，最后由非洗涤板下部的滤液出口排出，如图 4-7(b) 所示。由于洗水通过滤饼的厚度为最终过滤操作时的 2 倍，而洗水通过的过滤面积仅为过滤操作时的 1/2。因此，洗涤速率仅为最终过滤速率的 1/4。

洗涤结束后，旋开压紧装置并将板框拉开，卸出滤饼，清洗滤布，重新组装，进行下一循环操作。

常用的板框压滤机有 BMS、BAS、BMY 及 BAY 等类型。其中 B 表示板框压滤机、M 表示明流、A 表示暗流、S 表示手动压紧、Y 表示液压压紧，代号后面的数字表示过滤面积、滤框规格及框的厚度。表 4-4 所示为部分国产板框压滤机规格。滤板和滤框一般由铸铁铸成，也可由硬橡胶、塑料等制成。无菌过滤时，一般应采用不锈钢制造。

表 4-4 部分国产板框压滤机规格

型号	过滤面积/m²	框内尺寸 (框宽×框高×框厚)/mm	滤框数目/片	框内总容量/L
BAS 2/ϕ370	2	ϕ370	10	—
BAS 8/450-25	8	450×450×25	20	100
BAS 20/635-25	20	635×635×25	26	260
BAS 30/635-25	30	635×635×25	38	380
BAS 40/635-25	40	635×635×25	50	500
BMS 20/635-25	20	635×635×25	26	260
BMS 30/635-25	30	635×635×25	38	380
BMS 40/635-25	40	635×635×25	50	500
BMS 50/810-25	50	810×810×25	38	615
BMS 60/810-25	60	810×810×25	46	745
BAY 10/560-15	10	560×560×15	17	150
BAY 20/635-25	20	635×635×25	26	260
BAY 30/635-25	30	635×635×25	38	380
BAY 40/635-25	40	635×635×25	50	500
BAY 50/810-25	50	810×810×25	38	615
BMY 50/810-25	50	810×810×25	38	615

续表

型号	过滤面积/m²	框内尺寸 （框宽×框高×框厚）/mm	滤框数目/片	框内总容量/L
BMY 60/810-25	60	810×810×25	46	745
BMY 70/810-25	70	810×810×25	54	875
BMY 14/635-45	14	635×635×45	18	320
BMY 20/635-45	20	635×635×45	26	465

板框压滤机的最大操作压力可达 $10 \times 10^5 Pa$，通常使用压力为 $(3 \sim 5) \times 10^5 Pa$。发酵液过滤时，单位处理量为 $15 \sim 25 L/(m^2 \cdot h)$。

（2）板式压滤机

较常见的是凹腔板式压滤机（图 4-8），也称箱式压滤机，它全部由滤板并列组合而成，即滤板具有板和框的双重作用。滤板通常为凹面形圆盘，滤板两侧各有一凸出的边框，当两块滤板合拢时，中间的内腔即形成滤箱。每块滤板的两侧覆以滤布，利用螺旋活接头将滤布紧贴于板的凸缘平面上，这样可将滤箱空间分隔成滤布与板面间的滤液空间及滤布外部的滤浆空间。

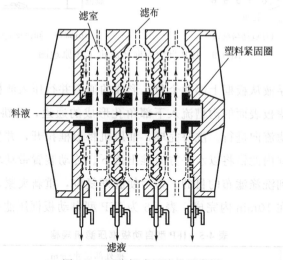

图 4-8 凹腔板式压滤机示意图

过滤时，料液经滤板的中央进料孔进入滤浆空间，滤渣沉积于滤布上形成滤饼，而滤液穿过滤布进入板面的沟槽内，并从下部的孔道流出。

板框式硅藻土过滤机与典型的板框式压滤机没有本质上的差别。它只是以硅藻土过滤介质代替滤布，使用特制的多孔隙滤纸板夹持在板和框之间，作为硅藻土层的支撑物，每一过滤周期结束后需更换新的滤纸板和硅藻土。

板式或板框式压滤机结构简单，价格低，过滤面积大，耐受压力高，动力消耗小，适用于较难处理物料的过滤，故使用较广泛。但这种压滤机不能连续操作，劳动强度大，辅助操作时间长，滤布易损坏。目前，半自动和全自动压滤机已得到广泛应用。

　　（3）自动板框压滤机

　　自动板框压滤机在板框压紧、卸饼、清洗等操作中可自动完成，劳动强度小，辅助操作时间短。

　　图 4-9 是 IFP 型自动板框压滤机的工作原理图。其结构与普通板框压滤机大体相同。只是板与框各有 4 个角孔，滤布是首尾封闭的整体，并配有自动控制操作系统。

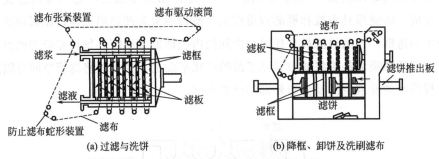

图 4-9　IFP 自动板框压滤机工作原理图

　　过滤时，悬浮液从板框上部两个角孔形成的通道并行压入滤框，滤液穿过滤框两侧的滤布，沿滤板表面的沟槽流入下部角孔形成的通道，滤饼则在滤框内形成。洗涤滤饼也按过滤流向进行。洗饼完毕，油压机将板框拉开，并使滤框下降。然后开动滤饼推板，框内滤饼将以水平方向推出落下。传动装置带动环形滤布绕一系列转轴旋转，以达到洗涤滤布的目的，最后使滤框复位，重新夹紧，完成一个操作周期。全部操作可在 10min 内完成。表 4-5 为 IFP 型自动板框压滤机规格。

表 4-5　IFP 型自动板框压滤机规格

项目	框外部尺寸/mm								
	800×800			1000×1000			1250×1500		
框数/个	20	30	35	20	40	60	30	50	60
框总体积/L	286	428	500	465	929	1394	1568	2614	3136
全长/mm	3000	5000	6000	3000	7000	8700	5000	7850	8700
全宽/mm	1400			1600			2300		
全高/mm	2500			3000			4000		

自动板框压滤机结构复杂，价格昂贵，在一定程度上限制了它的应用和发展。

（4）板框压滤机工艺计算

① 物料衡算　设待处理悬浮液量为 m（kg），其固相浓度为 x_1（%，质量分数），经过滤分离后得湿滤渣为 m_1（kg），其湿度为 x_2（%，质量分数），获得滤液为 V（m³），密度为 ρ（kg/m³）。则：

总物料衡算： $$m = m_1 + V\rho \tag{4-12}$$

滤液物料衡算： $$m(1-x_1) - m_1 x_2 = V\rho \tag{4-13}$$

滤渣物料衡算： $$m x_1 = m_1 (1-x_2) \tag{4-14}$$

由此计算得每批操作的滤液量、滤渣量及滤渣中的液体含量，用以选择压滤机。

② 板框压滤机选择及台数

板框压滤机的滤箱体积为：

$$V_{\mathrm{p}} = N \times A \times B \times H \tag{4-15}$$

式中　V_{p}——板框压缩机的滤箱体积，m³；

A、B、H——分别为滤框的有效高度、宽度及厚度，m；

N——滤框数目。

若发酵液体积为 V_{F}（m³），其湿滤渣体积与发酵液体积之比为 E，滤箱的填充系数为 K，则压滤机的台数为：

$$n = \frac{V_{\mathrm{F}}}{K \times V_{\mathrm{p}}} = \frac{V_{\mathrm{F}} \times E}{K \times N \times A \times B \times H} \tag{4-16}$$

压滤机的选择应考虑以下两个方面。首先尽可能选用较薄的滤框。因为框的厚度越大，液体穿过滤饼层的路程就越长，阻力也就越大，过滤速度相应减小，并且滤饼的湿度较大，洗涤困难，致使收率下降。此外，滤框越厚，每批操作得到的过滤面积小，过滤时间便相应增加。其次，压滤机台数的确定应从投资预算、布置、操作等全面考虑，一般以较大规格者为宜。

③ 过滤面积及生产能力计算

过滤操作通常有恒速过滤、恒压过滤或加压变速过滤等形式。其计算均基于过滤基本方程：

$$\frac{\mathrm{d}V}{F\mathrm{d}\tau} = \frac{\Delta p}{\mu r_0 x_0 \dfrac{V}{F} + \mu R} \tag{4-17}$$

a. 恒压差过滤 Δp 为常量，过滤速度逐渐下降，此时上式积分得：

$$V^2 + \frac{2RF}{r_0 x_0}V = \frac{2\Delta p F^2}{\mu r_0 x_0} \tag{4-18}$$

则过滤面积为：

$$F = \frac{\mu RV + V(\mu^2 R^2 + 2\Delta p r_0 x_0 \mu \tau)^{\frac{1}{2}}}{2\Delta p \tau} \qquad (4\text{-}19)$$

若忽略滤布阻力，则为：

$$F = \left(\frac{\mu r_0 x_0}{2\Delta p}\right)^{\frac{1}{2}} \times V \qquad (4\text{-}20)$$

b. 恒速过滤 $\dfrac{\mathrm{d}V}{\mathrm{d}\tau}$ 为常量，过滤压差逐渐上升，式(4-17) 积分：

$$V^2 = \frac{RF}{r_0 x_0} V = \frac{\Delta p F^2}{\mu r_0 x_0} \tau \qquad (4\text{-}21)$$

则过滤面积为：

$$F = \frac{\mu RV + V(\mu^2 R^2 + 4\Delta p r_0 x_0 \mu \tau)^{\frac{1}{2}}}{2\Delta p \tau} \qquad (4\text{-}22)$$

忽略滤布阻力时：

$$F = \left(\frac{\mu r_0 x_0}{\Delta p \tau}\right)^{\frac{1}{2}} \times V \qquad (4\text{-}23)$$

c. 加压变速过滤   由于发酵液中颗粒的可压缩性及非牛顿流体，通常很难维持恒压或恒速过滤，随着过滤的进行，压差不断升高，滤速则逐渐减少。若忽略滤布阻力，则式(4-17) 可重写成：

$$\frac{\mathrm{d}V}{F\mathrm{d}\tau} = \frac{\Delta p F}{\mu r_0 x_0 V} \qquad (4\text{-}24)$$

分离变量积分有：

$$\int_0^V V\mathrm{d}V = \frac{F^2}{\mu x_0} \int_0^\tau \frac{\Delta p}{r_0} \mathrm{d}\tau \qquad (4\text{-}25)$$

将 $r_0 = r_0 \Delta p^s$ 代入：

$$V^2 = \frac{2F^2}{\mu r_0 x_0} \int_0^\tau \Delta p^{1-s} \mathrm{d}\tau \qquad (4\text{-}26)$$

式中 $\displaystyle\int_0^\tau \Delta p^{1-s} \mathrm{d}\tau$ 可采用数值积分或图解积分求取。

d. 压滤机生产能力分批压滤机的平均生产能力为：

$$W = \frac{V}{\tau + \tau_a} \qquad (4\text{-}27)$$

式中 W——压滤机的平均生产能力，m^3/s；

τ_a——洗涤、卸饼、组装等辅助操作时间，s；

V——每批可获得滤液量，m^3；可分别由式(4-18)、式(4-21) 和式(4-26)
　求取。

例 4-1　选用 IFP 型自动压滤机对黑曲霉糖化酶发酵液进行恒压差过滤。已知
操作压力 2×10^5 Pa，实验测得过滤条件 $r_0 = 0.151 \times 10^{12} \Delta p^{0.67}$，滤布比阻为
6.3×10^{11} $(1/m^2)$，在 30℃过滤温度下滤液黏度为 1.59×10^{-3} Pa·s，每批处理
发酵液量为 $25m^3$，可得滤液 $22.80m^3$，今要求在 70min 内完成一个操作周期（包
括卸饼、洗涤滤布、组装辅助操作时间 15min）。计算上述操作条件下的过滤面积、
滤饼厚度，并选择压滤机规格。

解：① 过滤面积由式(4-19)：

$$F = \frac{\mu RV + V \left(\mu^2 R^2 + 2\Delta p r_0 x_0 \mu \tau\right)^{\frac{1}{2}}}{2\Delta p \tau}$$

且　　$r_0 = 0.151 \times 10^{12} \times (2 \times 10^5)^{0.67} = 5.38 \times 10^{14} \, 1/m^2$

$$x_0 = \frac{V_F - V}{V} = \frac{25 - 22.80}{22.80} = 0.096$$

$$\tau = 70 - 15 = 55\text{min} = 3300\text{s}$$

则

$$F = \frac{\begin{array}{c}1.59 \times 10^{-3} \times 6.3 \times 10^{11} \times 22.80 + 22.80[(1.59 \times 10^{-3} \times 6.3 \times 10^{11})^2 \\ + 2 \times 2 \times 10^5 \times 5.38 \times 10^{14} \times 0.096 \times 1.59 \times 10^{-3} \times 3300]^{\frac{1}{2}}\end{array}}{2 \times 2 \times 10^5 \times 3300} = 198$$

② 滤饼厚度：

$$h = \frac{x_0 V}{F} = \frac{0.096 \times 22.80}{198} = 0.011\text{m} = 11\text{mm}$$

取滤框填充系数 $K = 0.80$，则滤饼厚度：

$$H = \frac{11 \times 2}{0.8} = 27.5\text{mm}$$

过滤速率：

$$W = \frac{V}{\tau + \tau_f} = \frac{22.80}{3300 + 900} = 0.0054 \, m^3/s$$

③ IFP 压滤机规格：由表 4-5，选用 1250×1500 型，取滤框厚度 30mm，每侧
过滤面积 $1.74m^2$，则 57 块滤框过滤面积为：

$$57 \times 2 \times 1.74 = 198.4 m^2$$

滤框总体积为：$1.74 \times 0.03 \times 57 = 2.98 m^3$

2. 真空过滤机

真空过滤设备以大气与真空之间的压力差作为过滤操作的推动力。生物工业中

应用得较多的是转筒真空过滤机。

(1) 转筒真空过滤机的结构与操作　转筒真空过滤机是一种连续操作的过滤设备，其操作流程如图 4-10 所示，设备的主体是一个由筛板组成能转动的水平圆筒（图 4-11），表面有一层金属丝网，网上覆盖滤布。圆筒内沿径向被筋板分隔成若干个空间，每个空间都以单独孔道通至筒轴颈端面的分配头上，分配头内沿径向隔离成 3 个室，它们分别与真空和压缩空气管路相通。

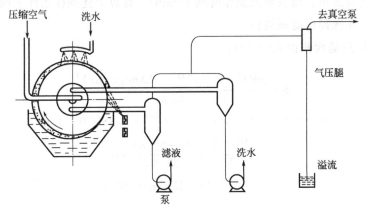

图 4-10　转筒真空过滤机操作流程

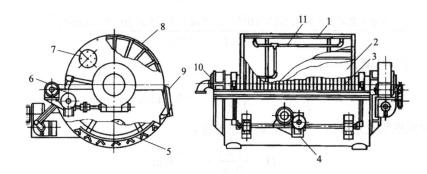

图 4-11　转筒真空过滤机

1—转鼓；2—滤布；3—金属网；4—搅拌器传动；5—摇摆式搅拌器；6—传动装置；7—手孔；8—过滤室；9—刮刀；10—分配阀；11—滤液管路

转筒下部浸入浆槽中，浸没角 90°～130°，圆筒缓慢旋转时（转速 0.5～2r/min），筒内每一空间相继与分配头中的Ⅰ、Ⅱ、Ⅲ室相通（图 4-12），可顺序进行过滤、洗涤、吸干、吹松、卸饼等项操作，即整个圆筒分为过滤区、洗涤及脱水区、卸渣及再生区 3 个区域。

① 过滤区　圆筒内下部的空间与料浆相接触，由于在这个区中的空间与真空管连通，于是滤液被吸入筒内并经导管和分配头排至滤液贮罐中，而固体粒子则被

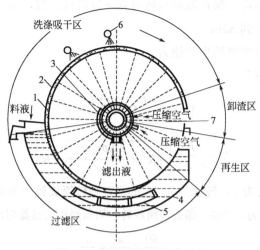

图 4-12　转筒结构及工作过程

1—转鼓；2—过滤室；3—分配阀；4—料液槽；5—摇摆式搅拌器；6—洗涤液喷嘴；7—刮刀

吸附在滤布的表面形成滤饼层。为防止滤浆中固体沉降，在料液槽中装置摇摆式搅拌器。

② 洗涤及脱水区　当圆筒从料浆槽中转出后，由喷嘴将洗涤水喷向圆筒面上的滤饼层进行洗涤，由于此区也与真空管路相通，于是洗涤水穿过滤饼层而被吸入筒内，并经分配头引至洗水贮罐中。为了避免滤饼层裂缝，可在此区上安装一滚压轴以提高脱水效果，防止空气从裂缝处大量流入筒内而影响真空度。

③ 卸渣及再生区　经洗涤和脱水的滤饼层继续旋转进入此区。由于此区与压缩空气管路连通，于是压缩空气从圆筒内向外穿过滤布面将滤饼吹松，随后由刮刀将其刮除。刮掉滤饼后的滤布继续喷出压缩空气，以吹净残余滤渣，使滤布再生。

转筒真空过滤机的过滤面积有 $1m^2$、$5m^2$、$20m^2$、$40m^2$ 等不同规格，目前国产的最大过滤面积约 $50m^2$，型号有 GP 及 GP-x 型（GP 型为刮刀卸料，GP-x 型为绳索卸料），直径 $0.3\sim4.5m$，长度 $0.3\sim6m$。滤饼厚度一般保持在 40mm 以内，对于难于过滤的胶状料液，厚度可小于 10mm。对于含菌丝体发酵液，过滤前在滚筒面上预涂一层 $50\sim60mm$ 厚的硅藻土。过滤时，可调节滤饼刮刀将滤饼连同一薄层硅藻土一起刮去，每转一圈，硅藻土约刮去 0.1mm，这样可使过滤面不断更新。

转筒真空过滤机可吸滤、洗涤、卸饼、再生连续化操作，生产能力大，劳动强度小，但辅助设备多，投资大，且由于真空过滤，推动力小，最大真空度不超过 8×10^4Pa，一般为 $2.7\times10^2\sim6.7\times10^4Pa$，滤饼湿含量大，通常为 20%～70%。

除真空转筒过滤机外，还有转盘真空过滤机、真空翻斗式过滤机等。转盘真空过滤机及其转盘的结构、操作原理与转筒真空过滤机类似，每个转盘相当于一个转筒，过滤面积可以大到 $85m^2$。

（2）转筒真空过滤机的生产能力

由恒压差过滤方程：

$$V^2 + \frac{2RF}{r_0 x_0}V = \frac{2\Delta p F^2}{\mu r_0 x_0}\tau$$

得

$$V = \frac{F}{r_0 x_0}\left[\sqrt{R^2 + \frac{2\Delta p r_0 x_0}{\mu}\tau} - R\right] \quad (4\text{-}28)$$

若转筒的浸没角为 a，转速为 n（r/min），则转筒旋转一周所需时间为 $60/n$（s），转筒表面浸没的分数为 $a/360$，那么转筒旋转一周所经历的过滤时间为：

$$\tau = \frac{60}{n} \times \frac{a}{360} = \frac{a}{6n}$$

故：

$$V = \frac{F}{r_0 x_0}\left[\sqrt{R^2 + \frac{2\Delta p r_0 x_0}{\mu} \times \frac{a}{6n}} - R\right] \quad (4\text{-}29)$$

忽略滤布阻力时，上式可简化为：

$$V = F\sqrt{\frac{2\Delta p}{\mu r_0 x_0} \times \frac{a}{6n}} \quad (4\text{-}30)$$

每小时所得滤液量：

$$V_h = 60nF\sqrt{\frac{2\Delta p}{\mu r_0 x_0} \times \frac{a}{6n}} = F\sqrt{\frac{1200 \times \Delta p a n}{\mu r_0 x_0}} \quad (4\text{-}31)$$

例 4-2　某工业发酵液用一直径为 1.75m，长 0.98m 的转筒真空过滤机于 6×10^4 Pa 真空度下进行过滤操作，操作温度 30℃，发酵液黏度为 1.56×10^{-3} Pa·s，实验测得滤饼比阻与压力差的关系为 $r_0 = 0.12 \times 10^{10}\Delta p^{0.7}$，$x_0 = 0.15$，滚筒转速 1.0r/min，浸没角为 125°，滤布阻力可以忽略，分别计算过滤机的生产能力和滚筒表面的滤饼层厚度。

解：① 生产能力

滚筒过滤面积：　$F = 3.14 \times 1.75 \times 0.98 = 5.39(m^2)$

$$\Delta p = 6 \times 10^4 \text{ Pa}$$

$$r_0 = 0.12 \times 10^{10} \times 6 \times 10^4 = 2.65 \times 10^{12}(1/m^2)$$

则

$$V = F\sqrt{\frac{1200\Delta p a}{\mu r_0 x_0} \times n}$$

$$= 5.39\sqrt{\frac{1200 \times 6 \times 10^4 \times 125}{1.56 \times 10^{-3} \times 2.65 \times 10^{12} \times 0.15} \times 1.0}$$

$$=7.11(\mathrm{m^3/h})$$

② 滤饼层厚度

每 1h 可得滤饼体积：

$$V_{\mathrm{e}}=V \times \dot{x}_0=7.11 \times 0.15=1.307(\mathrm{m^3/h})$$

则
$$h=\frac{V_{\mathrm{e}}}{60nF}=\frac{1.307}{60 \times 1.0 \times 5.39}=0.004(\mathrm{m})\ =4(\mathrm{mm})$$

3. 小型过滤实验装置及过滤过程的放大

（1）小型过滤实验装置　到目前为止，工业规模生产中有关的过滤工艺、设备选型及工艺设计等问题，还不能仅靠理论得到完全解决。还必须进行实验研究，即用简单的过滤实验装置对滤饼的压缩特性、操作参数、发酵液预处理、滤液澄清度、滤饼洗涤等进行研究，是工业生产中过滤设备设计和过程放大中十分重要的问题。

最简单的过滤实验装置是采用布氏漏斗进行过滤试验（图 4-13），过滤前可对料液进行预处理，如添加絮凝剂、助滤剂或加热处理，实验时可控制过滤压力差与大生产的过滤操作压力一致，并维持其他操作条件相同，这样就可用实验结果估算大规模过滤所需的时间。布氏漏斗虽然简单，但实验操作不灵活。可靠性较差。因此，可采用滤叶过滤试验装置。

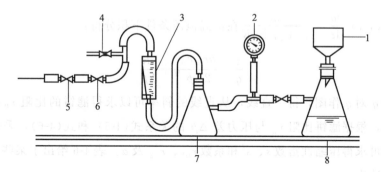

图 4-13　布氏漏斗过滤装置

1—布氏漏斗；2—真空表；3—浮子流量计；4—放空阀；

5—截止阀；6—调节阀；7—干燥瓶；8—滤液瓶

由于转鼓式过滤机的处理量较大，在实验室进行小规模试验有许多困难。因此，实验室常用滤叶进行转鼓过滤机的模拟试验，即采用已知过滤面积的单叶片过滤装置，如图 4-14 所示。该装置的关键部件是过滤叶片和调节真空系统。滤叶安装在搅拌罐内，待过滤的悬浮液一次加入搅拌罐，刻度漏斗能随时读出滤液体积。

实验开始前。先选择适宜的助滤剂在滤叶上形成一定厚度的预涂层。开启抽真空系统调节到规定的真空度，将滤叶浸没于悬浮液中，开始过滤操作，并记录不同

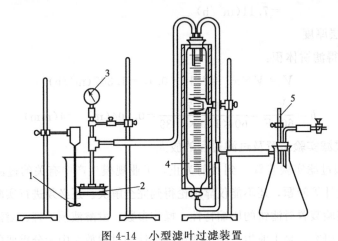

图 4-14   小型滤叶过滤装置

1—搅拌器；2—过滤叶片；3—真空表；4—刻度漏斗；5—泄气管

操作时刻的滤液量，操作过程中，不断搅拌料液使之均匀。待滤饼达一定厚度后，提起滤叶使之离开液面，继续抽真空抽吸滤饼中的液体。然后将滤叶转移浸没于洗涤液中洗涤滤饼，最后收集滤饼，测定体积等。根据实验数据可求得实验条件下的过滤速率。

将式(4-1) $\dfrac{\mathrm{d}q}{\mathrm{d}\tau} = \dfrac{\Delta p}{\mu r_0 x_0 q + \mu R}$ 在恒温恒压条件下积分得：

$$\frac{\tau}{q} = \frac{\mu r_0 x_0}{2\Delta p}q + \frac{\mu R}{\Delta p} \tag{4-32}$$

以 τ/q 对 q 作图，得一直线，从直线的斜率可以求得滤饼的比阻 r_0，对于可压缩滤饼，根据滤饼比阻 r_0 与压力差 Δp 的关系式(4-5)和式(4-6)，采用同样的实验装置可求得压缩性指数 s、s' 和系数 r_{01}、r_{02} 及 a。表4-6给出了某些发酵液的真空过滤速率。

表 4-6   某些发酵液的真空过滤速率

产物名称	所用微生物	真空过滤速率/[$10^{-3}\,\mathrm{m^3/(h \cdot m^2)}$]
卡那霉素	*Streptomyces kanamyceticus*	0.6~0.8
青霉素	*Penicillium chrysogenum*	12~16
红霉素	*Streptomyces erythreus*	2.9~5.7
林可霉素	*Streptomyces lincolnensis*	2.6~3.8
新霉素	*Streptomyces fradise*	1.0~1.2
蛋白酶	*Bacillus subtilis*	0.9~3.7

(2) 过滤过程的放大   采用小型过滤装置研究过滤过程放大时，应维持实验所

用悬浮液的特性与实际生产过滤时相同。若料液染菌，温度变化、细胞自溶等都会改变料液的物性，从而使实验结果失真，放大过程失败。另外，还应使小型实验装置尽可能与工业生产设备的类型相同。

由过滤微分方程 $\dfrac{\mathrm{d}q}{\mathrm{d}\tau}=\dfrac{\Delta p}{\mu r_0 x_0 q+\mu R}$ 知，过滤在恒速条件下进行时，若忽略过滤介质阻力，则上式简化为：

$$\frac{q}{\tau}=\frac{\Delta p}{\mu r_0 x_0 q}$$

于是有
$$\left(\frac{q_1}{q_2}\right)^2=\left(\frac{\tau_1}{\tau_2}\right)\left(\frac{\Delta p_1}{\Delta p_2}\right)\left[\frac{(r_0)_2}{(r_0)_1}\right] \tag{4-33}$$

对于不可压缩滤饼 $(r_0)_2=(r_0)_1$：

则：
$$\left(\frac{q_1}{q_2}\right)^2=\left(\frac{\tau_1}{\tau_2}\right)\left(\frac{\Delta p_1}{\Delta p_2}\right) \tag{4-34}$$

或：
$$\left(\frac{V_1}{V_2}\right)^2=\left(\frac{F_1}{F_2}\right)^2\times\left(\frac{\tau_1}{\tau_2}\right)\times\left(\frac{\Delta p_1}{\Delta p_2}\right) \tag{4-35}$$

上式中的下标 1、2 分别表示小型实验装置和工业规模生产的操作条件。

当过滤在恒压条件下进行时，过滤方程为：

$$\frac{\tau}{q}=\frac{\mu r_0 x_0}{2\Delta p}q+\frac{\mu R}{\Delta p}$$

则
$$\left(\frac{\tau}{q}\right)_1-\left(\frac{\tau}{q}\right)_2=\frac{\mu r_0 x_0}{2\Delta p}(q_1-q_2) \tag{4-36}$$

或
$$\left(\frac{\tau F}{V}\right)_1-\left(\frac{\tau F}{V}\right)_2=\frac{\mu r_0 x_0}{2\Delta p}\left[\left(\frac{V}{F}\right)_1-\left(\frac{V}{F}\right)_2\right] \tag{4-37}$$

第二节　离心分离设备

离心分离设备分两类：一类是过滤式离心分离设备；另一类是沉降式离心分离设备。对于前者，分离操作的推动力为惯性离心力。常采用滤布作为过滤介质。其分离原理和工艺计算与上节讨论的过滤设备基本相同。这里主要讨论沉降式离心分离设备。

一、离心分离原理与分离因数

常用的离心机有管式离心机和碟式离心机两种，其离心分离原理基本相同。

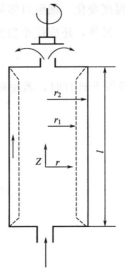

图 4-15　管式离心机分离过程

1. 管式离心机中微粒的运动方程

悬浮液从管式离心机的底部进入后，则微粒在管内的轴向和半径方向同时运动。如图 4-15 所示，设微粒在 t 时刻沿轴向运动距离为 Z，沿半径方向运动距离为 r。由于微粒在轴向的运动依靠料液的输送，忽略重力影响时，则运动速度为：

$$\frac{\mathrm{d}Z}{\mathrm{d}t}=\frac{V}{\pi(r_2^2-r_1^2)} \qquad (4\text{-}38)$$

式中　V——悬浮液流量，$\mathrm{m^3/s}$；

　　　r_2——套管半径，m；

　　　r_1——套管内液膜半径，m。

微粒在 r 方向的运动速度为：

$$\frac{\mathrm{d}r}{\mathrm{d}t}=\frac{d_s^2(\rho_s-\rho)}{18\mu}r\omega^2 \qquad (4\text{-}39)$$

式中　d_s——微粒的粒径，m；

　　　ρ_s——微粒密度，$\mathrm{kg/m^3}$；

　　　ρ——液体密度，$\mathrm{kg/m^3}$；

　　　μ——液体黏度，$\mathrm{Pa \cdot s}$；

　　　ω——旋转角速度，$\mathrm{rad/s}$。

则　　　　$$\frac{\mathrm{d}r}{\mathrm{d}Z}=\frac{\mathrm{d}r/\mathrm{d}t}{\mathrm{d}Z/\mathrm{d}t}=\frac{d_s^2(\rho_s-\rho)}{18\mu}r\omega^2\frac{\pi(r_2^2-r_1^2)}{V} \qquad (4\text{-}40)$$

上式即为微粒在管式离心机中的运动方程。

对上式积分，r 从 $r_1 \to r_2$，Z 从 $0 \to l$ 有：

$$V=\frac{\pi l(r_2^2-r_1^2)}{\ln(r_2/r_1)}\times\frac{d_s^2(\rho_s-\rho)\omega^2}{18\mu} \qquad (4\text{-}41)$$

对于大多数管式离心机，可认为 r_1 和 r_2 近似相等，则：

$$\begin{aligned}\frac{r_2^2-r_1^2}{\ln(r_2/r_1)}&=\frac{(r_2+r_1)(r_2-r_1)}{\ln[1+(r_2-r_1)/r_1]}\\&=\frac{(r_2+r_1)(r_2-r_1)}{[(r_2-r_1)/r_1+\cdots]}\\&=r_1(r_1+r_1)=2r_1^2 \qquad (4\text{-}42)\end{aligned}$$

故：管式离心机处理量　　　$$V=2\pi l r_1^2\times\frac{d_s^2(\rho_s-\rho)\omega^2}{18\mu}$$

$$= \left[\frac{d_s^2(\rho_s-\rho)g}{18\mu}\right]\left[\frac{2\pi l r_1^2 \omega^2}{g}\right] \tag{4-43}$$

式中　l——套管高度。

式中第一项表示重力沉降速度，只与料液本身性质有关，第二项则是离心机特性的函数。同样可得到碟式离心机中微粒的运动方程。

2. 碟式离心机的分离原理与分离因数

碟式离心机是 1877 年由瑞典的德拉阀斯发明，它是在管式离心机的基础上发展起来的，在转鼓中加入了许多重叠的碟片（图 4-16），缩短了颗粒的沉降距离，提高了分离效率。

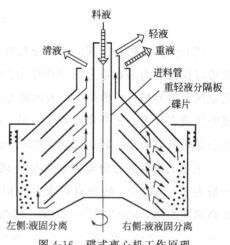

图 4-16　碟式离心机工作原理

当悬浮液在动压头的作用下，经中心管流入高速旋转的碟片之间的间隙时，便产生了惯性离心力，其中密度较大的固体颗粒在离心力作用下向上层碟片的下表面运动，而后沿碟片下表面向转子周围下滑，液体则沿转子中心上升，从套管中排出，达到分离的目的。同理，对于乳浊液的分离，轻液沿中心向上流动，重液沿周围向下流动而得到分离。

物料在离心机中所受的离心力为：

$$F_p = m\frac{v_T^2}{r} \tag{4-44}$$

式中　F_p——物料所受的离心力，N；

　　　m——物料质量，kg；

　　　r——转鼓半径，m；

　　　v_T——圆周线速度，m/s。

$$v_T = 2\pi r n/60$$

式中　n——转鼓转速，r/min。

上式可写成：

$$F_p = \frac{m\pi^2 r n^2}{900}$$

可以看出，增加转速来增大离心力比增加转鼓直径更有效，这也就是管式离心机的理论基础。

离心分离因数是离心力与重力的比值，或离心加速度与重力加速度的比值。
即：

$$f = \frac{F_p}{mg} = \frac{rn^2}{900} \tag{4-45}$$

或：

$$f = \frac{v_T^2}{gr}$$

离心分离因数是反映离心机分离能力的重要指标，它表示，在离心力场中，微粒可以获得的力是在重力场中作用力的 f 倍，这就是较难分离物质采用离心分离的原因。很显然，f 值越大，表示离心力越大，其分离能力越强。由上式知，离心机的转鼓直径大，则分离因数大，但 r 的增大对转鼓的强度有影响。高速离心机的特点是转鼓直径小，转速可达 15000r/min。

工业上根据离心分离因数大小将离心机分为三类：①普通离心机，$f < 3000$，一般为 600~1200，转鼓直径大，转速低，可用于分离 0.01~1.0mm 固体颗粒；②高速离心机，$f = 3000 \sim 50000$，转鼓直径小，可用于乳浊液的分离；③超速离心机，$f > 50000$，转速高（可达 50000r/min），适用于分散度较高的乳浊液的分离。

二、常用离心机结构及选型

1. 管式离心机

（1）管式离心机的结构及操作　管式离心机具有一个细长而高速旋转的转鼓。加长转鼓长度的目的在于增加物料在转鼓内的停留时间。这类离心机分两种，一种是 GF 型，用于处理乳浊液而进行液-液分离操作；另一种是 GQ 型，用于处理悬浮液而进行液-固分离的澄清操作。用于液-液分离操作是连续的，而用于澄清操作是间歇的。澄清操作时沉积在转鼓壁上的沉渣由人工排除。

如图 4-17 所示，离心机的转鼓由三部分组成，顶盖、带空心轴的底盖和管状转筒。在固定机壳 2 内装有管状转鼓 4。通常转鼓悬挂于离心机上端的挠性驱动轴 7 上，下部由底盖形成中空轴并置于机壳底部的导向轴衬内。离心机的外壳是转鼓的保护罩，同时又是机架的一部分，其下部有进料口。上部两侧有重液相和轻液相出口。用于澄清操作的 GQ 型离心机的顶盖只有一个液相出口，其他结构与 GF 型相同（即把 GF 型的重液相出口堵塞，便可用于澄清操作）。

操作时，待处理的物料在一定压力下由进料管经底部空心轴进入鼓底，靠圆形折转器 1 分布于鼓的四周。为使液体不脱离鼓壁，在鼓内设有十字形挡板 3，液体在鼓内由挡板被加速到转鼓速度，在离心力场下，乳浊液（或悬浮液）沿轴向上流动的过程中分层成轻液相和重液相（或液相和固相）。并通过上方环状溢流口排出。改变转鼓上端环状隔盘 8 的内径可调节重液相和轻液相的分层界面。

处理悬浮液时，可将管式离心机的重液口关闭，只留有中央轻液溢流口，则固体在离心力场下沉积于鼓壁上，达到一定数量后，停机以人工清除。

管式离心机转鼓直径小，转速高，一般为 15000r/min，分离因数大，可达 50000，为普通离心机的 8～24 倍。因此分离强度高，可用于液-液分离和微粒较小的悬浮液的澄清。表 4-7 所示为 GF-105 型和 GF-150 型管式离心机的技术规格。

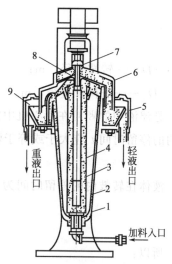

图 4-17　管式离心机结构
1—折转器；2—固定机壳；3—十字形挡板；
4—转鼓；5—轻液室；6—排液罩；
7—驱动轴；8—环状隔盘；9—重液室

表 4-7　管式离心机的技术规格

名称	GF-105 型	GF-150 型
转鼓直径/mm	105	150
高/mm	750	750
转速/(r/min)	15000	13500
液面上沉降面积/m^2	0.071	0.118
液面处分离因数	13000	15835
鼓壁处分离因数	3780	5400
转鼓壁厚/mm	5	7.5
操作体积/L	6.3	11
装卸限度/kg	10	15
电机功率/kW	2.8	7
分离乳浊液	连续操作	连续操作
分离悬浮液	间歇操作	间歇操作

（2）管式离心机的生产能力　管式离心机的生产能力可由下式计算：

$$Q = w/A \tag{4-46}$$

式中　w——料液在转鼓内上升速度，m/s；
　　　A——转鼓流通截面积，m^2。

且

$$A = \frac{\pi}{4}(D^2 - D_1^2)$$

式中　D——转鼓直径，m；

　　　D_1——进料管直径，m。

悬浮液中的颗粒在离心机中能够被分离并沉降至转鼓壁上的条件是：料液在转鼓内的停留时间 t 应大于或等于颗粒离心沉降所需时间 θ，即：

$$t \geqslant 0 \tag{4-47}$$

液体在转鼓内的停留时间为 $t = h/w$；颗粒离心沉降所需时间为：

$$\theta = \frac{D - D_1}{2w_t}$$

所以：

$$\frac{h}{w} = \frac{D - D_1}{2w_t}$$

$$W = \frac{2h}{D - D_1} w_t \tag{4-48}$$

式中　h——转鼓高度，m；

　　　w_t——颗粒离心沉降速度，m/s。

$$w_t = \frac{d_s^2(\rho_s - \rho) r \omega^2}{18\mu}$$

$$= \frac{d_s^2(\rho_s - \rho)}{18\mu} \times \frac{\pi^2 D_1 n^2}{1800}$$

代入上式

$$w = \frac{2h}{D - D_1} \times \frac{d_s^2(\rho_s - \rho)}{18\mu} \times \frac{\pi^2 D_1 n^2}{1800}$$

所以，管式离心机的生产能力为：$Q = 3600 \dfrac{D_1 h n^2 \pi^2}{900 (D - D_1)} \times \dfrac{d_s^2 (\rho_s - \rho)}{18\mu} A$

即

$$Q = \frac{4 D_1 h n^2 \pi^2}{D - D_1} \times \frac{d_s^2(\rho_s - \rho)}{18\mu} \times A \tag{4-49}$$

式中　Q——管式离心机生产能力，m^3/h；

　　　n——离心机转速，r/min。

例 4-3　谷氨酸发酵液密度为 $1040kg/m^3$，黏度 $2 \times 10^{-3} Pa \cdot s$，菌体粒径 $1.5\mu m$，菌体密度 $1200kg/m^3$，采用 GF-105 型管式离心机进行分离，离心机溢流

出口管内径 35mm。计算生产能力。

解：由表 4-7 查得，GF-105 型管式离心机：

$$n = 15000 \text{r/min}, \quad h = 750 \text{mm} = 0.75 \text{m}$$

$$D = 105 \text{mm} = 0.105 \text{m}$$

$$A = \frac{\pi}{4}(D^2 - D_1^2) = 0.785 \times (0.105^2 - 0.035^2)$$

$$= 0.00769 \text{m}^2$$

则

$$Q = \frac{4D_1 h n^2 \pi^2}{D - D_1} \times \frac{d_s^2(\rho_s - \rho)}{18\mu} \times A$$

$$= \frac{4 \times 0.035 \times 0.75 \times 3.14^2 \times 15000^2}{0.105 - 0.035} \times$$

$$\frac{(1.5 \times 10^{-6})^2 \times (1200 - 1040)}{18 \times 2 \times 10^{-3}} \times 0.00769$$

$$= 0.256 (\text{m}^3/\text{h})$$

由式（4-49）知，若离心机转速由 15000r/min 降至 7500r/min，则能分离菌体的最小粒径为：

$$d_s' = \frac{n}{n'}d_s = \frac{15000}{7500} \times 1.5 = 3\mu\text{m}$$

2. 碟式离心机

（1）碟式离心机的结构及操作 碟式离心机是生物工业中应用最为广泛的一种离心机。它具有密闭的转鼓，转鼓内设有数十个至上百个锥角为 60°～120°的锥形碟片，以缩短沉降与分离时间，碟片之间的间隙用碟片背面的狭条来控制，一般碟片间的间隙 0.5～2.5mm。当碟片间的悬浮液随着碟片高速旋转时，固体颗粒在离心力作用下沉降于碟片的内腹面，并连续向鼓壁沉降，澄清液则被迫反方向移动至转鼓中心的进液管周围，并连续被排出。

简单的碟式离心机没有自动排渣装置，只能间歇操作，待沉渣积累到一定厚度后，停机打开转鼓清除沉渣。因此，要求悬浮液中固体含量不超过 1% 为好，以免经常拆卸除渣。

自动除渣碟式离心机是在有特殊形状内壁的转鼓壁上开设若干喷嘴（或活门），如图 4-18 所示，喷嘴数一般是 8～24 个，孔径 0.75～2mm，喷嘴总截面积取决于悬浮液中固体的含量。喷嘴始终是开启的，因此常使连续排出的残渣中含有较多的水分而成浆状。如果喷嘴以活门取代，则活门平时是关闭的，当鼓壁上积累一定量的沉渣后，活门在沉渣的推力下被打开而排出沉渣。自动排渣离心机适合处理较高固体含量的料液，其分离因数一般为 6000～11000，能分离的最小微粒为 0.5μm。

表 4-8 是几种碟片分离机的技术规格。

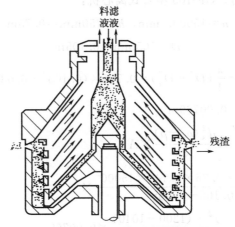

图 4-18   喷嘴连续排渣碟式离心机

表 4-8   碟片分离机的型号和技术规格

技术规格	DP-400J 离心机	D-350 离心机	DH-350Y 自动排渣离心机
转鼓内径/mm	400	350	350
碟片数目/个	75～79	80	114
转速/(r/min)	6500	6000	6500
最大分离因数	9200	7050	—
碟片锥角/°	—	70	80
碟片间隙/mm	0.6	0.5	0.5
喷嘴直径/mm	1.2,1.3	1.0,1.2	1.0,1.2
喷嘴数目/个	12	8	12 个排渣口
生产能力/(m³/h)	12	8	1
电动机功率/kW	13	10	7.5

（2）碟式离心机的生产能力   如图 4-19 所示，颗粒在碟式离心机中被分离的条件是颗粒在运动中达到上一层碟片的内腹面。

设液体以流速 v 沿碟片流道流动，若在 dt 时间内，流体流过碟片的流量为 dV，有：

$$Q = \frac{dV}{dt}$$

且

$$dV = 2\pi r\, dr\, hZ$$

所以

$$dt = \frac{2\pi rhZdr}{Q}$$

式中　Q——碟片离心机生产能力，m^3/s；

　　　Z——碟片数目。

又若在 dt 时间内，颗粒在水平方向以 v_s 离心沉降速度移动距离为 ds，则

故

$$ds = v_s dt$$

又

$$V_s = \frac{d_s^2 (\rho_2 - \rho) r\omega^2}{18\mu}$$

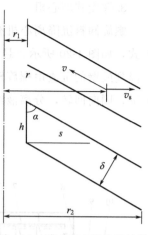

图 4-19　碟式离心机分离过程

积分

$$\int_0^s ds = \frac{2\pi hZd_s^2\omega^2(\rho_s - \rho)}{18\mu Q}\Big|_{r_1}^{r_2} r^2 dr$$

$$s = \frac{2\pi hZd_s^2\omega^2(\rho_s - \rho)}{18\mu Q} \times \frac{r_2^3 - r_1^3}{3}$$

且

$$S = h\tan\alpha$$

所以

$$Q = \frac{2\pi}{54}\left[\frac{\omega^2 Z(r_2^3 - r_1^3)}{\tan\alpha}\right]\left[\frac{(\rho_s - \rho)d_s^2}{\mu}\right] \qquad (4\text{-}50)$$

式中　r_1、r_2——分别为碟片的内、外圆半径，m；

　　　ω——碟片旋转角速度，rad/s，$\omega = 2\pi n/60$；

　　　n——碟片转速，r/min；

　　　α——碟片的半锥角，°；

　　　d_s——被分离颗粒直径，m；

　　　ρ_s——被分离颗粒密度，kg/m^3；

　　　ρ——料液密度，kg/m^3；

　　　μ——料液黏度，$Pa \cdot s$。

式(4-50) 中第一项表示离心机技术特性对生产能力的影响，第二项则表示料液性质的影响。上式还可写成：

$$Q = \frac{4\pi^3}{27}\left[\frac{n^2 Z(r_2^3 - r_1^3)}{\tan\alpha}\right]\left[\frac{(\rho_s - \rho)d_s^2}{\mu}\right](m^3/h) \qquad (4\text{-}51)$$

3.螺旋式离心机

螺旋卸料沉降离心机有立式和卧式两种，后者又称卧螺离心机，是用得较多的形式，如图 4-20 所示。悬浮液经加料孔进入螺旋内筒后由内筒的进料孔进入转鼓，沉降到鼓壁的沉渣由螺旋输送至转鼓小端的排渣孔排出。螺旋与转鼓在一定的转速差下，同向回转，分离液经转鼓大端的溢流孔排出。

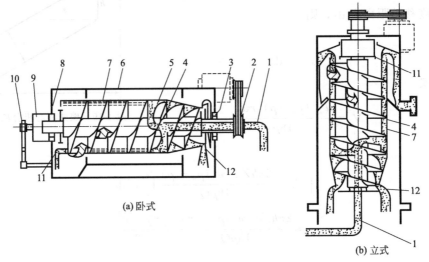

(a) 卧式

(b) 立式

图 4-20　卧式和立式螺旋卸料沉降离心机结构示意图

1—进料管；2—三角皮带轮；3—右轴承；4—螺旋输送器；5—进料孔；6—机壳；7—转鼓；
8—左轴承；9—行星差速器；10—过载保护装置；11—溢流孔；12—排渣孔

转鼓有圆锥形、圆柱形和锥柱形等形式，其中圆锥形有利于固相脱水，圆柱形于液相澄清，锥柱形则可兼顾两者的特点，是常用的转鼓形式，锥柱筒体的半锥角范围为 $5°\sim18°$。

卧螺离心机是一种全速旋转、连续进料、分离和卸料的离心机，其最大离心分离因数可达 6000，操作温度可达 300℃，操作压力一般为常压（密闭型可从真空到 0.98MPa），处理能力范围 $0.4\sim60\text{m}^3/\text{h}$；适于处理颗粒粒度为 $2\mu\text{m}\sim5\text{mm}$、固相浓度为 $1\%\sim50\%$、固液密度差大于 0.05g/cm^3 的悬浮液，常用于胰岛素、细胞色素、胰酶的分离和淀粉精制及废水处理等。

第三节　膜分离设备

膜片是膜分离设备的核心，良好的膜分离设备应具备以下条件：①膜面切向速度快，以减少浓差极化；②单位体积中所含膜面积比较大；③容易拆洗和更换膜；

④保留体积小，且无死角；⑤具有可靠的膜支撑装置。目前膜分离设备主要有 4 种形式：板式、管式、中空纤维式和螺旋卷式。

一、板式膜过滤器

板式膜过滤器的结构类似板框式过滤机，如图 4-21 所示。滤膜复合在刚性多孔支撑板上，支撑板材料为不锈钢多孔筛板、微孔玻璃纤维压板或带沟槽的模压酚醛板。料液从膜面上流过时，水及小分子溶质透过膜，透过液从支撑板的下部孔道中汇集排出。

为了减少浓差极化，滤板的表面为凸凹形，以形成浓液流的湍动。浓缩液则从另一孔道流出收集。图 4-22 为圆形滤膜板组装成的膜分离装置。过滤板被分成若干组，用不锈钢隔板分开，各组之间液流的流向是串联的，每一组内过滤板间的液流向是并联的。由于料液经过每一组过滤板透过部分液体，液流量不断减小，每组板的数量从进口到出口依次减少，膜板

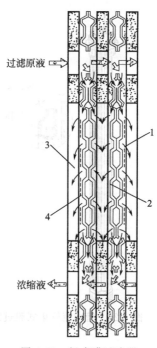

图 4-21 板式膜过滤器

1—滤过液体；2—滤板；3—刚性
多孔支持板；4—超滤膜

中心带有小孔的透过液管与滤板的沟槽连通，透过液即由此管流出。为了增加液流的湍流程度和降低浓差极化，在膜面上装有导流板，导流板上带有螺旋流道，导流板常用苯乙烯薄片经真空模压而成。板式膜装置保留体积小，但死角多。

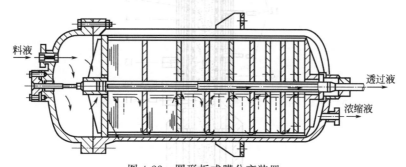

图 4-22 圆形板式膜分离装置

二、管式膜过滤器

管式装置的形式很多，管的流通方式有单管（管规格一般为 D_g25）及管束（管规格一般为 D_g15），液流的流动方式有管内流和管外流式，由于单管式

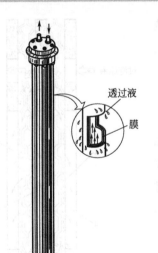

图 4-23 管内流管束式膜过滤器

和管外的湍动性能较差，目前趋向采用管内流管束式装置，其外形类似于列管式换热器（图 4-23）。

管子是膜的支撑体，有微孔管和钻孔管两种，微孔管采用微孔环氧玻璃钢管、玻璃纤维环氧树脂增强管，钻孔管采用增强塑料管、不锈钢管或铜管（孔径 1.5mm），管状膜装入管内或直接在管内浇膜。

由瑞士 Sulzer 公司生产的管式动态压力膜过滤器，由内外两圆筒组成，圆筒上覆有超滤膜，内圆筒旋转以减少浓差极化，如图 4-24 所示。

管式膜分离装置结构简单，适应性强，清洗安装方便，单根管子可以更换，耐高压，无

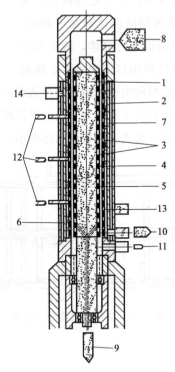

图 4-24 管式动态压力膜过滤器

1—内筒；2—外筒；3—过滤器表面；4—滤室（环隙）；5、6—内外筒滤液室；7—冷却夹套；8—悬浮液；

9—内筒滤液；10—外筒滤液；11—浓缩液；12—清洗液；13、14—冷却水

死角，适宜于处理高黏度及固体含量较高的料液，比其他形式应用更为广泛，其不足是保留体积大，压力降大，单位体积所含的过滤面积小。

三、中空纤维（毛细管）式膜分离器

中空纤维（内径为 $40\sim80\mu m$）或毛细管（内径为 $0.25\sim2.5mm$）膜分离器由数百至数百万根中空纤维膜固定在圆筒形容器中构成，如图 4-25 和图 4-26 所示，用环氧树脂将许多中空纤维的两端胶合在一起，形似管板，然后装入一管壳中。

图 4-25 中空纤维膜过滤器

图 4-26 中空纤维膜组件实物图

料液的流向有两种形式：一种是内压式，即料液从空心纤维管内流过，透过液经纤维管膜流出管外，这是常用的操作方式；另一种是外压式，料液从一端经分布管在纤维管外流动，透过液则从纤维膜管内流出。水处理常采用外压方式。

中空纤维有细丝型和粗丝型两种。细丝型适用于黏性低的溶液，粗丝型可用于黏度较高和带有固体粒子的溶液。表 4-9、表 4-10 分别列出了中空纤维超滤膜规格和膜组件规格。日本开发的中空纤维带电膜是将聚砜空心纤维材料表面经过特殊处理，引入带电基，这样除过滤效果外，又产生一个与溶质的静电排斥效果，从而可以分离某些非带电膜不能分离的溶质，并能抑制溶质的吸附。

表 4-9　中空纤维超滤膜的规格

膜规格	聚砜膜				聚醚砜膜	
	♯700	♯1000	♯3000	♯8000	♯700S	♯3000S
膜内径/外径/mm	0.75/1.30	1.00/1.60	1.00/1.60	1.00/1.60	0.75/1.30	1.00/1.60
膜面积/m²	5.6	5.0	5.0	5.0	5.6	5.0
截留分子量	7000	10000	30000	80000	7000	30000
透水速度/(m³/h)	0.8	1.0	2.5	3.5	0.6	2.0
最高操作压力/MPa	0.3	0.3	0.3	0.3	0.3	0.3
上限温度/℃	80	80	80	80	80	80
pH 范围	1~13	1~13	1~13	1~13	1~13	1~13

表 4-10　中空纤维膜组件的规格

	商品名称	组件形式	膜材料	组件尺寸/in	膜面积/m²	截留分子量	透过速度/[L/(m²·h)]	最大供料压/(Pa×10⁵)	膜间压差(25℃)/(Pa×10⁵)	耐pH范围	耐热性/℃
膜更换型	FPM-00520	HF 内压型	聚砜	4×50	5	7000	200	5.0	3.0	1~13	80
	FPM-10520	HF 内压型	聚砜	4×50	5	10000	200	5.0	3.0		
	FPM-30520	HF 内压型	聚砜	4×50	5	30000	500	5.0	3.0		
	FPM-80520	HF 内压型	聚砜	4×50	5	80000	700	5.0	3.0		
	FPM-03520	HF 内压型	聚醚砜	4×50	5	7000	200	5.0	3.0		
	FPM-33520	HF 内压型	聚醚砜	4×50	5	30000	500	5.0	3.0		
	FPM-80540	HF 外压型	聚砜	4×40	8	80000	500	5.0	3.0		
	FPM-80900	HF 外压型	聚砜	4×60	9	80000	500	5.0	2.0		
整体型	FPM-00542	HF 外压型	聚砜	4×40	5	7000	500	5.0	3.0	1~13	80
	FPM-10542	HF 外压型	聚砜	4×40	5	10000	200	5.0	3.0		
	FPM-30542	HF 外压型	聚砜	4×40	5	30000	200	5.0	3.0		
	FPM-80542	HF 外压型	聚砜	4×40	5	80000	500	5.0	3.0		
	FPM-60542	HF 外压型	聚砜	4×40	5	6000	700	5.0	2.0		
	FPM-03542	HF 外压型	聚醚砜	4×40	5	7000	200	5.0	3.0		
	FPM-03751	HF 外压型	聚醚砜	4×40	7	7000	200	5.0	3.0		
	FPM-33542	HF 外压型	聚醚砜	4×40	5	30000	200	5.0	3.0		
	FPM-01542	HF 内压型	带电膜	4×40	5	7000	500	5.0	3.0		
	FPM-02542	HF 内压型	带电膜	4×40	5	7000	200	5.0	3.0		
	FPM-81542	HF 内压型	带电膜	4×40	5	80000	700	5.0	3.0		
	FPM-82542	HF 内压型	带电膜	4×40	5	80000	700	5.0	3.0		

注：1in＝2.54cm

中空纤维膜分离装置单位体积内提供的膜面积大，操作压力低（＜0.30MPa），且可反向清洗，其不足是单根纤维管损坏时需要更换整个膜件。

四、螺旋卷式膜分离器

螺旋卷式膜分离器的主要元件是螺旋卷膜，它是将膜、支撑材料、膜间隔材料依次选好，围绕一中心管卷紧即成一个膜组，如图 4-27 所示，若干膜组顺次连接装入外壳内。操作时，料液在膜表面通过间隔材料沿轴向流动，而透过液则沿螺旋形流向中心管。

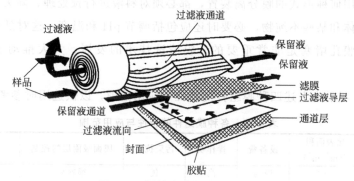

图 4-27　螺旋卷式超滤筒的结构

中心管可用铜、不锈钢或聚氯乙烯制成，管上钻小孔，透过液侧的支撑材料采用玻璃微粒层，两面衬以微孔涤纶布，间隔材料应考虑减少浓差极化及降低压力降。

螺旋卷式膜分离器的特点是膜面积大，湍流状况好，换膜容易，适用于反渗透，缺点是流体阻力大，清洗困难。

表 4-11 所示为以色列 MPW 公司生产的 SelKO 系列纳滤膜的性能。

表 4-11　SelKO 纳滤膜的性能

型号	膜的名称	相对分子质量截至区	水的通量（30℃,3.9MPa）/[L/(m²·h)]	pH 耐受范围	溶剂稳定性	使用的最高温度/℃
10	MPT-10	200	150	2～11	—	60
20	MPT-20	450	120	2～10	一般	50
	MPS-21	400	100	2～10	一般	45
30	MPT-30	400	130	0～12	—	70
	MPT-31	400	120	0～14	—	70
	MPT-32	300	110	0～14	—	70
	MPT-34	200	60	0～14	—	70
	MPS-31	450	100	0～14	—	70
	MPS-32	350	60	0～14	—	70
	MPS-34	300	60	0～14	—	70

续表

型号	膜的名称	相对分子质量截至区	水的通量(30℃,3.9MPa)/[L/(m²·h)]	pH耐受范围	溶剂稳定性	使用的最高温度/℃
40	MPS-42	200	25	2~10	极好	40
	MPS-44	250	60	2~10	极好	40
50	MPS-50	700	0	4~10	极好	40
60	MPS-60	400	0	2~10	极好	40

注：MPT与MPS中的T、S分别指管式膜与卷式膜。

不论采用何种形式的膜分离装置，都必须对料液进行预处理，除去其中的颗粒悬浮物、胶体和某些不纯物，必要时还应包括调节pH和温度，这对延长膜的使用寿命和防止膜孔堵塞是非常重要的。膜清洗技术的发展，大大推动了膜技术的应用。

表4-12所示为上述四种膜组件的特性与应用范围，以供选用时参考。

表4-12　各种膜组件的特性与应用范围

膜组件	比表面积/(m²/m³)	设备费	操作费	污染抗性	膜面吸附层的控制	应用
管式	20~30	极高	高	优	很容易	UF、MF
平板式	400~600	高	低	良/一般	容易	UF、MF、PV
螺旋卷式	800~1000	低	低	良/一般	难	UF、MF、RO
中空纤维式	约10000	很低	低	差	很难	RO、DS

注：UF超滤；MF微滤；PV薄膜；RO反浸透；DS中空纤维膜。

第五章

萃取与色谱分离设备

生物工业中常用的分离提纯方法有萃取、离子交换与色谱等，本章主要介绍其相关设备。

第一节 萃取分离方法与设备

溶剂萃取是生物工业中重要的分离提纯方法。它是利用混合物中各组分在某溶剂中的溶解度差异来分离混合物的一种单元操作。通过萃取可以把目的产物从复杂的体系中提取出来，以便于进行更进一步的纯化分离。

一、溶剂萃取流程

溶剂萃取是利用混合物中各组分在某溶剂中的溶解度差异来分离混合物的一种单元操作，其基本流程见图 5-1。

溶剂萃取效率的高低是以分配定律为基础的。在恒温恒压条件下，一种物质在两种互不相溶的溶剂（A 与 B）中的分配浓度之比（C_A/C_B）是一常数，此常数称为分配系数 K，可用下式表示：

$$K = \frac{C_A}{C_B} = \frac{\text{萃取相的浓度}}{\text{萃余相的浓度}}$$

当 $K > 1$，溶质富集于萃取相；$K < 1$，溶质富集于萃余相；$K = 1$，在萃取相和萃余相中浓度相等。

将萃取剂加入原料液中只萃取一次的操作方式叫单级萃取。原料经过多个串联的萃取器，并在每个萃取器中进行萃取操作，这种萃取方式叫多级萃取。

溶剂萃取设备包括三个部分：混合设备、分离设备和溶剂回收设备。

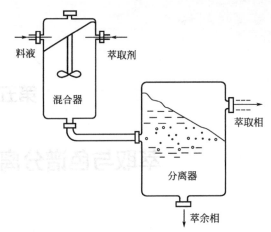

图 5-1　溶剂萃取基本流程

二、混合设备

1. 混合罐

混合罐实际为带有搅拌装置的反应罐。因为混合是目的，一般采用螺旋桨式搅拌器，转速为 $400 \sim 1000 \text{r/min}$，也可用涡轮式搅拌器，转速为 $300 \sim 600 \text{r/min}$。为防止中心液面下凹，在罐壁设置挡板。混合罐一般为封闭式，以减少溶剂的挥发。罐顶上有萃取剂、料液、调节 pH 的酸（碱）液及去乳化剂的进口管，底部有排料管。搅拌混合使得罐内两相的平均浓度和出口浓度基本相等。为了加大罐内两相间的传质推动力，可用带有中心孔的圆形水平隔板将混合罐分隔成上下连通的几个混合室，每个室中都设有搅拌器，物料从罐顶进入，罐底排出，这样只有底部一个室中的混合液浓度与出口浓度相同，从而可提高传质的推动力，强化了萃取的速率。

除机械搅拌混合罐外，还有气流搅拌混合罐，即将压缩空气通入料液中，借鼓泡作用进行搅拌，特别适用于化学腐蚀性强的料液，但不适用搅拌挥发性强的料液。

混合罐为间歇操作，停留时间较长，传质效率较低。但由于其装置简单，操作方便，仍广泛应用于工业中。

2. 管式混合器

管式混合器，通常采用 S 形长管，必要时可在管外加置套管用以进行换热（图 5-2）。料液与萃取剂等经泵在管的一端导入，混合后的乳浊液在另一端流出。

为了使两相能充分混合，一般要求雷诺数 $Re=5\times(10^4\sim10^5)$，确保管内流体的流动呈完全湍流，料液在管内液体流速 $v=1.0\sim1.5\mathrm{m/s}$，平均停留时间 $10\sim20\mathrm{s}$。

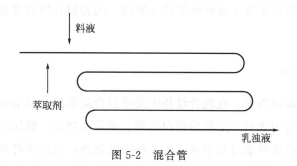

图 5-2　混合管

　　混合效果更好的是管式静态混合器，其混合过程是由安装在空心管道中的一系列不同规格的混合元件进行的（图 5-3）。混合元件的作用，使流体时而左旋，时而右旋，不断改变流动方向。不仅将中心液流推向周边，而且将周边流体推向中心，从而造成良好的径向混合效果。与此同时，流体自身的旋转作用在相邻组件连接处的接口上亦会

图 5-3　管式静态混合器

发生，这种完善的径向环流混合作用，使料液与萃取剂混合均匀。

　　管式混合器为连续操作，具有混合效果好、生产能力大、容易制造、价格便宜等优点，但若出现堵塞，清洗较难。

3. 喷射式混合器

　　常见的喷射式混合器有三种，如图 5-4 所示。

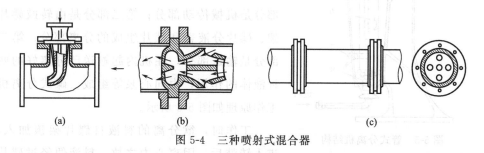

(a)　　　　　　　　(b)　　　　　　　　(c)

图 5-4　三种喷射式混合器

　　其中图 5-4(a) 为器内混合过程，即萃取剂及料液由各自导管进入器内进行混合；图 5-4(b) 和图 5-4(c) 则为两液相已在器外汇合，后经喷嘴或孔板进入器内，

从而加强了湍流程度，提高了萃取效率。喷射式混合器体积小，效率高，特别适用于两相液体的黏度和界面张力很小，即易分散的场合。这种设备投资费用不大，但应用时需用较高的压头泵才能使液体送入器内，因为混合器的阻力大，所以操作费用较大。

三、分离设备

在分级式萃取过程中，在混合设备中完成混合提取后，分层分离则在另一设备中进行。因发酵液中含有一定量的蛋白质等表面活性物质，致使两相间产生相当稳定的乳浊液。虽然在萃取过程中可加入某些去乳化剂，但仍难将两者靠重力在短时间内加以分开。离心分离机是有效地分离乳浊液的设备。工厂常用的分离设备有管式分离机、碟式分离机等。

1. 管式分离机

管式分离机用于萃取分离时，两相都是连续地流动（液固分离时只是澄清液是连续流动）。操作时，乳浊液从底部进入转鼓，因受惯性离心力的作用被甩向鼓壁，由于乳浊液中的重液（水相）具有比轻液（溶剂相）较大的密度，会获得较大的离心力，外层形成重液层，乳浊液中的轻液相则会相对地往内层移动并形成轻液层。

管式分离机分离因数可达 15000～65000，适用于含固量低于 1%、固相粒度小于 5μm、黏度较大的悬浮液澄清，或用于轻液相与重液相密度差小、分散性很高的乳浊液及液液固三相混合物的分离。管式分离机结构如图 5-5 所示。

2. 碟式分离机

碟式分离机适用于分离乳浊液或含少量固体的乳浊液。其结构大体可分为三部分：第一部分是机械传动部分；第二部分是由转鼓碟片架、碟片分液盖和碟片组成的分离部分；第三部分是输送部分，在机内起输送已分离好的两种液体的作用，由向心泵等组成。碟式分离机工作原理如图 5-6 所示。

工作时，欲分离的料液自碟片架顶加入，进入转鼓后，因离心力之故，料液便经过碟片架底部的通道流向外围，固体渣子被甩向鼓壁。转鼓内有一叠碗盖形金属片，每片上各有二排

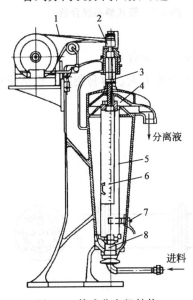

图 5-5　管式分离机结构

1—平皮带；2—皮带轮；3—主轴；

4—液体收集器；5—转鼓；

6—三叶板；7—制动器；8—转鼓下轴承

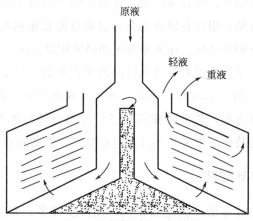

图 5-6　碟式分离机工作原理

孔，它们至中心的距离不等，这样将碟片叠起来时便形成二个通道。因离心作用，液体分流于各相邻二碟片之间的空隙中，而且在每一层空隙中，轻液流向中心，重液流向鼓壁，于是轻重液分开，最后分别借向心泵输出。底部碟片和其他碟片不同，只有一排孔。但底片有两种，区别在于孔的位置不同，分别和其他碟片上二排孔的位置相对应。应按轻重液的比例不同而选用不同的底片。

3. 三相倾析式离心机

三相倾析式离心机可同时分离重液、轻液及固体三相，其结构如图 5-7 所示。由圆柱-圆锥形转鼓、螺旋输送器、驱动装置、进料系统等组成。该机在螺旋转子柱的两端分别设有调节环和分离盘，以调节轻、重液相界面，轻液相出口处配有向

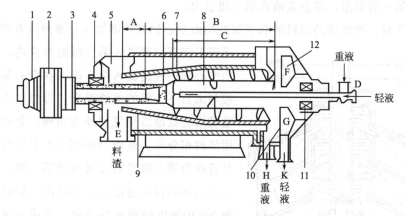

图 5-7　三相倾析式离心机结构

1—V 带；2—差速变动装置；3—转鼓皮带轮；4—轴承；5—外壳；6—分离盘；7—螺旋输送器；8—轻相分布器；9—转鼓；10—调节环；11—转鼓主轴承；12—向心泵；A—干燥段；B—澄清段；C—分离段；D—入口；E—排渣口；F—调节盘；G—调节管；H—重液；K—轻液

心泵，在泵的压力作用下，将轻液排出。进料系统上设有中心套管式复合进料口，中心管和外套管出口端分别设有轻液相分布器和重液相布料孔，其位置是可调的。把转鼓栓端分为重液相澄清区、逆流萃取区和轻液相澄清区。

操作时，料液从重液相进料管进入转鼓的逆流萃取区后受到离心力场的作用，与中心管进入的轻液相（萃取剂）接触。迅速完成相之间的物质转移和液液固分离。固体渣积于转鼓内壁，借助于螺旋转子缓慢推向转鼓锥端，并连续地排出转鼓。而萃取液则由转鼓柱端经调节环进入向心泵室，借助向心泵的压力排出。

四、混合-分离萃取机

分级式萃取方法效率低，占地面积大，操作步骤多。而发酵产物萃取处理量大，要求时间短，这种设备有时就很难满足生产要求。采用混合-分离萃取机能有效地解决这个问题，这种设备的混合传质与两相分离两个工作过程都是在同一机器内完成的。

1.芦威式三级离心萃取机

芦威式（luwesta）三级离心萃取机是一种立式逐级接触混合及分离的逆流萃取设备（图5-8），其主体是固定在壳体上并可随之做高速旋转的环形盘。壳体中央有固定不动的垂直空心轴，轴上也装有圆形盘，盘上开设有若干个液体喷出孔。下部为混合区，中部是分离区，上部是外沿重液相引出区，内沿是轻相引出区。这种萃取机可简单理解为混合设备与碟式离心分离机组合在一起的三级逆流萃取过程。新鲜萃取剂由第三级（下部）加入，待萃取料液由第一级（下部）加入，萃取轻相在第一级引出，萃余重液在第三级引出。

工作时，被处理的原料液和萃取剂均由空心轴的顶部加入，重液沿着空心轴的

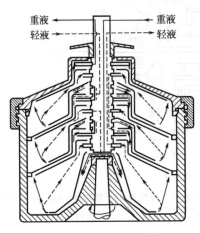

重液 ← | → 重液
轻液 ← | → 轻液

通道下流至底部进入第三级的外壳内，轻液相由空心轴的流道流入第一级。在空心轴内，轻液与来自下一级的重液混合，再经空心轴上的喷嘴沿转盘最后被甩到外壳四周，靠离心力作用使两相分开。重液（如图5-8中实线所示），其流向为第三级经第二级再到第一级，然后进入空心轴的排出通道由顶部排出。轻液则沿着图5-8中的虚线所示的方向，由第一级经第二级再到第三级，然后进入空心轴的排出通道。

2. α-Laval ABE-216离心萃取机

α-Laval ABE-216离心萃取机（图5-9）也

图5-8 芦威式三级离心萃取机

是一种立式逐级接触混合及分离的逆流萃取设备，由 11 个不同直径的同心圆筒组成转鼓，每个圆筒上均在一端开孔，相邻筒开孔位置上下错开，料液和萃取剂上下曲折流动。

　　轻重液走向如图 5-9(b) 所示。重液相由底部轴周围的套管进入转鼓后，沿螺旋通道由内向外流经各筒，最后由外筒经溢流环到向心泵室被排出。轻液由底部中心管进入转鼓，流入第十圆筒，从下端进入螺旋通道，由外向内流过各筒，最后从第一筒经出口排出。

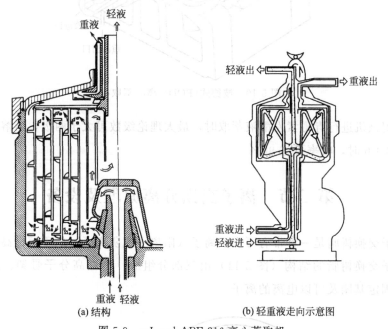

(a) 结构　　　　　　　　　　(b) 轻重液走向示意图

图 5-9　α-Laval ABE-216 离心萃取机

　　3. 波德式（POD）离心萃取机

　　波德式（POD）离心萃取机是一种卧式离心萃取设备，其基本结构如图 5-10 所示。在其外壳内有一个由多孔长带卷绕而成的螺旋形转子，其转速很高，一般为 2000～5000r/min。

　　工作时，轻液被引至螺旋转子的外圈，重液由螺旋中心引入。由转子转动时所产生的离心力作用，重液由中心部位向外壳流动，轻液相则会由外圈向中心流动，两相在逆向流动过程中，在螺旋通道内会密切接触进行传质。

　　重液相最后从最外层经出口通道流出机外，轻液相则由中心部经出口通道流出机外。该机适用于两相密度差小或易产生乳化的物系。根据转子直径大小不同，生产能力为 $0.225～17m^3/h$。

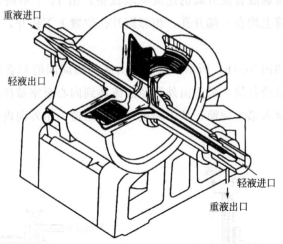

图 5-10 波德式（POD）离心萃取机

采用该机进行青霉素发酵液萃取时，最大理论级数可大于两级，当溶剂与料液之比为 1：6 时，收率可达 96%。

第二节 离子交换分离原理及设备

离子交换树脂是一种带有可交换离子（阳离子或阴离子）的不溶性高分子聚合物。离子交换树脂的结构（图 5-11）由三部分组成：惰性高分子骨架、连接在骨架上的固定基团及可以电离的离子。

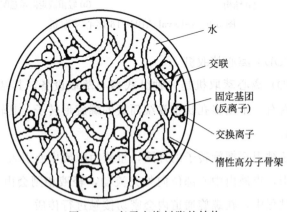

图 5-11 离子交换树脂的结构

离子交换的一般流程为：①原料液的预处理，使得流动相易于被吸附剂吸附；②原料液和离子交换树脂的充分接触，使吸附进行；③淋洗离子交换树脂，以去除杂质；④把离子交换树脂上的有用物质解吸并洗脱下来；⑤离子交换树脂的再生。

一、离子交换设备的分类

离子交换过程根据操作方式不同可分为静态交换和动态交换。

1. 静态交换设备

静态交换是指树脂和被交换的溶液同置于一个容器中，一般需有搅拌装置（可以是机械搅拌，也可以是通气搅拌），这样做的目的是有利于传质，使其快速达到平衡。所用的设备称之为静态交换设备，通常使用的是一般带搅拌装置的反应罐。

在静态交换操作中，当树脂达到饱和后，可利用沉降或过滤等方法将饱和树脂分离出来再装入解吸罐（柱）中进行洗涤（解吸）。这种交换方法设备简单，操作容易。此法只能用于容易交换的场合，否则收率较低。

2. 动态交换设备

动态交换是指离子交换树脂和被交换液要在离子交换柱中进行交换的操作。根据操作方式不同可分为固定床系统和连续逆流系统两大类。

固定床是指树脂装在树脂柱（或罐）中形成静止的固定床，被交换液流过静止床层进行交换。固定床又可分为单床（单柱或单罐操作）、多床（多柱或多罐串联操作）、复床（阳、阴树脂柱串联操作）及混合床（阳、阴树脂混合在同一柱或罐中的操作）等均为间歇分批操作。

连续逆流系统是指树脂和被交换液以相反的方向逆流进入交换柱，可以使树脂、料液、再生剂和水都处于流动状态，使交换、再生及洗涤完全连续化进行，与连续逆流萃取机一样有最大的推动力，使设备的生产能力提高。当处理量很大时，多采用此操作。但由于树脂是固体，纯化过程中很难保证其做到稳定流动，而且会产生破碎现象等，所以给操作控制带来很多不便。因此，在生物工厂中较少使用，多用固定床多柱串联（阳树脂串联和阴树脂串联）。

根据被交换液进入固定床的方向可分为正吸附（被交换液从床层上部进入向下流动通过树脂层进行交换）和反吸附（被交换液从床层下部进入向上流动通过树脂层进行交换）两类。

二、离子交换设备的结构

1. 正吸附离子交换罐（柱）

正吸附离子交换罐（柱）是具有椭圆形顶和底的圆筒形设备，其圆筒体的长和筒径之比一般为 $2\sim5$，装树脂层高度占总体积的 $50\%\sim70\%$，要留有足够的空间，以备反冲洗时树脂层的扩张。

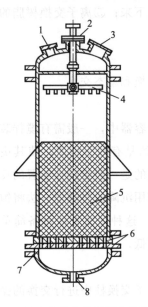

图 5-12　具有多孔支持板的离子交换罐

1—视镜；2—进料口；3—手孔；4—液体分布器；
5—树脂层；6—多孔板；7—尼龙层；8—出液口

图 5-12 为正吸附固定床，在交换罐的上部设有液体分布装置，目的是被交换液、解吸液或再生剂能在整个罐截面上均匀地通过树脂。圆筒体的底部与椭圆形封头之间可装有多孔板，板上铺有筛网及滤布以支承树脂层。离子交换罐（柱）工作时，被处理的溶液从树脂上方加入，经过分布管使液体均匀分布于整个树脂的横截面。加料可以是重力加料，也可以是压力加料，后者要求设备密封。料液与再生剂可以从树脂上方通过各自的管道和分布器分别进入交换器，树脂支承下方的分布管则便于水的逆洗。固定床离子交换器的再生方式分成顺流与逆流两种。逆流再生有较好的效果，再生剂用量可减少，但会发生树脂层的上浮。

对于较大的设备也有不安装支承板，而是用块状石英石或卵石直接铺于罐底作支承装置，石块大的放在下面，小的在上面，一般分为五层，每层高度约为 100mm（图 5-13）。罐顶上设有人孔或手孔，大型交换罐的人孔也可设在罐壁上，以便于装卸树脂。视镜孔和灯孔可在罐顶上也可在罐壁上（条形视镜）。罐顶上的被吸附液、解吸液、再生剂、软水等进口可合并用一个进口管与罐顶相连。另外罐顶上还应有压力表、排空口和反洗水出口。罐底的各种液体出口、反洗水进口和压缩空气（疏松树脂用）进口也要合并用一个总进出口。交换罐必须能耐酸和碱（因为经常用酸碱处理），大型设备通常用普通钢内衬橡胶制成。小型交换柱可用聚氯乙烯筒制成，实验室交换柱多用玻璃制作。

正吸附固定床交换罐的优点是设备简单，操作方便，适用于各种规模的生产，是最为常

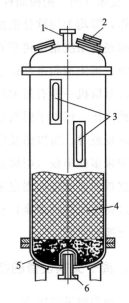

图 5-13　具有石块支承层的离子交换罐

1—进料口；2—视镜；3—液位计；
4—树脂层；5—石块层；
6—出液口

用的一种方式。

2.反吸附离子交换罐（流化床）

反吸附离子交换罐为流化床操作，被吸附的料液是由罐的下部导入，交换后的溶液则由罐顶的出口溢出。控制好液体流速可使树脂在料液中既呈沸腾状态又不会溢出罐外。反吸附离子交换罐的结构见图5-14。

为了减少树脂从上部出口管溢出，可设计成扩口式反吸附离子交换罐（图5-15），以降低流体流速而减少对树脂的夹带。

反吸附的优点是可直接从发酵液开始进行离子交换，省去了菌丝体的液固分离工序；液固两相接触面大而且较均匀，操作时不产生短路、死角，传质效果好（因流速大）和生产周期短。但反吸附时树脂的饱和度不及正吸附高，因为从理论上讲正吸附有可能达到多次平衡，而反吸附最多只能完成一级平衡，反吸附时罐内的树脂层高度要比正吸附低，以免树脂外溢。这也说明相同的设备，反吸附离子交换罐交换量较小。

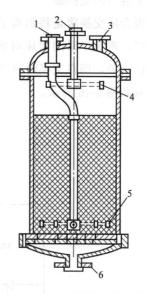

图 5-14　反吸附离子交换罐

1—被交换溶液进口；2—淋洗水、解吸液及再生剂进口；3—废液出口；4,5—分布器；6—淋洗水、解吸液及再生剂出口，反吸附进口

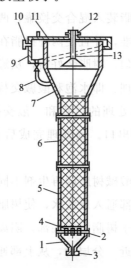

图 5-15　扩口式反吸附离子交换罐

1—底；2—液体分布器；3—底部液体进出管；4—填充层；5—壳体；6—离子交换树脂层；7—扩大沉降段；8—回流管；9—循环室；10—液体出口管；11—顶盖；12—液体加入管；13—喷头

　　3. 混合床交换罐

　　混合床交换罐是将阴离子、阳离子两种树脂混合装在一个罐内，用于精制生物产品时，避免了采用单床时溶液变酸（通过阳离子柱时）及变碱（通过阴离子柱时）的现象，即在交换时可以稳定 pH，减少目标产物的破坏。混合床制备无盐水的流程如图 5-16 所示。

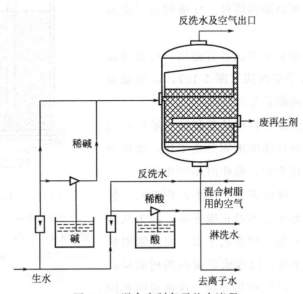

图 5-16　混合床制备无盐水流程

　　工作时，先将酸碱两种树脂装入混合交换罐，两种树脂的装入量比例应当以酸碱树脂的交换能力基本相同为准，并且使两种树脂在分层时界面处于中部再生剂出口。为了保证两种树脂混合均匀，树脂装好后，从罐底用空气向上反吹，将树脂充分搅匀。接着对树脂进行预处理：即水泡和酸碱交替洗，新树脂需要酸碱交替洗三次，用过的树脂只需一次。预处理的过程和一般交换一样，水、酸、碱均上进下出，或相反，不用中间再生剂出口。预处理完成后开始交换和洗脱，料液上进下出，不用中间再生剂出口。

　　不同的是再生阶段。由于酸碱树脂的再生剂不同，需要分别再生，因此必须将两种树脂在罐内分开。可从底部通入反洗水，使树脂漂浮起来。由于一般阳离子树脂密度大于阴离子树脂，阳离子树脂沉在底部，阴离子树脂堆砌在其上部，形成分层，分层界面在再生剂出口附近。分层后，从上部通入稀碱溶液，下部通入稀酸溶液。两者都从中间再生剂出口引出。这样，在上部的阴离子树脂用稀碱再生的同时，下部的阳离子树脂用稀酸再生。

　　再生结束时，由于酸碱树脂在界面没有严格分开，有部分混合。这部分树脂可在一定程度上中和酸或碱，加上本来使用的是稀酸和稀碱，因此界面附近的酸碱混合在可控制的范围内。再生结束后，用空气从底部反吹，将酸碱树脂再次混合均匀，继续循环使用。

三、离子交换设备的设计要点

离子交换设备的设计主要解决以下几个问题：①选择离子交换树脂的类型和操作方式（一般通过实验）；②确定操作条件和计算交换剂用量；③确定离子交换单元设备的主要尺寸。

1. 离子交换树脂用量计算

交换罐中树脂的吸附量为：

$$Q_1 = 10^6 Vq \tag{5-1}$$

式中　Q_1——交换罐中树脂对生物产品的总吸附量，U 或 g；

　　V——树脂装填量，m^3；

　　q——单位体积树脂对生物产品的吸附量，U 或 g/mL。

溶液中的生物产品被树脂的吸附量为：

$$Q_2 = V_0(c_1 - c_2) \times 10^6 = F\tau(c_1 - c_2) \times 10^6 \tag{5-2}$$

式中　Q_2——溶液中的生物产品被树脂的吸附量，U 或 g；

　　V_0——每批处理的溶液量，m^3；

　　F——溶液进入交换罐的流量，m^3/h；

　　τ——溶液通过交换罐的操作时间，h；

　　c_1——进口溶液中生物产品浓度，U 或 g/mL；

　　c_2——出口溶液中生物产品浓度，U 或 g/mL。

且 $Q_1 = Q_2$

所以

$$V = \frac{V_1(c_1 - c_2)}{q} = \frac{F\tau(c_1 - c_2)}{q}$$

干树脂质量为：

$$m = V \times 10^3 / V_2 \tag{5-3}$$

式中　m——交换罐中干树脂用量，kg；

　　V_2——每克干树脂相当于湿树脂的体积，mL/g。

吸附、水洗、解吸或再生所需时间可由下式求得：

$$\tau = \frac{V_3}{F} = \frac{V_3}{V_2 f} = \frac{V_3 H}{V_2 \omega} \tag{5-4}$$

式中　τ——吸附、水洗、解吸或再生所需时间，h；

　　　　V_3——吸附、水洗、解吸或再生所需溶液体积，m^3；

　　　　F——吸附、水洗、解吸或再生所需溶液流量，m^3/h；

　　　　f——吸附、水洗、解吸或再生的交换罐负荷（单位时间内溶液与树脂体积之比），$m^3/[m^3 \cdot h]$；

　　　　H——树脂床层高度，m；

　　　　ω——吸附、水洗、解吸或再生时溶液的空塔流速，$m^3/[m^2 \cdot h]$。

　　2. 离子交换罐体积计算

　　交换罐体积计算式如下：

$$V_t = V/y \tag{5-5}$$

式中　V_t——交换罐体积，m^3；

　　　　y——树脂装填系数，对于正吸附，$y=0.5 \sim 0.7$。

　　罐高径比一般取 $H_t/D = 2 \sim 3$。

　　离子交换过程的平衡及传质速率与所处理的物系性质和操作条件关系很大。特别是由于发酵后的滤液中含有很多杂质，都会影响树脂的交换容量。因此，离子交换设备的设计，总是先利用模拟设备在实验室进行几次循环（交换和再生）取得可靠数据后再进行放大。从工程角度要求，为了完成交换设备的设计（主要指固定床），通过实验主要考察液体合理流速和接触时间（包括吸附、洗涤和再生）。已知生产任务（单位时间处理量）和流速就可确定设备直径，已知接触时间，就可确定设备高度。

第三节　吸附分离方法及设备

　　吸附法是利用合适的吸附剂，在一定的操作条件下，使发酵液中的产物吸附在固定吸附剂的内外表面上，再以适当的解吸剂从吸附剂上解吸下来，从而达到分离浓缩的目的。吸附法具有以下优点：不用或少用有机溶剂；操作简便、安全，设备简单；吸附过程中 pH 变化小，适用于稳定性较差的产物的分离。但吸附法选择性差，收率低，特别是无机吸附剂性能不稳定，不能连续操作，劳动强度大。近年来随着凝胶类吸附剂、大网格聚合物吸附剂的发展，吸附法已在生物工业领域广为应用。通常分为物理吸附、化学吸附、交换吸附三种类型，本节主要讨论应用较广的物理吸附。

一、吸附分离原理

　　用于吸附分离的吸附剂一般为多孔固体，这种固体表面吸附的分子（或原子）

所处的状态与固体内部的不同。固体内部的分子（或原子）所受的力是对称的，故分子处于平衡状态。但在界面上的分子受到不相等的两相分子的作用力，即存在一种指向固体内部的表面力，它能从外界吸附分子、原子或离子，并在其表面形成多分子层或单分子层。

对于物理吸附，吸附剂与吸附物之间的作用力是分子间引力。吸附剂与吸附物的种类不同，分子间引力大小也不同，因此吸附量可因物系不同相差很多，吸附可在低温下进行，不需要较高的活化能，且吸附速度和解吸速度都较快，易达到吸附平衡状态。但有的吸附速度却很慢，这是由于在吸附剂颗粒的孔隙中受扩散速度的控制所致。

1. 吸附等温线

当固体吸附剂从溶液中吸附溶质达到平衡时，其吸附量 q 值与溶液浓度 c、吸附温度 T 有关。若吸附操作在恒温下进行，则吸附量只是溶液浓度的函数，对于单分子层吸附（即每一个活性中心只能吸附一个分子）吸附过程可用朗格缪尔（Langmuir）吸附等温线方程表示：

$$q = \frac{ac}{1+bc} \tag{5-6}$$

式中 a、b——常数，可由实验确定。

当溶液很稀时，使得 $bc \ll 1$，则以上方程变为

$$q = ac \tag{5-7}$$

可见，很低浓度下的等温吸附为一线性过程，此时吸附量与溶液浓度成正比，实际生活中线性等温线是不常见的，可把非线性等温线在一个浓度差很小的范围内近似成线性等温过程。可以推断，在浓溶液中，$1+bc \approx bc$，那么，吸附量便与浓度的零次方成比例，亦即吸附量为一恒定值，与浓度无关。

在中等浓度时，吸附量与浓度的 $\frac{1}{n}$ 次方成正比。则方程变为：

$$q = Kc^{\frac{1}{n}} \tag{5-8}$$

或写成 $\ln q = \ln K + \frac{1}{n} \ln c$

上式即为弗尔德利希（Freundlish）方程。式中 K、n 均为常数，且 $n > 1$，可由实验确定，对于抗生素、类固醇、荷尔蒙等的吸附可用式（5-7）表示。

2. 吸附剂的选择

吸附剂按其化学结构可分为两大类：一类是有机吸附剂，如活性炭、球形炭化树脂、聚酰胺、纤维素、大孔树脂等；另一类是无机吸附剂，如白土、氧化铝、硅

胶、硅藻土等。生物工业中应用较广泛的是活性炭、大孔树脂。

（1）活性炭　活性炭吸附力强，分离效果好，且来源广泛，价格低廉。常用的有粉末状活性炭、颗粒状活性炭和锦纶-活性炭。其中粉末状活性炭吸附量最大，吸附力也最强，但因颗粒太细，过滤分离比较困难；颗粒状活性炭的吸附力和吸附量略次于粉末状活性炭，但过滤分离较容易；锦纶-活性炭是以锦纶为黏合剂，将粉末状活性炭制成颗粒，其吸附量更少，但洗脱最容易。生产过程中，应根据所分离物质的特性选择适当吸附力的活性炭，当欲分离的物质不易被活性炭吸附时，应选择吸附力强的粉末状活性炭，又若待分离的物质吸附后很难洗脱时，则改用锦纶-活性炭。

（2）活性炭纤维　活性炭纤维是用中间产物炭素纤维活化而制得的一种纤维状吸附剂。活性炭纤维与颗粒状活性炭相比，有如下特点：①孔较细，孔径分布范围窄；②外表面积大；③吸附与解吸速度较快；④工作吸附容量比较大；⑤质量轻，容易使液体透过，流体通过的阻力小；⑥成型性好，根据用途可加工成毛毡状、纸片状、布料状和蜂巢状等。所以近年来作为活性炭的新品种其应用范围正在扩大。

（3）球形炭化树脂　球形炭化树脂是以球形大孔吸附树脂为原料，经炭化、高温裂解及活化而制得。球形炭化树脂的孔结构、比表面积及其他物理性质在裂解条件相同的情况下取决于共聚物的性质，所以在制备过程中，可人为地控制聚合条件，在较大范围内改变原料配比即可得到不同孔径结构和不同性能的炭化树脂。

（4）大孔网状聚合物吸附剂　大孔网状聚合物吸附剂简称大网格吸附剂（俗称大孔树脂），自 1957 年首次合成以来，到目前已研制出许多种，与活性炭吸附剂相比具有以下优点：①对有机物质具有良好的选择性；②物理化学性质稳定，机械强度好，经久耐用；③吸附树脂品种多，可根据不同需要选择不同品种；④吸附速度快，易解吸，再生容易；⑤吸附树脂一般直径在 0.2～0.8mm，不污染环境，使用方便，但价格较贵。大孔网状聚合物吸附剂按骨架极性强弱分为非极性、中等极性和极性三类。非极性吸附树脂是以苯乙烯为单体、二乙烯苯为交联剂聚合而成，故称为芳香族吸附剂。中等极性吸附树脂是以甲基丙烯酸酯为单体与交联剂聚合而成，也称为脂肪族吸附剂。而含有硫氧、酰胺、氮氯等基团的为极性吸附剂。表 5-1 列出了各类大孔网状聚合物吸附剂的性能。

表 5-1　大孔网状聚合物吸附剂性能

吸附剂名称	树脂结构	极性	比表面积 /(m²/g)	孔径 /10⁻¹⁰ m	孔度/%	骨架密度 /(g/mL)	交联剂
Amberlite 系列 XAD-1			100	200	37	1.07	

续表

吸附剂名称	树脂结构	极性	比表面积 /(m²/g)	孔径 /10⁻¹⁰ m	孔度/%	骨架密度 /(g/mL)	交联剂
XAD-2			330	90	42	1.07	
XAD-3	苯乙烯	非极性	526	44	38	1.08	二乙烯苯
XAD-4			750	50	51	—	
XAD-5			415	68	43		
XAD-6	丙烯酸酯	中极性	63	498	49	—	双 α-甲基丙
XAD-7	α-甲基丙烯酸酯	中极性	450	80	55	1.24	烯酸二乙
XAD-8	α-甲基丙烯酸酯	中极性	140	250	52	1.25	醇酯
XAD-9	亚砜	极性	250	80	45	1.26	
XAD-10	丙烯酰胺	极性	69	352	—		
XAD-11	氧化氮类	强极性	170	210	41	1.18	
XAD-12	氧化氮类	强极性	25	1300	45	1.17	
Diaion 系列							
HP-10			400	300	小	0.64	二乙烯苯
HP-20			600	460	大	1.16	
HP-30	苯乙烯	非极性	500~600	250	大	0.87	
HP-40			600~700	250	小	0.63	
HP-50			400~500	900	—	0.81	

3. 影响吸附过程的因素

影响吸附过程的因素主要有吸附剂、吸附物和溶剂的性质以及吸附过程的操作条件等。

（1）吸附剂的性质　一般要求吸附剂的吸附容量大、吸附速度快、机械强度好。吸附容量除外界条件外，主要与表面积有关。比表面积越大，空隙度越高，吸附容量就越大。吸附速度主要与颗粒度和孔径分布有关。颗粒度越小，吸附速度就越快。孔径适当，有利于吸附物向孔隙中扩散。所以要吸附分子量大的物质时，就应该选择孔径大的吸附剂，要吸附分子量小的物质，则需选择比表面积大且孔径较小的吸附剂；而极性化合物，通常需选择极性吸附剂；非极性化合物通常应选择非极性吸附剂。

（2）吸附物的性质　结构相似的化合物，在其他条件相同的情况下，高熔点的一般易被吸附，这是因为高熔点的化合物一般来说溶解度都比较低。溶质自身或在介质中能缔合时有利于吸附，如乙酸在低温下缔合为二聚体，所以乙酸在低温下能被活性炭吸附。吸附物若在介质中离解，其吸附量必然下降。例如对两性化合物

（氨基酸、蛋白质等）的吸附，最好在非极性或者在低极性介质内进行，这时它们离解甚微。若在极性介质内吸附，则需在等电点附近的 pH 范围内进行。

（3）溶剂的性质及操作条件　一般吸附物溶解在单溶剂中易被吸附，而溶解在混合溶剂中不易被吸附。所以可用单溶剂吸附、混合溶剂解吸。溶液的 pH 影响某些化合物的离解度，从而影响吸附性能，一般 pH 应选择在吸附物离解度最小的范围内，如有机酸在酸性下，胺类在碱性下较易为非极性吸附剂所吸附。对于物理吸附，由于吸附热较小，温度变化对吸附的影响不大，但温度对吸附物的溶解度有影响。当吸附物的溶解度随温度升高而增大时，则温度升高不利于吸附。

二、吸附操作及设备

吸附的操作方式主要有两种：一种为搅拌罐内的吸附，即吸附主要在搅拌容器内进行，使吸附剂与溶剂均匀混合，充分接触，促使吸附的进行；另一种是吸附剂在容器中形成床层，溶液从床层流过时被吸附，床层可以是固定床或移动床，操作方式多采用间歇式，也有采用多级串联式。

1. 搅拌罐内的吸附操作

搅拌罐内的吸附操作的主要设备为一搅拌罐，其结构与萃取操作中的物料混合罐基本相同。溶液和吸附剂在搅拌罐中通过搅拌充分接触，在操作温度下维持一定时间后，通过沉降或过滤将吸附剂与液体分离，再进入下一道解吸工序。

若一次加入溶液量为 V，其浓度为 c_0，加入吸附剂量为 m，吸附结束后，溶液浓度变为 c，设吸附剂的初始吸附量为 q_0，吸附结束后的量变为 q，则物料衡算有：

$$m(q-q_0)=V(c_0-c)$$

或

$$q=q_0+\frac{V}{m}(c_0-c) \tag{5-9}$$

即表示经一定时间后吸附量 q 与溶液浓度 c 之间的操作关系，操作线的斜率为 $\frac{V}{m}$，此操作线与平衡线的交点即为吸附达到平衡时的最大吸附量 q_m，与此对应的溶液，浓度则为最小浓度 c_{min}。

又若吸附平衡满足弗尔德利希方程，

则：
$$q=Kc^{\frac{1}{n}}$$

由以上两式可计算吸附剂用量 m 或平衡后溶液浓度 c。

例 5-1　在早期的实验中，用活性炭吸附庆大霉素时适合方程 $g=35.1c^{0.41}$。

方程中，q 的单位是 mg/cm^3，c 的单位是 mg/L，今将 $10cm^3$ 的新鲜活性炭加入到 3.0L 浓度为 46mg/L 的抗生素发酵液中，其回收率为多少？

解： 由

$$q = q_0 + \frac{V}{m}(c_0 - c)$$

且

$$q_0 = 0$$

则：

$$q = \frac{3.0}{10}(46 - c) = 13.8 - 0.3c$$

吸附平衡时：

$$q = 35.1c^{0.41}$$

解以上二式可得：　　$q = 13.8 mg/cm^3$，$c = 0.105 mg/L$

所以回收率为

$$\frac{c_0 - c}{c_0} = \frac{46 - 0.105}{46} = 99.8\%$$

例 5-2　用纤维素吸附磷酸甘油酸激酶时，吸附遵循 Langmuir 等温线，实验确定的吸附方程为：$q = \dfrac{70c}{50 + c}(mg/cm^3)$。

若将 1.5L 含酶 220mg/L 的溶液在 90% 的回收率下，需加纤维素量为多少？

解： 对于 90% 的回收率时：

$$c = 0.10c_0 = 0.10 \times 220 = 22 mg/L$$

则：

$$q = \frac{70 \times 22}{50 + 00} = 21.4 mg/cm^3$$

由：

$$m(q - q_0) = V(c_0 - c)$$

得纤维素用量为：

$$m = V\left(\frac{c_0 - c}{q - q_0}\right) = 1.5 \times \frac{220 - 22}{21.4 - 0} = 13.9 cm^3$$

2. 固定床吸附

床吸附是最普通且最重要的吸附操作，用于吸附的主要设备有吸附柱或吸附塔。吸附柱的结构基本同离子交换柱。柱内充满吸附颗粒，待吸附分离的溶液从吸附柱顶部进入，底部流出。实际上，吸附只是在床层的一部分区域内进行，其余部分或者在床层顶部已达到饱和而处于平衡状态，或者在床层底部还处于尚未开始吸附的状态。随着吸附的进行，吸附区逐渐向出口端移动，直至吸附区的末端到达床层的出口端，若溶液出床层的浓度等于进口浓度时，则吸附床层全部达到饱和状态，实际中是不允许的。

与搅拌罐吸附相比，理论上搅拌罐只能达到一级吸附平衡，而固定床可达到多级吸附平衡。如果将吸附床层不断向上移动，顶部不断排出已达到饱和状态的床层，而从底部不断补充新的吸附床层，使吸附床层向上移动的速度等于吸附区向下移动的速度，则沿吸附柱任一截面上的吸附量和浓度将保持不变。这样就可把固定床的间歇式吸附操作变成连续吸附操作。

吸附设备的计算可在实验的基础上采用流速相等（即小设备内单位床层面积上溶液的流量与大设备的流量相等）的原则进行放大。图 5-17 所示为固定床出口浓度（c）随时间（t）的变化曲线。

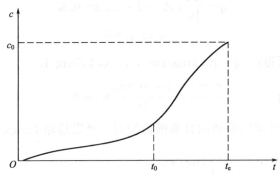

图 5-17　固定床出口浓度随时间的变化曲线

若吸附床的截面积为 A，吸附床高度为 L，则吸附区的高度为：

$$L_a = L \times \frac{t_e - t_0}{t_0} = L\frac{\Delta t}{t_0} \tag{5-10}$$

当 $t_0 = t_e$ 时，$L_a = 0$ 表示整个床层全部为饱和区。

饱和区的高度：

$$L_b = L - L_a = L\left(1 - \frac{t_e - t_0}{t_0}\right) = L\left(1 - \frac{\Delta t}{t_0}\right) \tag{5-11}$$

设吸附平衡区的吸附量为 q，吸附区的平均吸附量为平衡吸附量的 $\frac{1}{2}$，即 $q_a = \frac{1}{2}q$，则固定床的总吸附率为：

$$y = \frac{qAL\left(1 - \dfrac{\Delta t}{t_0}\right) + \dfrac{1}{2}qAL\dfrac{\Delta t}{t_0}}{qAL}$$

$$y = 1 - \frac{1}{2} \times \frac{\Delta t}{t_0} \tag{5-12}$$

即：
$$\Delta t = t_e - t_0$$

式中　t_0——固定床出口端溶液浓度突变时所需要的吸附时间；

　　　t_e——固定床全部达到饱和状态时所需要的吸附时间。

显然，吸附区上 L_a 越小，则床层利用率越高。实践证明，这种方法用来作为吸附床计算的基础是比较可靠的。

吸附柱的计算方法，一种是采用等流速放大，即吸附柱长度和溶液流速恒定，改变吸附柱直径。工程中还可采用单位体积吸附剂中溶液流量不变的方法进行放大，而流速和柱的长度发生变化，计算过程可参考有关资料。

例 5-3 用一化学修饰的纤维素固定床吸附乳酸脱氢酶。已知固定床直径 0.7cm，高度 1.3m，空隙率 0.3，酶稀溶液浓度为 1.7mg/L，此种条件下，吸附符合以下线性等温线，$q(\text{mg/cm}^3)=38c(\text{mg/L})$。

在一定流速下，操作 6.4h 出现突变点，10h 后固定床失去吸附能力，计算：

① 突变时吸附段的高度；

② 平衡段的高度；

③ 固定床吸附率；

④ 吸附量。

解：① 突变时吸附段的高度：

$$L_s = L\frac{\Delta t}{t_0} = 1.3\times\frac{10-6.4}{6.4} = 0.73\text{m}$$

② 平衡区的高度：

$$L_s = L\left(1-\frac{\Delta t}{t_0}\right) = 1.3\times\left(1-\frac{10-6.4}{6.4}\right) = 0.57\text{m}$$

③ 固定床吸附率：

$$y = 1-\frac{1}{2}\times\frac{\Delta t}{t_0} = 1-\frac{1}{2}\times\frac{10-6.4}{6.4} = 72\%$$

④ 吸附量：

$$yqLA = yLA(38c)$$
$$= 0.72\times130\times\frac{\pi}{4}\times0.7^2\times38\times1.7$$
$$= 2326\text{mg}$$
$$= 2.326\text{g}$$

第四节　色谱分离方法及设备

色谱分离是一类相关分离方法的总称，其分离机理是多种多样的。它是利用混合物中各种组分的物理化学性质（分子的形状和大小、分子的极性、吸附力、分子亲和力、分配系数等）不同，使各组分以不同程度分布在两相（固定相和流动相）中，当流动相流过固定相时，各组分以不同的速度移动，而达到分离的目的。

一、色谱分离的基本原理

色谱分离系统中的固定相为表面积较大的固体或附着在固体上且不发生运动的液体固定相能与待分离的物质发生可逆的吸附、溶解或交换等作用；流动相是不断运动的气体或液体（又称洗脱剂、展层剂），其携带各组分朝着一个方向移动。在色谱分离中。亲固定相的组分在系统中移动较慢，而亲流动相的组分则随流动相较快地流出系统（图 5-18）。各组分对固定相亲和力的次序为：球形分子○＞方形分子□＞三角形分子△。所以，三角形分子最先从柱中流出。

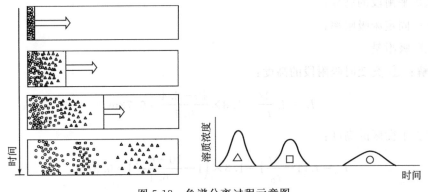

图 5-18　色谱分离过程示意图

混合液中各组分经色谱柱分离后，随流动相依次进入检测器，检测器的响应信号-时间曲线（或检测器的响应信号-流动相体积曲线），称为色谱流出曲线，又称色谱图，如图 5-19 所示。色谱图的纵坐标为检测器的响应信号、横坐标为时间 t（或流动相体积 V）。

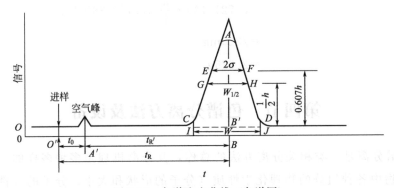

图 5-19　色谱流出曲线（色谱图）

在色谱操作中，加入洗脱剂而使各组分分层的操作称为展开，洗脱时从柱中流出的溶液称为洗脱液，展开后各组分的分布情况称为色谱。从进样开始到某组分色谱峰顶（浓度极大点）的时间，即组分在色谱柱中的停留时间或组分流经色谱柱所需要的时间称为保留时间 t_R。分配系数为零的组分的保留时间，即组分在流动相中的停留时间或流动相流经色谱柱所需的时间称为死时间（又称流动相保留时间）t_0 或 t_m。死体积 V_M 是指色谱柱在填充后，柱管内固定相颗粒间所剩余的空间、色谱仪中管路和连接头间的空间以及检测器的空间的总和。当后两项很小而可忽略不计时，死体积可由死时间与流动相体积流速 F_0（L/min）计算：

$$V_M = t_m F_0$$

在定温定压条件下，当色谱分离过程达到平衡状态时，某种组分在固定相中的含量（浓度）c_s 与流动相中的含量（浓度）c_m 的比值 K，称为平衡系数（也可以是分配系数、吸附系数、选择性系数等），其表达通式可写为：

$$K = \frac{c_s}{c_m}$$

平衡系数 K 主要与下列因素有关：①被分离物质本身的性质；②固定相和流动相的性质；③色谱柱的操作温度。一般情况下，温度与平衡系数成反比，各组分平衡系数 K 的差异程度决定了色谱分离的效果，K 值差异越大，色谱分离效果越理想。

根据分离时一次进样量的多少，色谱分离可分为色谱分析（小于 10mg）、中等规模制备色谱（10~50mg）、制备色谱（0.1~1g）和工业生产规模色谱（20g/d）。

在分析色谱中，样品中溶质的浓度较低，平衡系数 K 为常数，此时溶质在两相之间的分配关系呈线性关系，其相应的色谱过程称为线性色谱。在制备和工业色谱中，为了提高产率，必须提高单元操作的进样量，也即样品的浓度往往很高，平衡系数 K 显示为流动相溶质浓度的函数，此时溶质在两相之间的分配关系成非线性关系，其相应的色谱过程称为非线性色谱。与线性色谱不同的是：非线性色谱色谱峰不对称，保留时间随样品量大小而变，色谱峰高度与样品量不成正比例关系。

二、色谱系统的基本组成

制备色谱和工业生产规模色谱分离主要是采用以液相为流动相的柱色谱，包括对有机合成产物、天然提取物以及生物大分子的分离。在柱色谱中，将固定相（如硅胶、氧化铝、碳酸钙、淀粉、纤维素或离子交换树脂等）装填在一根管子（称为色谱柱）中，流动相则泵送进入色谱柱。被分离的样品被加到色谱柱的上游，随着流动相向下游移动，依固定不同组分分子的吸附能力从弱到强，样品中的不同组分在色谱柱中的移动速度由快到慢，在色谱柱的下游按其流出顺序分别加以收集，即可实现对样品中不同组分的分离。

常见的洗脱方式有两种：一种是自上而下依靠溶剂本身的重力洗脱；一种是自下而上依靠毛细作用洗脱。收集分离后的纯净组分也有两种不同的方法：一种方法是在柱尾直接接收流出的溶液；另一种方法是烘干固定相后用机械方法分开各个色带，以合适的溶剂浸泡固定相提取组分分子。

柱色谱装置一般由进样、流动相供给、色谱柱、检测及流分收集器等部分构成，其中色谱柱是色谱分离装置的关键部件。典型的柱色谱分离设备如图 5-20 所示。

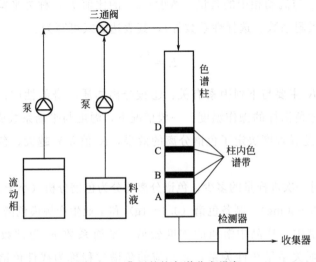

图 5-20　典型的柱色谱分离设备

制备型色谱系统泵流量大，进样量大，采用制备柱、柱后馏分收集器。分析型的样品通量很小，而制备型的通量是分析型的几百倍甚至上千倍。为了达到这个效果，制备色谱选用的是大流速的泵（每分钟几十毫升甚至上百毫升）、粗粒径填料、粗管径的色谱柱，以提高柱子的载样量，但同时牺牲的是分离效率。为便于分离和纯化较多的产品，要求色谱柱大些，进样量多些，其保留值不仅随不同样品而变，而且随样品的浓度而变，因而不能根据保留值定性。基于同样的原因，峰高也不能作为制备色谱和工业生产色谱定量分析的指标。

三、色谱柱结构

色谱分离柱是色谱法中的重要设备之一。目前，生物行业内的主流色谱柱在结构上主要由三大部分组成：底座、色谱柱管和色谱柱头（图 5-21）。

几种常用的色谱柱管结构如图 5-22 所示，柱的两端均密闭，为了使用方便，柱两端的形式是一样的。滤板用 400 目的尼龙布或聚四氟乙烯布，样品和洗脱液均用微量泵传送，这样可使底部的死体积减少到最小值。除一般的下层色谱外，也可用于上向或循环色谱。其中柱 2 和柱 3 还具有双层管（保温夹层），可通温水入夹层保温，进出口处可用尼龙管伸入柱内，连接一个附有滤板的漏斗状托盘，以减少底部死体积，托盘周围用橡皮圈与柱壁密封。

图 5-23 为一种反转式色谱柱，两根支柱支撑在两法兰之间，在支柱的中部装有转轴，支撑在支架轴承中，这样，分离柱就可以上下反转，工作时可用定位螺钉固定。这种结构可避免柱中凝胶压紧。

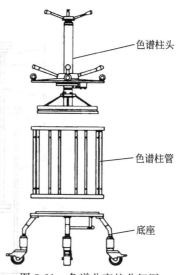

图 5-21　色谱分离柱分解图

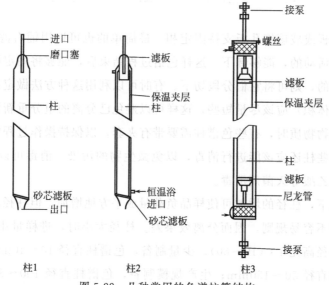

图 5-22　几种常用的色谱柱管结构

色谱柱通常用玻璃柱，这样可以直接观察色带的移动情况，柱应该平直、均匀。工业上大型色谱柱可以用金属制造，有时在柱壁上嵌一条有机玻璃带，便于观察。柱的入口端应该有进料分布器，使进入柱内的流动相分布均匀。有时也可在色谱柱顶端加一层多孔的尼龙圆片或保持一段缓冲液层。柱的底部可以用玻璃棉，也

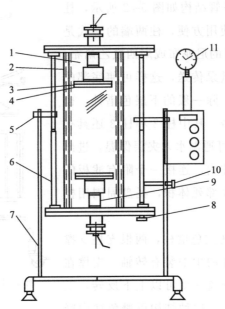

图 5-23　反转式色谱柱

1—柱体；2—保温夹套；3—密封橡胶圈；4—滤板；5—转圈；6—支柱；

7—支架；8—保温液进出口；9—固定螺钉；10—尼龙管；11—压力表

可用砂芯玻璃板或玻璃细孔板支持固定相。最简单的也可以用铺有滤布的橡皮塞，砂芯板最好是活动的，能够卸下。这样色谱过程结束后，能够将固定相推出。如果色带是有颜色的，则可将它们分段切下。有时可以利用这种方法做定量检测。柱的出口管子（死体积）应该尽量短些，这样可以避免已分离的组分重新混合。

在分离生物物质时，有些色谱柱需要带有夹套，以保持操作过程能在适宜的温度下进行。有些柱还应该能进行消毒，以免微生物的污染。消毒可以是高压消毒，也可以用过氧乙酸等灭菌剂消毒。

一般情况下，柱径的增加可使样品负载量成平方地增加，但柱径大时，流动很难均匀，色带不容易规则，因而分离效果差。柱径太小时，进样量小且使用不便，装柱困难。柱径高比 1∶（10～60）。少量制备，色谱柱直径 10～40mm；中试规模制备，色谱柱直径 50～150mm；生产规模制备，色谱柱直径 100～800mm。大型色谱柱柱床体积高达上千升。

色谱柱填料是由基质和功能层两部分构成。基质，常称作载体或担体，通常制备成数微米至数十微米粒径的球形颗粒，它具有一定的刚性，能承受一定的压力，对分离不起明显的作用，只是作为功能基团的载体。常用来作基质的有硅胶和有机高分子聚合物微球。功能层是通过化学或物理的方法固定在基质表面的、对样品分子的保留起实质作用的有机分子或功能团。硅胶基质的冠醚大分子固定相结构如图 5-24 所示，功能层冠醚分子吸附或键合在硅胶基质的表面。

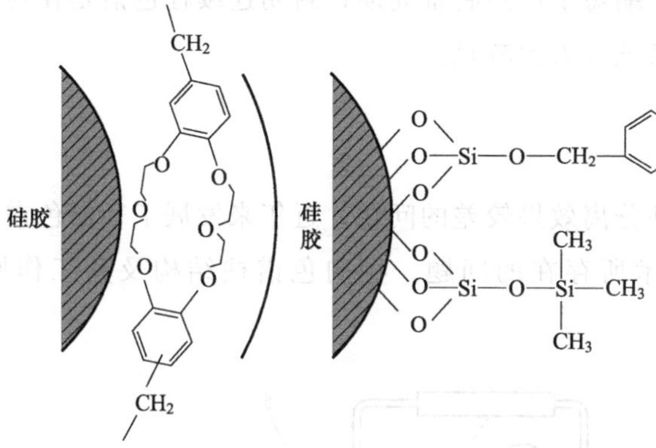

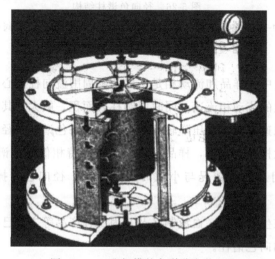

(a) 包覆　　　　　　　　(b) 键合

图 5-24　硅胶基质的冠醚大分子固定相结构

　　柱制备对柱效有较大影响，填料装填太紧，柱前压力大，流速慢或将柱堵死；反之空隙体积大，柱效低。

　　装填好的色谱柱要进行色谱性能评价，测定柱效、色谱峰对称性和柱渗透性，以确定色谱柱装填的质量。高效分离柱要求柱效高、柱容量大和性能稳定。柱性能与柱结构、填料特性、填充质量和使用条件有关。

四、工业规模的色谱分离装置

　　工业规模的色谱分离装置如图 5-25 所示，该装置为封闭连续柱色谱。与普通

图 5-25　工业规模的色谱分离装置

柱色谱比较，封闭连续柱色谱有其自己的特点和优势。能阻止或缓解不稳定物质的分解或变性；有利于稳定色谱条件，提高柱子的分离效能；减轻了产品浓缩结晶和溶剂蒸馏回收的工作量，缩短了产品制备周期；封闭连续柱色谱是在封闭状态下工作，溶剂泄漏很少，污染危害大大减轻。

五、径向色谱柱

为解决大直径色谱柱分离效果较差的问题，近年来发展了径向色谱柱技术，从原理上解决了色谱柱技术所存在的问题。径向色谱柱结构及其工作原理分别如图 5-26 和图 5-27 所示。

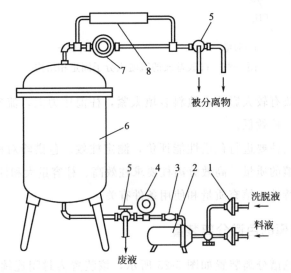

图 5-26　径向色谱柱结构

1—过滤器；2—泵；3—流速调节阀；4—单色仪；5—三通阀；
6—分离柱；7—流量计；8—检出仪

在径向色谱柱中，样品和流动相是从柱的圆周围流向柱圆心，可在较小的柱床层高度时使用较大的流动相流速；同时因圆柱表面积一般大于其横截面积，在流动相保持较高的体积速率时，反压降较低；当保持制备色谱柱直径不变，只增加柱长时，可以线性增大样品处理量，样品的规模可在保持相似的色谱条件下直接放大，各组分的保留时间及分辨情况与小试时完全相同。径向色谱操作装置如图 5-28 所示。

径向色谱柱在生物制剂、血液制品及基因工程产品等方面已广泛使用，其分离效果优于传统的轴向色谱柱。

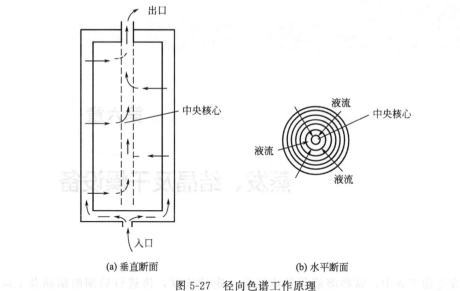

(a) 垂直断面

(b) 水平断面

图 5-27 径向色谱工作原理

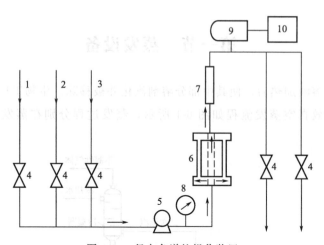

图 5-28 径向色谱柱操作装置

1—预平衡液；2—样品；3—流动相；4—阀；5—泵；6—径向色谱柱；

7—流量计；8—压力表；9—检测器；10—记录仪

第六章

蒸发、结晶及干燥设备

在生物工业中，常将溶液蒸发浓缩至一定的浓度，再进行后期的结晶及干燥操作。

第一节　蒸发设备

蒸发是将溶液加热后，使其中部分溶剂汽化并被移除。生物工厂多采用真空蒸发的方式。单效真空蒸发流程如图 6-1 所示，蒸发过程分别在蒸发器和冷凝器中完成。

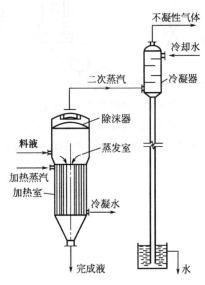

图 6-1　单效真空蒸发流程

　　蒸发需要不断地供给热能。工业上采用的热源通常为水蒸气，而蒸发的物料大多是水溶液，蒸发时产生的蒸汽也是水蒸气。为了区别，将加热的蒸汽称为加热蒸汽，而由溶液蒸发出来的蒸汽称为二次蒸汽。为了减少蒸汽消耗量，可利用前一个蒸发器生成的二次蒸汽，来作为后一个蒸发器的加热介质。后一个蒸发器的蒸发室是前一个蒸发器的冷凝器，此即多效蒸发（图 6-2）。

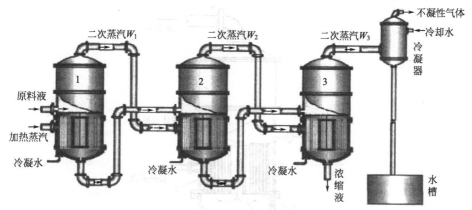

图 6-2　多效真空蒸发流程

　　蒸发设备由蒸发器和辅助设备组成。按溶液在蒸发器中的运动状况，蒸发器分为两大类：①循环型（非膜式蒸发器），沸腾溶液在加热室中多次通过加热表面，如中央循环管式、外加热式和强制循环式等；②单程型（膜式蒸发器），沸腾溶液在加热室中一次通过加热表面，不做循环流动，即排出浓缩液，如升膜式、降膜式和离心薄膜式等。

一、循环型蒸发器

　　在循环型蒸发器中，溶液都在蒸发器中做循环流动，因而可提高传热效果。过去所用的蒸发器，其加热室多为水平管式、蛇管式或夹套式。采用竖管式加热室并装有中央循环管后，虽然总的传热面积有所减少，但由于能促进溶液的自然循环、提高管内的对流传热系数，反而可以强化蒸发过程。而水平管式类蒸发器的自然循环很差，故除特殊情况外，目前在大规模工业生产上已很少应用。根据引起循环的原因不同，又可分为自然循环和强制循环两类。与自然循环相比，强制循环蒸发器增设了循环泵，从而使料液形成定向流动。

　　1. 中央循环管式蒸发器

　　中央循环管式蒸发器的结构如图 6-3 所示。其加热室由垂直管束组成，中间有一根直径很大的管子，称为中央循环管。当加热蒸汽通入管间加热时，由于中央循环管较大，其中单位体积溶液占有的传热面比其他加热管内单位溶液占有的要小，即中央循环管和其他加热管内溶液受热程度各不相同，后者受热较好，溶液汽化较多，因而加热管内形成的气液混合物的密度就比中央循环管中溶液的密度小，从而使蒸发器中的溶液形成中央循环管下降，而其他加热管上升的循环流动。这种循环主要是由于溶液的密度差引起的，故称为自然循环。

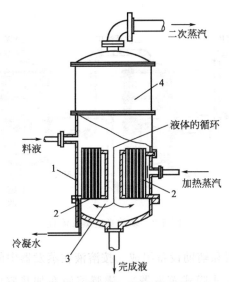

图 6-3　中央循环管式蒸发器
1—外壳；2—加热室；3—中央循环管；4—蒸发室

为了使溶液有良好的循环，中央循环管的截面积一般为其他加热管总截面积的 40%～100%，加热管高度一般为 1～2m，加热管直径在 25～75mm 之间。这种蒸发器由于结构紧凑、制造方便、传热较好及操作可靠等优点，应用十分广泛，有"标准式蒸发器"之称。但实际上，由于结构上的限制，循环速度不大。溶液在加热室中不断循环，使其浓度始终接近完成液的浓度，因而溶液的沸点高，有效温度差减小。这是循环式蒸发器的共同缺点。此外，设备的清洗和维修也不够方便，所以这种蒸发器难以完全满足生产的要求。

2. 外加热式蒸发器

外加热式蒸发器（图 6-4）是加热室与分离室分开的蒸发器。这种蒸发器的加热室在分离室的外面，易于清洗、更换，同时加热管较长，循环管内的溶液未受蒸汽加热，其密度较加热管的大。这两点均有利于液体在蒸发器内循环，使循环速度较大，循环速度为 1.5m/s。适用于有少量晶体析出的溶液蒸发。

3. 强制循环蒸发器

强制循环蒸发器（图 6-5）是在加热室设置循环泵，使溶液沿加热室方向以较高的速度循环流动，循环速度达到 $2\sim5m/s$；晶体不易黏结在加热管壁，对流传热系数高。但动力消耗较大，通常为 $0.4\sim0.8kW/m^2$，对泵的密封要求高，加热面积小。适用于易结晶、易结垢或黏度大的溶液。

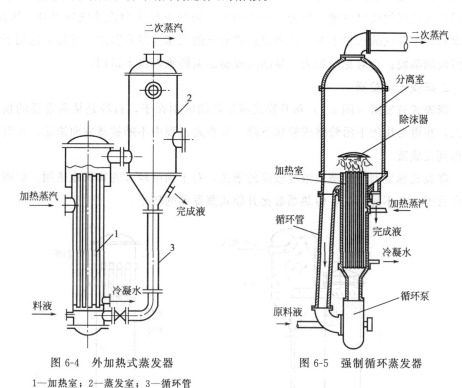

图 6-4　外加热式蒸发器　　　　图 6-5　强制循环蒸发器

1—加热室；2—蒸发室；3—循环管

二、单程型（膜式）蒸发器

非膜式蒸发器的主要缺点是加热室内滞料量大，致使物料在高温下停留时间过长，不适于处理热敏性物料。在膜式蒸发器中，溶液通过加热室时，在管壁上呈膜状流动，故习惯上又称为液膜式蒸发器。操作时，由于溶液沿加热管呈传热效果最佳的膜状流动，不做循环流动即成为浓缩液排出。只通过加热室一次，受热时间短。而根据物料在蒸发器中流向的不同，单程型（膜式）蒸发器又分为升膜式、降膜式、升-降膜式、刮板式和离心式。

1. 升膜式蒸发器

升膜式蒸发器的加热室由许多垂直长管组成，如图 6-6 所示。

常用的热管直径为 $25\sim50mm$，管长和管径之比为 $100\sim150$。料液经预热后由蒸发器底部引入，进到加热管内受热沸腾后迅速汽化，生成的蒸汽在加热管内高速上升。溶液则被上升的蒸汽所带动，沿管壁成膜状上升，并在此过程中继续蒸发，汽、液混合物在分离器内分离，完成液由分离器底部排出，二次蒸汽则在顶部导出。为了能在加热管内有效地成膜，上升的蒸汽应具有适宜的速度。例如，常压下操作时适宜的出口汽速一般为 $20\sim50\text{m/s}$，减压下操作时汽速则应更高。因此，如果料液中蒸汽的水量不多，就难以达到要求的汽速，即升膜式蒸发器不适用于较浓溶液的蒸发；它对黏度很大、易结晶或易结垢的物料也不适用。

2. 降膜式蒸发器

降膜式蒸发器（图 6-7）和升膜式蒸发器的区别在于，料液是从蒸发器的顶部加入，在重力作用下沿管壁成膜状下降，并在此过程中不断被蒸发而浓缩，在其底部得到完成液。

降膜式蒸发器可以蒸发浓度较高的溶液，对于黏度较大的物料也适用。但因液膜在管内分布不易均匀，传热系数比升膜式蒸发器的较小。

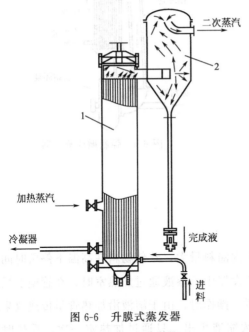

图 6-6   升膜式蒸发器

1—蒸发器；2—分离器

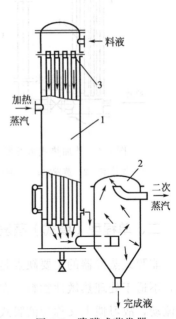

图 6-7   降膜式蒸发器

1—蒸发器；2—分离器；3—液体分离器

3. 升-降膜式蒸发器

将升膜和降膜式蒸发器装在一个外壳中即成升-降膜式蒸发器，如图 6-8 所示。

预热后的料液先经升膜式蒸发器上升，然后由降膜式蒸发器下降，在分离器中和二次蒸汽分离即得完成液。这种蒸发器多用于蒸发过程中溶液黏度变化很大、溶液中水分蒸发量不大和厂房高度有一定限制的场合。

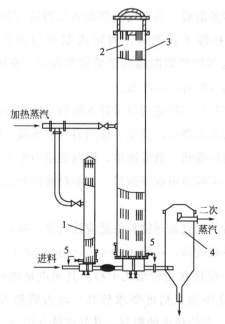

图 6-8 升-降膜式蒸发器

1—预热器；2—升膜加热器；3—降膜加热器；4—分离器；5—加热蒸汽冷凝排出口

4. 刮板式薄膜蒸发器

刮板式薄膜蒸发器结构如图 6-9 所示，其外壳带有夹套，内通入加热蒸汽加

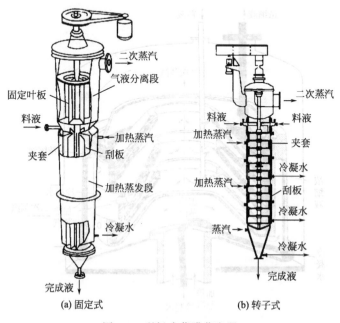

(a) 固定式   (b) 转子式

图 6-9 刮板式薄膜蒸发器

热。加热部分装有旋转的刮板，其作用是将加入的料液均匀涂布在器壁加热面上。刮板又可分为固定式和转子式两种，固定式刮板与壳体内壁的间隙为 0.5～1.5mm，转子式刮板与器壁的间隙随转子的转数而变。在固定式刮板式薄膜蒸发器中，上部的气液分离段装有固定叶板。

工作时，料液从进料管以稳定的流量进入随轴旋转的分配盘中，在离心力的作用下，通过盘壁小孔被抛向器壁，受重力作用沿器壁下流，同时被旋转的刮板刮成薄膜，薄膜溶液在加热区受热，蒸发浓缩，同时受重力作用下流。在此过程中被不同的刮板翻动下推。并不断地形成新薄膜，直到料液离开蒸发器。二次蒸汽由蒸发器上面排出。

刮板式薄膜蒸发器的优点是对物料的适应性很强，对高黏度和易结晶、结垢的物料都能适用。传热系数较高，一般可达 4000～8000kJ/(m² · h · ℃)。液料在加热区停留时间很短，一般只有几秒至几十秒。其缺点是结构复杂，因具有转动装置，且要求真空，故设备加工精度要求较高；动力消耗大，每平方米传热面需 1.5～3kW。此外，受夹套传热面的限制，其处理量也很小。

5. 离心式薄膜蒸发器

离心式薄膜蒸发器是具有旋转的空心碟片的蒸发器，它利用旋转的离心盘所产生的离心力使溶液在碟片上形成厚度 0.1～1mm 的薄膜。

离心式薄膜蒸发器结构如图 6-10 所示，在其转鼓内设置多层碟片，在上、下

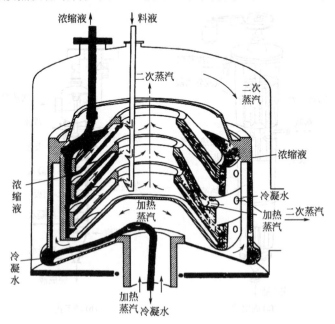

图 6-10 离心式薄膜蒸发器

碟片所构成的空心夹层内通入加热蒸汽，原料液由送料管经分配装置而喷洒到每一碟片的上表面，碟片随转鼓旋转，离心作用使得料液分布成薄层液膜，得以快速蒸发，夹层内加热蒸汽释放潜热后冷凝水汇集到排出管，而浓缩液由离心作用进入收集槽经浓缩排出，二次蒸汽汇集到外壳处的排气管排出。

离心式薄膜蒸发器兼具离心分离和薄膜浓缩的双重特点，传热系数大，浓缩比高（15～20倍），受热时间短（仅1s），浓缩时不易起泡和结垢。

三、蒸发器的辅助设备

蒸发器的辅助设备主要有捕沫器（汽液分离器）、冷凝器和真空装置。

1. 汽液分离器（捕沫器）

从蒸发器溢出的二次蒸汽带有液沫，需要加以分离和回收，以防止产品损失或冷却水被污染。在分离室上部或分离室外面装有阻止液滴随二次蒸汽跑出的装置，称为汽液分离器或捕沫器。

图6-11为直接安装在蒸发器顶部的几种捕沫器结构示意图。折流板式和球形捕沫器是使蒸汽的流动方向突变，从而分离了雾沫。丝网捕沫器是用细金属丝、塑料丝等编成网带，分离效果好，压强降较小，可以分离直径小于$10\mu m$的液滴。离心式捕沫器是蒸汽在分离器中做圆周运动，因离心作用将气流中液滴分离出来。

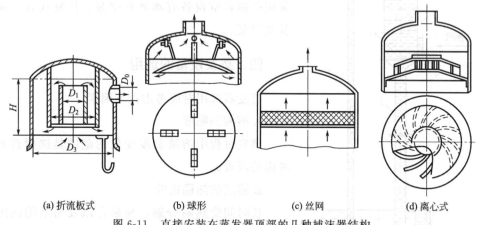

图6-11　直接安装在蒸发器顶部的几种捕沫器结构

图6-12为安装在蒸发器外部的几种捕沫器结构示意图，（a）是隔板式，（b）（c）（d）是旋风分离器。

2. 冷凝与不凝气体的排除装置

冷凝器的作用是将二次蒸汽冷凝而成为冷凝水。在蒸发操作过程中，二次蒸汽若是需要回收的物料或会严重污染水源，则应采用间壁式冷凝器回收利用或进行专

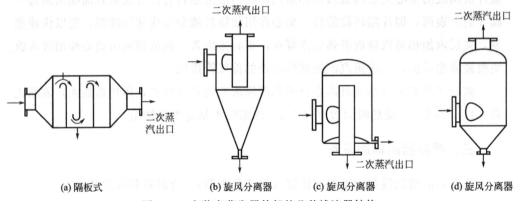

(a) 隔板式   (b) 旋风分离器   (c) 旋风分离器   (d) 旋风分离器

图 6-12   安装在蒸发器外部的几种捕沫器结构

门处理。二次蒸汽不被利用时,必须冷凝成水方可排除,同时排除不凝性气体。对于水蒸气的冷凝,可采用汽、水直接接触的混合式冷凝器。

图 6-13 为高位逆流混合式冷凝器,气压管 3 又称大气腿,大气腿的高度应大于 10m,才能保证冷凝水通过大气腿自动流至接通大气的下水系统。

无论使用哪种冷凝器,都要设置真空装置,不断排除不凝性气体并维持蒸发所需要的真空度。常用的抽真空设备有水环真空泵、往复式真空泵及喷射泵。

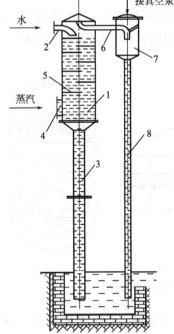

图 6-13   高位逆流混合式冷凝器

1—外壳;2—进水口;3,8—气压管;

4—蒸汽进口;5—淋水板;

6—不凝性气体引出管;7—分离器

四、蒸发设备的选用

蒸发器选用时应考虑以下因素。

1.溶液的黏度

蒸发过程中溶液黏度变化的范围是选型首要考虑的因素。

2.溶液的热稳定性

长时间受热易分解、易聚合以及易结垢的溶液蒸发时,应采用滞料量少、停留时间短的蒸发器。非膜式蒸发器的主要缺点是加热室内滞料量大,致使物料在高温下停留时间过长,不适于处理热敏性物料。膜式蒸发器操作时溶液沿加热管呈传热效果最佳的膜状流动,只通过加热室一次即可达到所需浓度,停留时间短。

3. 有晶体析出的溶液

对蒸发时有晶体析出的溶液应采用外加热式蒸发器或强制循环蒸发器。

4. 易发泡的溶液

易发泡的溶液在蒸发时会生成大量层层重叠不易破碎的泡沫，充满了整个分离室后即随二次蒸汽排出，不但损失物料，而且污染冷凝器。蒸发这种溶液宜采用外加热式蒸发器、强制循环蒸发器或升膜式蒸发器。若将中央循环管式蒸发器和悬筐蒸发器设计的大一些，也可用于这种溶液的蒸发。

5. 有腐蚀性的溶液

蒸发腐蚀性溶液时，加热管应采用特殊材质制成或内壁衬以耐腐蚀材料。若溶液不怕污染，也可采用直接接触式蒸发器。

6. 易结垢的溶液

无论蒸发何种溶液，蒸发器长久使用后，传热面上总会有污垢生成。垢层的热导率小，因此对易结垢的溶液，应考虑选择便于清洗和溶液循环速度大的蒸发器。

7. 溶液的处理量

溶液的处理量也是选型应考虑的因素。要求传热面积大于 $10m^2$ 时，不宜选用刮板搅拌薄膜蒸发器，要求传热面在 $20m^2$ 以上时，宜采用多效蒸发操作。

第二节　结晶设备

结晶是指溶质从过饱和溶液中析出形成新相（固体）的过程，是制备纯物质的一种有效方法。结晶是一个质量与能量的传递过程，它与体系温度的关系十分密切。溶解度与温度的关系可以用饱和曲线和过饱和曲线表示（图 6-14）。

蒸发是将部分溶剂从溶液中排出，使溶液浓度增加，溶液中的溶质没有发生相变（液相）；而结晶过程则是通过将过饱和溶液冷却、蒸发，或投入晶种使溶质结晶析出（固相）。按照形成过饱和溶液途径的不同，可将结晶设备分为冷却结晶器、蒸发结晶器和真空结晶器。

一、冷却结晶器

冷却结晶设备是采用降温来使溶液进入过饱和（自然起晶或晶种起晶），并

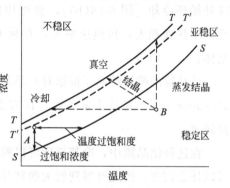

图 6-14　饱和曲线和过饱和曲线

不断降温，以维持溶液一定的过饱和浓度进行育晶，常用于温度对溶解度影响比较大的物质结晶。结晶前先将溶液升温浓缩。

1.卧式结晶器

槽式连续结晶器是一种常见的卧式结晶设备，其结构如图 6-15 所示。槽式结晶器通常用不锈钢板制作，外部有夹套通冷却水以对溶液进行冷却降温；连续操作的槽式结晶器，往往采用长槽并设有长螺距的螺旋搅拌器，以保持物料在结晶槽的停留时间。槽的上部要有活动的顶盖，以保持槽内物料的洁净。槽式结晶器的传热面积有限，且劳动强度大，对溶液的过饱和度难以控制；但小批量、间歇操作时还比较合适。

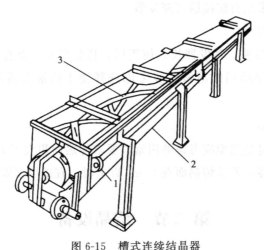

图 6-15　槽式连续结晶器

1—冷却水进口；2—水冷却夹套；3—螺旋搅拌器

2.立式结晶罐

立式结晶罐是一类带有搅拌器的罐式结晶器，采用夹层冷却［图 6-16(a)］或外循环冷却［图 6-16(b)］，也可用罐内冷却管［图 6-16(c)］。外循环冷却结晶罐换热面积大，传热速率大，有利于溶液过饱和度的控制，但是循环泵易打碎晶体。

结晶罐的搅拌转速要根据对产品晶粒的大小要求来定：一般结晶过程的转速为 50～500r/min，对抗生素工业，在需要获得微粒晶体时采用 1000～3000r/min 的高转速。

在这种结晶罐中，冷却速度可以控制得比较缓慢。因为是间歇操作，结晶时间可以任意调节，因此可得到较大的结晶颗粒，特别适合于有结晶水的物料的晶析过程。但是生产能力较低，过饱和度不能精确控制。

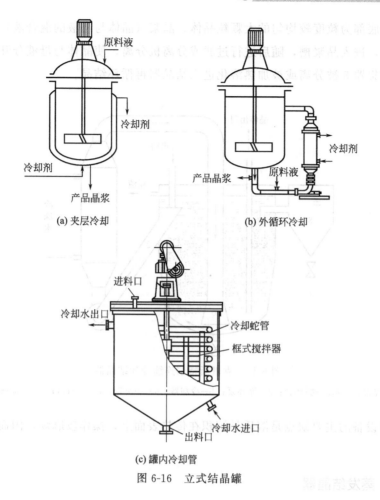

图 6-16 立式结晶罐

3. 克里斯特尔连续冷却结晶器

克里斯特尔连续冷却结晶器如图 6-17 所示，过饱和与结晶分别在循环管与结晶罐两个装置中进行。

操作时，少量热的浓缩溶液（占液体循环量的 0.5%～2%）从进料口加入，与从结晶器上部来的饱和溶液汇合，由循环泵 3 提供动力，使溶液经循环管 2 进入冷却器 4，溶液被冷却后变为过饱和。在冷却过程中，为了使结晶过程能稳定运行，溶液与冷却剂之间的平均温差一般不超过 2℃，以防止溶液生成较大的过饱和度而在冷却器内形成晶核。从冷却器出来的过饱和溶液经由循环管 5 和中央管 6 进入结晶罐的底部，再由此向上流动并与众多的悬浮晶体颗粒（晶核）接触，溶液中过饱和的溶质沉积在悬浮晶粒，使晶体长大。而所需的晶核一部分是在晶床内自发形成，另一部分则是由于晶体相互摩擦破碎而形成。由于晶体在向上流动溶液的带动下保持悬浮状态，从而自动对颗粒进行水力分级，大颗粒在下，而小颗粒在上，结晶罐的底部为粒度较均匀的大颗粒晶体。晶浆（晶体与母液的混合液）从出料口连续排出，进入晶浆槽，随后进行过滤或分离机分离，使晶体与母液分开。细晶进入细晶捕集器 8 被分离或被加热溶化进入结晶器再循环结晶。

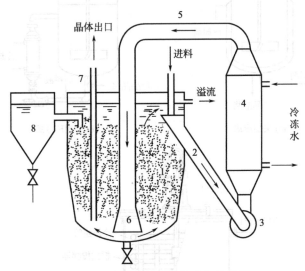

图 6-17　克里斯特尔连续冷却结晶器

1—结晶罐；2,5—循环管；3—循环泵；4—冷却器；6—中央管；7—出料口；8—细晶捕集器

这种设备的主要缺点是溶质易沉积在传热表面上，操作较麻烦，因而目前应用不广泛。

二、蒸发结晶器

蒸发结晶设备是采用蒸发溶剂，使浓缩溶液进入过饱和区起晶（自然起晶或晶种起晶），并不断蒸发，以维持溶液在一定的过饱和度进行育晶。结晶过程与蒸发过程同时进行，故一般称为煮晶设备。蒸发结晶器是一类蒸发-结晶装置。为了达到结晶的目的，使用蒸发溶剂的手段产生并严格控制溶液的过饱和度，以保证产品达到一定的粒度标准。实际上，这是一类以结晶为主、蒸发为辅的设备。蒸发结晶器的结构远比一般蒸发器复杂，因此对涉及结晶过程的结晶蒸发器在设计、选用时要与单纯的蒸发器相区别。

1. 真空煮晶锅

对于结晶速度比较快，容易自然起晶，且要求结晶晶体较大的产品，多采用真空煮晶锅。真空煮晶锅如图 6-18 所示，其结构比较简单，是一个带搅拌的夹套加热真空蒸发罐，整个设备可分为加热蒸发室、加热夹套、汽液分离器、搅拌器四部分。

加热蒸发室为一圆筒壳体，封底可根据加工条件和设备尺寸大小做成半球形、碟形或锥形。器身上下圆筒都装有视镜，用以观察溶液的沸腾状况、雾沫夹带的高度、溶液的浓度、溶液中结晶的大小、晶体的分布情况等。锅体还装有人孔，以方便清洗和检修。另外还装有进料的吸料管、晶种吸入管、取样装置、温度计插管、排气管、真空压力表接管等，锅底装有卸料管和流线形卸料阀，下锅部分焊上加热夹套，夹套高度通过计算蒸发所需的传热面积而定，夹套宽度 30～60mm，夹套上装有进蒸汽管，安装于夹套的中上部，使蒸汽分布均匀，进口要加装挡板，防止直冲而损坏内锅，夹套上还装有压力表、不凝气体排除阀和冷凝水排除阀，冷凝水排除阀安装在夹套的最低位置，以防止冷凝水的积聚，降低传热系数。

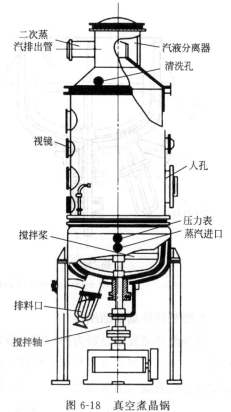

图 6-18　真空煮晶锅

煮晶锅上部顶盖多采用锥形，上接气液分离器，以分离二次蒸汽所带走的雾沫，一般采用锥形除泡帽与惯性分离器结合使用。分离出的雾液由小管回流入锅内，二次蒸汽在升气管中的流速为 8～15m/s。

设计时应注意，煮晶锅应有搅拌装置，其作用是：①使结晶颗粒保持悬浮于溶液中；②同溶液有一个相对运动，以减小晶体外部境界膜的厚度，提高溶质点的扩散速度，以加速晶体长大。搅拌器的形式很多，设计时应根据溶液流动的需要和功率消耗情况来选择。搅拌装置的形式很多，目前多采用锚式搅拌器 [图 6-19(a)]。锚式桨叶与锅底形状相似，一般与锅底的间距为 2～5cm，转速通常是 6～15r/min。搅拌轴的安装目前我国采用下轴安装，下轴安装可以缩短轴的长度，安装维修比较方便。此外，当晶体颗粒比较小，容易沉积时，为了防止堵塞，排料阀要采用流线形直通式 [Y形排料阀图 6-19(b)]，同时加大出口，以减少阻力，必要时安装保温夹层，防止突然冷却而结块。

真空煮晶锅的优点是结构比较简单，蒸发、结晶同时进行；可以控制溶液蒸发速度和进料速度，以维持溶液一定的过饱和度进行育晶；产品形状一致，大小均匀。适用于结晶速度比较快，容易自然起晶，且要求结晶较大的产品。

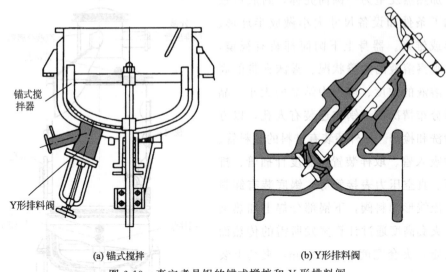

(a) 锚式搅拌   (b) Y形排料阀

图 6-19 真空煮晶锅的锚式搅拌和 Y 形排料阀

2. 强制循环蒸发结晶器

强制循环蒸发结晶器为外加热式蒸发结晶器，其结构如图 6-20 所示。操作时，料液自循环管下部加入，与离开结晶室底部的晶浆混合后，由泵送往加热室。晶浆在加热室内升温（通常为 2~6℃），但不发生蒸发起晶现象。热晶浆进入结晶室后沸腾，使溶液达到过饱和状态，于是部分溶质沉积在悬浮晶粒表面上，使晶体长大。作为产品的晶浆从循环管上部排出。强制循环蒸发结晶器生产能力大，但产品的粒度分布较宽。

3. 奥斯陆蒸发结晶器

奥斯陆蒸发结晶器也是外加热式蒸发结晶器，其结构如图 6-21 所示。

工作时，料液加到循环管中，与管内循环母液混合，由泵送至加热室。加热后的溶液在蒸发室中蒸发并达到过饱和，经中心管进入蒸发室下方的晶体流化床。在晶体流化床内，溶液中过饱和的溶质沉积在悬浮颗粒表面，使晶体长大。晶体流化床对颗粒进行水力分级，大颗粒在下，而小颗粒在上，从流化床底部卸出粒度较为均匀的结晶产品。流化床中的细小颗粒在分离室随母液流入循环管，重新加热时溶去其中的微小晶体。

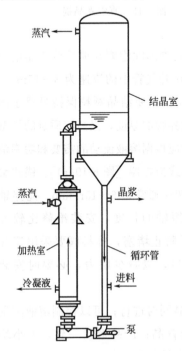

图 6-20 强制循环蒸发结晶器结构

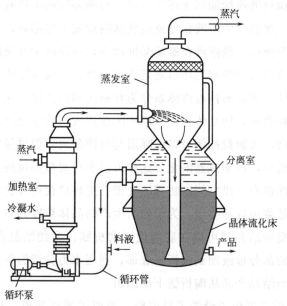

图 6-21 奥斯陆蒸发结晶器结构

4. DTB 型蒸发结晶器

DTB 型蒸发结晶器是一种有导流筒-挡板的晶浆循环式结晶器（图 6-22）。结晶器的中部有一导流筒，在四周有一圆形挡板。在导流筒接近下端处有螺旋桨搅拌器。

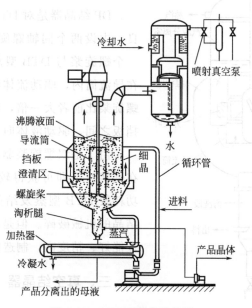

图 6-22 DTB 型蒸发结晶器

　　操作时热饱和料液连续加到循环管下部，与循环管内夹带有小晶体的母液混合后泵送至加热器。加热后的溶液在导流筒底部附近流入结晶器，并由缓慢转动的螺旋桨沿导流筒送至液面。悬浮液在螺旋桨推动下，在筒内上升至液体表层，然后再折向下方，沿导流筒与挡板间的环形通道流至器底，再吸入导流筒，如此循环，形成良好的混合条件。圆筒形挡板将体系分为育晶区和澄清区。在育晶区，部分溶质沉积在悬浮的颗粒表面，使晶体长大。澄清区在挡板与罐壁之间的环隙内，该区中搅拌的影响可忽略，大颗粒晶体可以沉降而与母液分离，但过量的微晶可随母液由澄清区顶部排出罐外，经加热器溶化，这样可以实现对微晶量的控制。

　　结晶器的上部留有一段空间以防雾沫夹带。进料口在循环管上，经加热后进入导筒下方。成品晶浆由底部排出。为了使所生产的晶体粒度分布更窄，即晶粒大小更均匀，这种类型的结晶器可以在底部设置淘析腿。为使结晶产品的粒度尽量均匀，将次降区来的部分母液加到淘析腿底部，利用水力分级的作用，使小颗粒随液流返回结晶器，而结晶产品从淘析腿下部卸出。

　　DTB 型蒸发结晶器由于设置了导流筒，形成了循环通道，只需要很低的压头（1～2kPa）就能实现良好的循环，使罐内各流动截面都可以维持较高的流动速度，并使晶浆密度可以高达 30%～40%（质量分数），能生产出较大的晶粒，生产能力高。由于产生过饱和度最强的区域在沸腾面上，但这种结晶器沸腾液层的过冷温差很小，不会产生过高的过饱和度而形成大量晶核，从而不易在内壁面上产生晶疤。

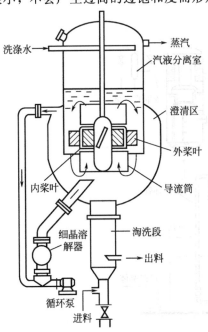

图 6-23　DP 结晶器

5. DP 结晶器

　　DP 结晶器是对 DTB 型蒸发结晶器的改良，内设两个同轴螺旋桨（图 6-23）。其中一个螺旋桨与 DTB 型蒸发结晶器一样，设在导流筒内，驱动流体向上流动；而另一个螺旋桨比前者大一倍，设在导流筒与钟罩形挡板之间，驱动液体向下流动。

　　由于是双螺旋桨驱动流体内循环，所以在低转速下即可获得较好的搅拌循环效果，功耗较 DTB 型蒸发结晶器低，有利于降低结晶的机械破碎。但是，大螺旋桨要求平衡性能好、精度高，制造复杂。

三、真空结晶器

　　真空结晶器与蒸发结晶器的区别是前者

真空度更高。真空结晶器可以分批间歇操作，也可以连续操作。生产出的结晶体通常较小，多在 0.25mm 以下。

1. 间歇式搅拌真空结晶器

间歇式搅拌真空结晶器如图 6-24 所示。这是一个带搅拌的保温容器，容器底部为锥形，顶部的二次蒸汽出口与冷凝器及真空发生装置相连接。如真空度较高，二次蒸汽的温度很低，冷凝器用的冷却水就需要更低的温度，通常达不到这个要求，故先用一台蒸汽喷射泵将二次蒸汽增压后再冷凝。

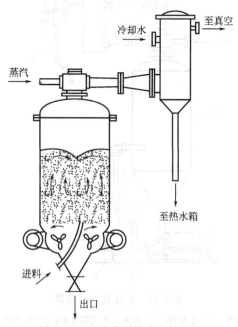

图 6-24　间歇式搅拌真空结晶器

工作时，预热后的浓缩液加至预定液位后即可开动搅拌和真空系统，达到一定真空度后，料液的闪急蒸发造成剧烈的沸腾，使溶剂的蒸气从器顶排出而进入喷射器或其他真空设备中。加强搅拌使溶液温度相当均匀，并使晶粒悬浮起来，直到充分成长后沉入锥底。之后料液温度逐渐下降，达到预定温度结晶过程即结束。每批操作结束后，晶体与母液的混合液经排料阀一次放料至晶浆槽，随后进行过滤或分离机分离，使晶体与母液分开。

此结晶器的主要优点为构造简单，溶液是绝热蒸发冷却，不需传热面，避免了晶体在传热面上的聚结，故造价低而生产能力较大。但是，这种设备生产的晶体尺寸较小（＜0.25mm），这是由于螺旋桨的搅拌程度较激烈，浓缩液一进入容器的液面时，因闪急蒸发而引起局部过饱和变成不稳定溶液而自然产生晶核。

2. 连续真空结晶器

连续真空结晶器如图 6-25 所示。操作时，溶液由进料口连续加入，晶体与一部分母液则用卸料泵从出料口连续排出。循环泵迫使溶液沿循环管进行循环，以促进溶液的均匀混合，维持有利的结晶条件，同时控制晶核的数量和成长速度，以便获得所需尺寸的晶体。

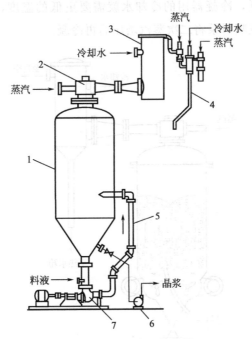

图 6-25　连续真空结晶器

1—结晶室；2—蒸汽喷射泵；3—冷凝器；4—双级式蒸汽喷射泵；5—循环管；6—卸料泵；7—循环泵

3. 奥斯陆真空结晶器

奥斯陆真空结晶器如图 6-26 所示。

工作时，有细微晶粒的料液自结晶室的上部流入循环泵，在其入口处会同新加入的料液一起，泵入具有较高真空度的蒸发室闪蒸。浓缩降温的过饱和溶液经中央的大气腿进入结晶室底部，与流化的晶粒悬浮液接触，在这里消除过饱和度并使晶体生长，液体上部的细晶在分离器中通蒸汽溶解并送回闪蒸。奥斯陆真空结晶器同样要设置大气腿，除了蒸汽室外，其他部分均可在常压下操作。

真空结晶器的优点：①溶剂蒸发所消耗的汽化潜热由溶液降温释放出的显热及溶质的结晶热所平衡，在这类结晶器里，溶液受冷却而无需与冷却面接触，溶液被蒸发而不需设置换热面，避免了器内产生大量晶垢的缺点；②真空结晶器一般没有加热器或者冷却器，避免了在复杂的表面换热器上析出结晶，防止了因结垢降低换

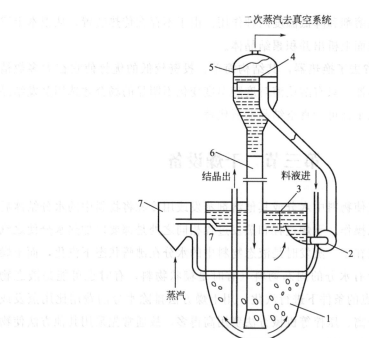

图 6-26 奥斯陆真空结晶器

1—结晶室；2—循环泵；3—挡板；4—溶液均布环；5—蒸发室；6—大气腿；7—结晶分布器

热能力等现象，延长了换热器的使用周期。溶液的蒸发、降温在蒸发室的沸腾液面上进行，这样也就不存在结垢问题。

真空结晶器缺点是在蒸发室闪蒸时，沸腾界面上的雾滴飞溅很严重。这些雾滴黏结在蒸发室器壁上形成晶垢。需要在蒸发室的顶部添加一周向器壁喷洒的特殊洗涤管或洗水溢流环，在生产过程中定期地用清水清洗，以避免蒸发器截面逐渐缩小而带来的生产能力下降，且可以在不中断生产时得到清洗的效果。

四、结晶设备的选用

结晶设备选用时应考虑以下因素。

① 冷却搅拌结晶设备比较简单，对于产量较小、结晶周期较短的，多采用立式结晶箱；对于产量较大，周期比较长的，多采用卧式结晶箱。

② 冷却搅拌结晶设备结构简单，适用范围不宽，产品结晶颗粒较小。连续真空结晶器的适用范围宽，结晶晶粒大，规格一致。

③ 连续结晶过程中，最好采用分级装置。分级时消耗较少的动力。

④ 真空结晶器比蒸发结晶器要求有更高的操作真空度；真空结晶器一般没有加热器或冷却器，料液在结晶器内闪蒸浓缩并同时降低了温度，因此在产生过饱和

度的机制上兼有蒸除溶剂和降低温度两种作用。由于不存在传热装置，从根本上避免了在复杂的传热表面上析出并积累结晶体。

⑤ 真空结晶器省去了换热器，其结构简单、投资较低的优势使它在大多数情况下成为首选的结晶器。只有溶质溶解度随温度变化不明显的场合才选用蒸发结晶器；而冷却结晶器几乎都可为真空结晶器所代替。

第三节　干燥设备

干燥是借助热能使物料中水分或其他溶剂蒸发或用冷冻将物料中的水分结冰后升华而被移除的单元操作。干燥过程和蒸发过程相同之处是都要以加热水分使之汽化为手段，而不同点在于，蒸发时是液态物料中的水分在沸腾状态下汽化，而干燥时被处理的通常是含有水分的固态物料（有时是糊状物料，有时也可能是液态物料），在温度低于沸点的条件下进行汽化。用干燥方法排除水分的费用比用蒸发或沉降、过滤、离心分离、压榨等机械方法费用高得多，故通常先采用其他方法使物料尽量脱去水分再进行干燥。

根据热量传递方式，传统上将各种干燥设备分成对流型、传导型和辐射型三大类，但这种分类是相对的，例如，真空干燥机和冷冻干燥机多采用接触传导方式提供干燥热量，但也可以采用微波方式供热。常见的干燥设备分类见表6-1。

表 6-1　常见的干燥设备分类

热量传递类型	干燥设备形式
对流型	厢式干燥器、洞道式干燥机、流化床干燥机、喷动床干燥机、气流干燥机和喷雾干燥机等
传导型	滚筒干燥器、真空干燥器、冷冻干燥器
辐射型	远红外干燥器、微波干燥器

一、对流型（绝热）干燥设备

在对流型（绝热）干燥设备中，干燥介质为流体（热空气或过热蒸汽等）。干燥介质与物料直接接触使物料升温脱水，并将物料脱除的水分带出干燥室外。干燥介质状态从高温低湿变为低温高湿。物料与热空气的接触面积决定了设备的生产效率。

对流型干燥设备种类最多，对物料状态的适应性也最大。常见的对流型干燥设备有厢式干燥器、洞道式干燥机、气流干燥机、流化床干燥机和喷雾干燥机等。前四种类型的干燥机适用于固体或颗粒状态湿物料的干燥；喷雾干燥机用于液态物料的干燥，得到的成品为粉末。

1. 厢式干燥器

厢式干燥器如图 6-27 所示。为减少热损失，厢式干燥器的四壁用绝热材料构成。厢内有多层框架，物料盘置于其上，也可将物料放在框架小车上推入厢内，故又称为盘架式干燥器。厢式干燥器内设有加热器，有多种形式和布置方式，加热方法可采用蒸汽、煤气或电加热。干燥器内的风机强制引入新鲜空气与器内废气混合，并驱使混合气流循环流过加热器，再流经物料。热风携带热量与烘盘的湿物料交换带走水分。

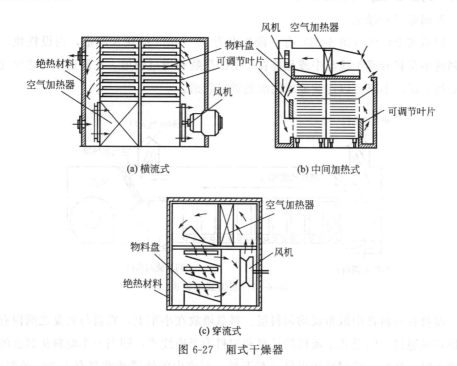

图 6-27 厢式干燥器

空气流过物料的方式有横流、中间加热和穿流三种（图 6-27）。在横流式厢式干燥器中，热空气在物料上方掠过，与物料进行湿交换和热交换 [图 6-27(a)]。若框架层数较多，可分成若干组，空气每流经一组料盘之后，就流过加热器再次提高温度，即为中间加热式干燥器 [图 6-27(b)]。对于粒状、纤维状等物料，可在框架的网板铺设成一薄层，空气以 0.3～1.2m/s 的速度垂直穿流物料层，可获得较大的干燥速率，即为穿流式干燥器 [图 6-27(c)]。

对于不耐高温、易氧化的物料或贵重的生物制品可以选用真空厢式干燥器。干燥时，将料盘放于每层隔板之上。钢制断面为方形的保温外壳，内设多层空心隔板，隔板中通常加热蒸汽或热水。关闭厢门，用真空泵将厢内抽到所需要的真空度后，打开加热装置并维持一定时间。干燥完毕后，一定要先将真空泵与干燥箱连接的真空阀门关闭，然后缓缓放气，去除物料，最后关闭真空泵。如果先关闭真空泵，真空箱内的负压就可能将冷凝器内或真空泵里的液体倒吸回干燥器中，造成产品污染并有可能损坏真空泵。

厢式干燥器的优点是制造和维修方便，使用灵活性大。发酵工业上常用于需长时间干燥的物料、数量不多的物料以及需要特殊干燥条件的物料。其缺点主要是干燥不均匀，不易抑制微生物活动，装卸劳动强度大，热能利用不经济（每汽化 1kg 水分，约需 2.5kg 以上的蒸汽）。

2.洞道式干燥机

洞道式干燥机（图 6-28）有一段长度为 20～40m 的狭长洞道，内设铁轨，一系列的小车载着盛于浅盘中或悬挂在架上的湿物料通过洞道，在洞道中与热空气接触而被干燥。小车可以连续地或间歇地进出洞道。

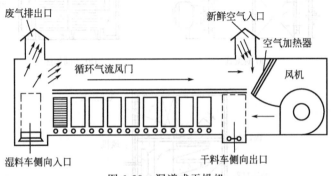

图 6-28　洞道式干燥机

湿物料在料盘中散布成均匀料层。料盘堆放在小车上，料盘与料盘之间留有间隙供热风通过。洞道式干燥机的进料和卸料为半连续式，即当一车湿料从洞道的一端进入时，从另一端同时卸出另一车干料。洞道中的轨道通常带有 1/200 的斜度，可以由人工或绞车等机械装置来操纵小车的移动。洞道的门只有在进、卸料时才开启，其余时间都是密闭的。

空气由风机推动流经预热器，然后依次在各小车的料盘之间掠过。同时伴随轻微的穿流现象。气速一般应大于 2～3m/s。热风流动的方式又分为并流、逆流和混流三种。通常将洞道分成两段，第一段为并流，干燥速率大；第二段为逆流，可满足物料的最终干燥要求。因为第二段的干燥时间较长，一般洞道的第二段也比第一段长。混流综合了并流、逆流的优点，在整个干燥周期的不同阶段可以更灵活地控制干燥条件。

洞道式干燥器的优点有：①具有非常灵活的控制条件，可使物料处于几乎完全满足要求的温度、湿度、速度条件的气流之下，因此特别适用于实验工作；②料车前进一步，气流的方向就转换一次，制品的水分含量更均匀。其缺点是：①结构复杂，密封要求高，需要特殊的装置；②压力损失大，能量消耗多。

3. 网带式干燥机

网带式干燥机由干燥室、输送带、风机、加热器、提升机和卸料机等组成。沿输送网方向，可分成若干相对独立的单元段，每个单元段包括循环风机、加热装置、单独或公用的新鲜空气抽入系统和尾气排出系统。每段内干燥介质的温度、湿度和循环量等操作参数可以独立控制，使物料干燥过程达到最优化。输送带为不锈钢丝网或多孔板不锈钢链带，转速可调。网带式干燥机因结构和干燥流程不同可分成单层、多层和多段等不同的类型。单层网带式干燥机如图 6-29 所示。

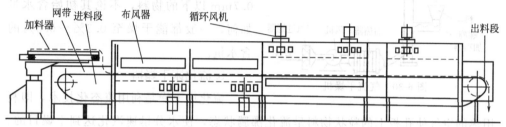

图 6-29　单层网带式干燥机

全机分成两个干燥区和一个冷却区。每个干燥区段由空气加热器、循环风机、热风分布器及隔离板等组成热风循环。第一干燥区的空气自下而上经加热器穿过物料层，第二干燥区的空气自上而下经加热器穿过物料层。最后一个是冷却区，没有空气加热器。物料在干燥器内均匀运动前移的网带上，气流经加热器加热，由循环风机进入热风分配器，成喷射状吹向网带上的物料，与物料接触，进行传热传质。大部分气体可以循环利用，一部分温度低、含湿量较大的气体作为废气由排湿风机排出。

网带式干燥机的优点是网带透气性能好，热空气易与物料接触，停留时间可任意调节。物料无剧烈运动，不易破碎。每个单元可利用循环回路，控制蒸发强度。若采用红外加热，可一起干燥、灭菌，一机多用。其缺点是占地面积大，如果物料干燥的时间较长，则从设备的单位面积生产能力上来看不是特别经济，另外设备的进出料口密封不严，易产生漏气现象，生产能力及热效率较低。

4. 气流干燥机

气流干燥机是利用高速热气流，在输送潮湿粉粒状或块粒状物料的过程中，同时对其进行干燥。气流干燥机有直管式、多级式、脉冲式、套管式、旋风式、环管式等多种形式。直管式气流干燥机应用最普遍，其结构如图 6-30 所示。

工作时，被干燥物料经螺旋加料器送入干燥管的底部，然后被从加热器送来的

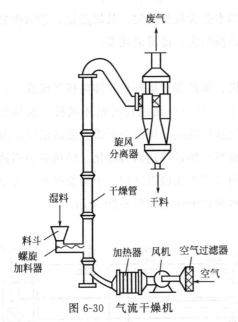

图 6-30　气流干燥机

热空气吹起。气体与固体物料在流动过程中因剧烈的相对运动而充分接触，进行传热和传质，达到干燥的目的。干燥后的产品由干燥机顶部送出，废气由分离器回收夹带的粉末后，经排风机排入大气。

气流干燥机适用于在潮湿状态仍能在气体中自由流动的颗粒物料的干燥，如葡萄糖、味精、柠檬酸及各种粒状物料等均可采用气流干燥法干燥。粒径在 0.5～0.7mm 以下的物料，不论其初始含水量如何，一般都能干燥至 0.3%～0.5% 的含水量。

5. 流化床干燥器

流化床干燥是利用流态化技术，即利用热的空气使孔板上的粒状物料呈流化沸腾状态，使水分迅速汽化达到干燥目的。典型的流化床干燥器系统构成如图 6-31 所示。风机驱使热空气以适当的速度通过床层，与颗粒状的湿物料接触，使物料颗粒保持悬浮状态。热空气既是流化介质，又是干燥介质。被干燥的物料颗粒在热气流中上下翻动，互相混合与碰撞，进行传热和传质，达到干燥的目的。当床层膨胀至一定高度时，因床层空隙率的增大而使气流速度下降，颗粒回落而不致被气流带走。经干燥后的颗粒由床侧面的出料口卸出。废气由顶部排出，并经旋风分离器回收所夹带的粉尘。

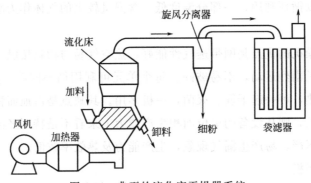

图 6-31　典型的流化床干燥器系统

流化床干燥器有单层和多层两种。单层的沸腾干燥器又分单室、多室和有干燥室及冷却室的二段沸腾干燥，其次还有沸腾造粒干燥等。

单层卧式多室流化床干燥器可以降低压强降，保证产品均匀干燥，降低床层高度，广泛应用于颗粒状物料的干燥，其设备构造如图 6-32 所示，将单层流化床用垂直挡板分隔成多室，并单独设有风门，可根据干燥的要求调节风量，挡板下端与多孔板之间留有间隙，使物料能从一室进入另一室。使物料在干燥器内平均停留时间延长，同时借助物料与分隔挡板的撞击作用，使它获得在垂直方向的运动，从而改善物料与热空气的混合效果。多孔分布板采用金属网板，开孔率一般为 4%～13%。

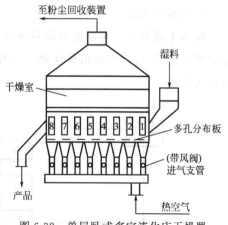

图 6-32 单层卧式多室流化床干燥器

工作时，物料由第一室进入，从最后一室排出，在每一室与热空气接触，气、固两相总体上呈错流流动。不同小室中的热空气流量可以分别控制，其中前段物料湿度大，可以通入较多热空气，而最后一室，必要时可通入冷空气对产品进行冷却。

干燥箱内平放有一块多孔金属网板，开孔率一般为 4%～13%，在板上面的加料口不断加入被干燥的物料，金属网板下方有热空气通道，不断送入热空气，每个通道均有阀门控制。送入的热空气通过网板上的小孔使固体颗粒悬浮起来，并激烈地形成均匀的混合状态，犹如沸腾一样。控制的干燥温度一般比室温高 3～4℃，热空气与固体颗粒均匀地接触，进行传热，使固体颗粒所含的水分得到蒸发，吸湿后的废气从干燥箱上部经旋风分离器排出，废气中所夹带的微小颗粒在旋风分离器底部收集，被干燥的物料在箱内沿水平方向移动。在金属网板上垂直地安装数块分隔板，使干燥箱分为多室，使物料在箱内平均停留时间延长，同时借助物料与分隔板的撞击作用，使它获得在垂直方向的运动，从而改善物料与热空气的混合效果，热空气是通过散热器用蒸汽加热的。

单层卧式多室流化床干燥器的特点是结构简单、制造方便、容易操作、干燥速度快，适用于各种难以干燥的颗粒状、片状和热敏性的生物发酵制品，但热效率较低，对于小批量物料的适应性较差。

流化床干燥器适宜于处理粉状且不易结块的物料，物料粒度通常为 $30\mu m$～6mm。物料颗粒直径小于 $30\mu m$ 时，气流通过多孔分布板后极易产生局部沟流。颗粒直径大于 6mm 时，需要较高的流化速度，动力消耗及物料磨损随之增大。适宜含水范围为 2%～5% 粉状物料和 10%～15% 颗粒物料。气流干燥或喷雾干燥得到物料，若仍含有需要经过较长时间降速干燥方能去除的结合水分，则更适于采用流化床干燥。

6. 喷雾干燥器

喷雾干燥器是一种将液状物料通过雾化方式干燥成粉体的设备系统，其基本构成如图 6-33 所示，主要由雾化器、干燥室、粉尘回收装置、进风机、加热器、排风机等构成。

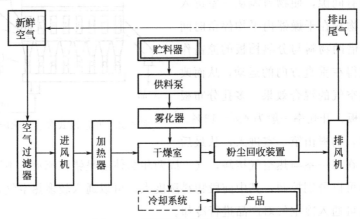

图 6-33　喷雾干燥器设备系统构成

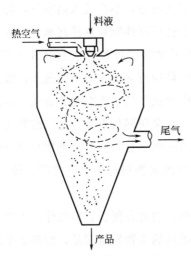

图 6-34　喷雾干燥器工作原理

（1）喷雾干燥器工作原理　喷雾干燥器工作原理如图 6-34 所示。利用不同的喷雾器（机械），将需干燥的物料喷成具有巨大表面积的分散微粒（$10\sim200\mu m$），其蒸发面积非常大（$100\sim600m^2/kg$），这些雾滴与进入干燥室的热空气（约 200℃）接触，在瞬间（$0.01\sim0.04s$）发生强烈的热交换和质交换，使其中绝大部分水分迅速蒸发汽化并被干燥介质带走。干燥过程包括雾滴预热、恒速干燥和降速干燥等三个阶段，只需 $10\sim30s$ 完成。水分蒸发吸收汽化潜热，液滴表面温度一般为空气湿球温度（约 70℃）。干燥后的物料（约 90℃）呈粉末状态，由于重力作用，大部分沉降于干燥器的底部排出，少量微细粉末随尾气进入粉尘回收装置得以回收。干燥器底和分离器分离得到的干燥产品可以直接出料进行包装，也可经过一个粉体冷却器进一步冷却后再出料。

干燥室是喷雾干燥的主体设备，分为厢式和塔式两大类。厢式（又称卧式）干燥室用于水平方向的压力喷雾干燥，新型喷雾干燥设备几乎都用塔式结构（常称为干燥塔）。喷雾干燥要求雾滴的平均直径一般为 $20\sim60\mu m$，因此，将溶液分散成雾滴的雾化器是喷雾干燥器的关键部件。根据雾化器的不同，一般将喷雾干燥器分为气流式、压力式和离心式三种。

（2）雾化器 气流式雾化器有两种形式：一种是外部混合式，即气体与料液在喷嘴外面混合成雾滴（图 6-35）；另一种为内部混合式，即气体与料液在喷嘴内部混合后喷出，喷出雾滴比较均匀（图 6-36）。常用的是内部混合式气流式雾化器，其工作原理是：压缩空气从切线方向进入雾化器外面的套管，由于喷头处有螺旋槽，因此形成高速度旋转的圆锥状空气涡流，并在喷嘴处形成低压区，料液在喷嘴出口处与高速运动（一般为 $200\sim300m/s$）的空气相遇，由于料液速度小，而气流速度大，两者存在

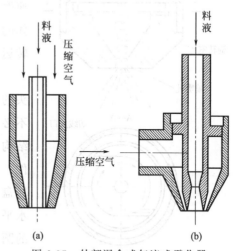

图 6-35 外部混合式气流式雾化器

相当大速度差，从而液膜被拉成丝状，然后分裂成细小的雾滴。雾滴大小取决于两相速度差和料液黏度，相对速度差越大，料液黏度越小，则雾滴越细。料液的分散度取决于气体的喷射速度、料液和气体的物理性质、雾化器的几何尺寸以及气料流量之比。喷嘴孔径一般为 $1\sim4mm$，故能够处理悬浮液和黏性较大的料液。

压力式雾化器实际上是一种喷雾头，装在一段直管上便构成所谓的喷枪。喷雾

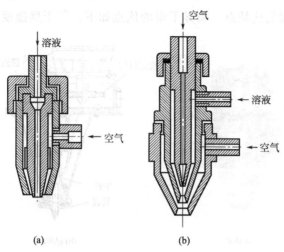

图 6-36 内部混合式气流式雾化器

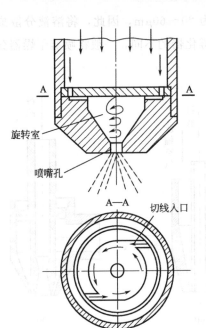

旋转室

喷嘴孔

A—A　切线入口

图 6-37　压力式雾化器

头（喷枪）需要与高压泵配合才能工作。一般使用的高压泵为三柱塞泵。压力式雾化器的雾化机理为：经过高压泵加压后的料液以一定的速度，沿切线方向进入喷嘴的旋转室，这时液体的部分静压能将转化为动能，形成液体的旋转运动（图 6-37）。

离心式雾化器的雾化能量来自于离心喷雾头的离心力，因此，离心喷雾干燥器的供料泵不必是高压泵。图 6-38 所示为离心式雾化器的结构和外形。转盘是离心式雾化器的关键部件，形式有多种，图 6-39 所示为一些离心喷雾转盘的实物。离心式雾化器雾化机理是利用在水平方向做高速旋转（75～150m/s 圆周速度）的圆盘给予料液以离心力，使其以高速由喷雾盘的边缘甩出形成薄膜，同时，受空气的摩擦以及本身表面张力作用而成细丝或液滴。影响

离心喷雾液滴的直径大小的因素有转速、盘径、盘型、进料量、流体密度、黏度和表面张力。工业用离心盘的直径通常为 160～500mm，转速为 3000～20000r/min，相应的圆盘圆周速度为 75～170m/s。为了达到产品均匀、分散以及小喷距等的要求，在设计离心喷雾转盘时，其圆周速度最小不低于 60m/s。实践证明，如果圆周速度小于 60m/s，得到的雾滴不均匀，盘近处液滴细小，远处为粗液滴。

（3）喷雾干燥的优缺点　喷雾干燥的优点如下。①干燥速度快，产品质量好。

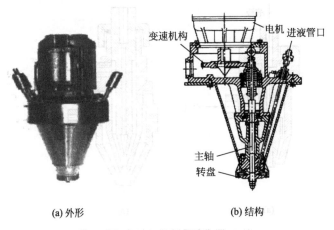

变速机构　电机 进液管口

主轴

转盘

(a) 外形　　　　　　(b) 结构

图 6-38　离心式雾化器

图 6-39　各种形式的离心喷雾转盘

产品具有良好的流动性、分散性和溶解性。快速干燥大大减少了营养物质的损失。干燥是在封闭的干燥室中进行，既保证了卫生条件，又避免了粉尘飞扬，从而提高了产品纯度。②工艺简单，操作控制方便，生产率高。料液经喷雾干燥后，可直接获得粉末状或微细的颗粒状产品，操作人员少，劳动强度低，适于连续化大规模生产，便于实现机械化、自动化生产。

　喷雾干燥的不足之处如下。①投资大。水分蒸发强度仅能达到 2.5～4.0kg/(m³·h)，故设备体积庞大，且雾化器、粉尘回收以及清洗装置等较复杂。②能耗大，热效率不高。一般情况下，热效率为 30%～40%。若要提高热效率，可在不影响产品质量的前提下，尽量提高进风温度以及利用排风的余热来预热进风。另外，因废气中湿含量较高，为降低产品中的水分含量，需耗用较多的空气量，从而增加了鼓风机的电能消耗与粉尘回收装置的负担。

　（4）喷雾干燥器的选用　喷雾干燥适用于不能通过结晶方法得到固体产品的生产，如酵母、核苷酸以及某些抗生素药物的干燥。

　气流式喷雾干燥器的动力消耗最大，每千克料液需 0.4～0.8kg 压缩空气。但其设备结构简单，容易制造，适用于任何黏度或稍有固体的料液。

　压力式喷雾干燥器适用于一般黏度的料液，动力消耗最少，大约每吨溶液所需耗电为 4～10kW·h，设备结构简单，制造成本低，维修更换方便；其缺点是必须要有高压泵，喷嘴小易堵塞、磨损，操作弹性小，调节范围窄。

　离心式喷雾干燥器的动力消耗介于上述两种之间。其优点是液料通道大，不易堵塞；对液料的适应性强，高黏度、高浓度的液料均可；操作弹性大，进液量变化±25%时，对产品质量无大的影响。其缺点是设备结构复杂、造价高；雾滴较粗，喷嘴较大，因此塔的直径也相应比其他喷雾器的塔大得多。

由于气流式喷雾干燥器动力消耗大，适用于做小型设备。大规模生产时一般采用压力式喷雾或离心式喷雾。

7. 沸腾制粒干燥器

沸腾制粒方法是喷雾技术和流化技术综合运用的成果，使传统的混合、制粒、干燥过程在同一密闭容器中一次完成，故又称为"一步制粒器"。沸腾制粒干燥器装置见图 6-40。

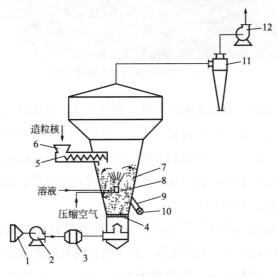

图 6-40　沸腾制粒干燥器

1—空气过滤器；2—离心通风机；3—空气加热器；4—筛板；5—螺旋加料器；6—料斗；7—沸腾床；
8—雾化器；9—卸料管；10—卸料器；11—旋风分离器；12—抽风机

在开始生产时，必须预先在沸腾床层内铺一定量的造粒晶核（称底料）才能喷入糖液，防止喷入的糖液粘壁。空气由系统风机从过滤器、加热器入口吸入，经净化、加热后从沸腾床下部筛网穿过，高速气流维持粉末物料悬浮，形成稳定的流化床。料液在蒸发器内预先浓缩，在进入喷嘴前需先经过加热槽，使料液保持在60℃左右，经输液泵压送到雾化器喷射到沸腾干燥室中，均匀涂布在晶核的表面，然后水分才完全蒸发，在晶核表面形成一层薄膜，从而使颗粒逐渐长大。粒子形成后，按预定周期在沸腾床中干燥，达到一定粒径后从干燥器下部卸料器卸出。热风从干燥器底部的风帽上升，进风温度为80℃，床层温度约50℃。废气从干燥器上部由排风机经旋风分离器脱除粉尘后排入大气。

喷嘴的位置一般多采用侧喷，直径较大的锥形沸腾床可用3～6个喷嘴，同时沿器壁周围喷入，喷嘴结构有二流式和三流式。中心管走压缩空气，内管环隙走糖液，外管走压缩空气，内管与外管间的环隙有螺旋线，即空气导向装置，压缩空气从此处喷出，此种喷嘴雾化较好。

在沸腾床中一边雾化，一边加入造粒晶核，加入晶核的颗粒大小与产品粒度成正比。加入晶核，在操作上称返料。返料比也影响产品的粒度，返料比小时，产品颗粒大。因此可用调节返料比来控制床层的粒度大小。此外进料液的浓度、温度、干燥速率也影响产品的粒度。

沸腾制粒干燥器的优点是：①粉末制粒后，改善了流动性，减少了粉尘的飞扬，同时获得了溶解性良好的产品；②由于混合、制粒、干燥过程一次完成，热效率高，简化了工艺操作，因而缩短了生产周期，节约了劳动力，降低了劳动强度，缩小了占地面积；③产品的粒度能自由调节；④设备无死角，卸料快速、安全，清洗方便。但是，该设备维持连续稳定生产是采用返料的方法解决的，因此要增加生产晶核的辅助设备；还由于返料比太大，设备生产能力较低。

二、传导型（非绝热）干燥设备

传导型干燥器的热能供给主要靠导热，要求被干燥物料与加热面间应有尽可能紧密的接触。故传导型干燥机较适用于溶液、悬浮液和膏糊状固液混合物的干燥。其主要优点在于热能利用的经济性，因这种干燥机不需要加热大量的空气，热能单位耗用量远较热风干燥机少；而且传导干燥可在真空下进行，特别适用于易氧化生物制品的干燥。常见的传导型干燥器有滚筒干燥机和真空干燥机。

1.滚筒干燥机

滚筒干燥机的主体是称为滚筒的中空金属圆筒。滚筒干燥机分为单滚筒式和双滚筒式，两者均有常压和真空式。

常压单滚筒干燥机结构如图6-41(a)所示。圆筒随水平轴转动，其内部可由蒸汽、热水或其他载热体加热，圆筒壁即为传热面。采用浸没式加料方式，滚筒部分

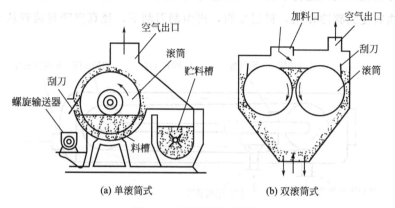

(a) 单滚筒式　　　　　　(b) 双滚筒式

图 6-41　常压滚筒干燥机

浸没在稠厚的悬浮液物料中。因滚筒的缓慢转动使物料成薄膜状附着于滚筒的外表面而进行干燥，当滚筒回转 3/4～7/8 转时，物料已干燥到预期的程度，即被刮刀刮下，由螺旋输送器送走。滚筒的转速因物料性质及转筒的大小而异，一般为 2～8r/min。滚筒上的薄膜厚度为 0.1～1.0mm。干燥产生的水汽被壳内流过滚筒面的空气带走，流动方向与滚筒的旋转方向相反。浸没式加料时，料液可能会因热滚筒长时间浸没而过热，为避免这一缺点，可采用洒溅式。

常压双滚筒干燥机 [图 6-41(b)] 采用的是由上面加入湿物料的方法，干物料层的厚度可用调节两滚筒间隙的方法来控制。

滚筒干燥机的优点是干燥速度快，热能利用效率高。但是这类干燥机仅仅限于液状、胶状或膏糊状物料的干燥，而不适用于含水量低的物料。

2. 带式真空干燥机

箱式真空干燥器的缺点是物料在干燥过程中处于静止状态，无法翻动或移动，因此干燥时间长。带式真空干燥机在这方面进行了改善。带式真空干燥机为连续式真空干燥设备，主要用于液状与浆状物料的干燥。干燥室一般为卧式封闭圆筒，内装钢带式输送机械，带式真空干燥机有单层和多层两种形式。

单层带式连续真空干燥机由不锈钢带、加热滚筒、冷却滚筒、辐射元件、真空系统和加料装置等组成（图 6-42）。在密封的真空干燥室内，由两个滚筒带动不锈钢料带。供料口位于钢带下方，由一供料滚筒不断将浆料涂布在钢带的表面，在滚筒的带动下缓慢推动两个滚筒，一个用来加热，另一个用来冷却。在不锈钢料带上下的红外线辐射元件也可以同时加热。黏稠的湿物料涂加在下方的不锈钢带上，随钢带前移进入干燥器下方的红外线加热区。受热的料层因内部产生的水蒸气而蓬松成多孔状态，与加热滚筒接触前已具有膨松骨架。料层随后经过滚筒加热，再进入干燥上方的红外线区进行干燥。当到达冷却滚筒时，物料干燥完成。在绕过冷却滚筒时，物料受到骤冷作用，料层变脆，再由刮刀刮下，经真空密封装置从干燥器内卸出。

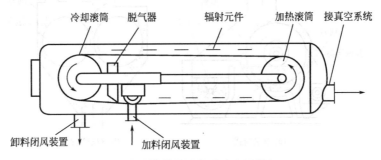

图 6-42　单层带式连续真空干燥机

三、冷冻干燥机

冷冻干燥是湿物料经过冻结在真空条件下完成脱水的操作过程，即先将含水分的物料快速低温冻结，然后在高真空容器中进行物料的升华脱水，最后达到干燥目的成为冻干制品。

冷冻干燥的优点有：①干燥温度低，特别适合高热敏性物料的干燥；②能保持原物料的外观形状；③冻干制品有多孔结构，因而有理想的速溶性和快速复水性；④冷冻干燥脱水彻底，质量轻，产品保存期长。但是，冷冻干燥设备昂贵，干燥周期长，能耗较大，产量小，加工成本高。一般用于抗生素类、生物制品等活性物质的干燥。

1. 冷冻干燥的工作原理

冷冻干燥是在低温下使物料中的冰结晶体直接升华成为水蒸气，因此必须要保证预冻结物料中的水溶液保持在三相点以下。图 6-43 所示为水的三相点图。三相点即固态、液态和气态三相共存或处于平衡点。当压力降低到某一值时，水的沸点与冰点相重合，即达到水的三相平衡点。这时压力称为三相点压力（610.5Pa），相应的温度称为三相点温度（0.0098℃）。在压力 610.5Pa 以下时，物料中的水分就只有固态和气态两相。在这种状态下，如果温度不变压力降低或者压力不变温度上升，物料中的冰结晶就会升华。

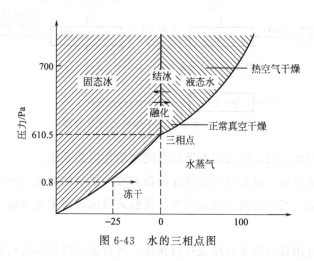

图 6-43　水的三相点图

冷冻干燥过程如图 6-44 所示，需要干燥的物料应先经冻结阶段，使水分结成冰，然后再置于真空干燥箱中升华蒸发。

2. 冷冻干燥设备的系统构成

真空冷冻干燥过程分两个阶段。第一阶段：在低于熔点的温度下，使物料中的

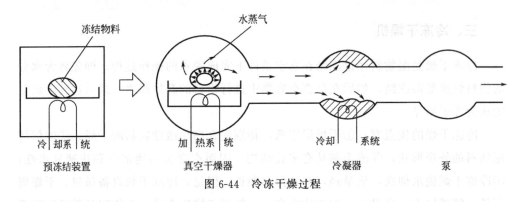

图 6-44　冷冻干燥过程

固态水分直接升华，有 98%～99% 的水分除去。第二阶段：将物料温度逐渐升高至室温，使水分汽化除去，此时水分可减少到 0.5%。

　　真空冷冻干燥机（简称冻干机）系统由预冷冻、加热、蒸汽和不凝气体排除系统及干燥室等部分构成，如图 6-45 所示。这些系统一般以冷冻干燥室为核心联系在一起，有些部分直接装在冷冻干燥室内，如供热的加热板、供冷的制冷板和水汽凝结器等。预冻过程可以独立于冷冻干燥机完成，此时冷冻干燥箱内不设冷冻板。

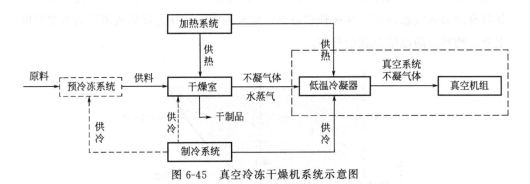

图 6-45　真空冷冻干燥机系统示意图

　　对于医药用冻干机，还需要有液压系统和消毒灭菌系统。

　　(1) 预冷冻系统　最常见的预冷冻设备有鼓风式和接触式。鼓风式冷冻设备一般在主机外完成，可以提高主机的效率。接触式冷冻设备常在冷冻干燥室物料搁板上进行。

　　液态物料可用真空喷雾冻结法进行预冻。该方法是将液体物料从喷嘴中呈雾状喷到冻结室内，当室内为真空时，一部分水的蒸发使得其余部分的物料降温而得到冻结。这种预冻方法可使料液在真空室内连续预冻，因此可以使喷雾预冻室与升华干燥室相连，构成完全连续式的冷冻干燥机。

　　(2) 低温冷凝器（冷阱）　干燥过程中升华的水分必须连续快速地排除。在

13.3Pa 的压力下，1g 冰升华可产生 $100m^3$ 的蒸汽，可以用大容量的真空泵直接将升华后的水汽抽走。但此法很不经济，因为在真空下，水汽的比容很大。若直接采用真空泵抽吸，则需要极大容量的抽气机才能维持所需的真空度。低温冷凝器（冷阱）正是实现在低温条件下，冷凝从被冻干物料中升华出来的大量水蒸气的专用装置，相当于专抽水蒸气的冷凝泵。其作用是减少真空系统的负荷，保护油润滑的机械泵不被污染，提高泵的寿命。低温冷凝器内设有大面积的低温冷凝表面，其温度应该低于升华温度（一般应比升华温度低 20℃），否则水汽不能被冷却，其温度通常在 −80～−30℃ 之间。低温冷凝器本质上属于间壁式热交换器，其形式有列管式、螺旋管式、盘管式和板式等，安装在干燥室与系统的真空泵之间。冷阱温度低于物料的温度，即物料冻结层表面的蒸气压大于冷阱内的蒸气分压，因而从物料中升华出的蒸汽，在通过冷阱时大部分以结霜的方式凝结下来，剩下的一小部分蒸汽和不凝结气体则由真空泵抽走。冷却介质可以是低温的空气或乙醇，最好是用冷冻剂直接膨胀制冷。

（3）制冷系统　真空冷冻干燥中冷冻及水汽的冷凝都离不开冷冻的过程。常用的制冷方式有蒸汽压缩式制冷、蒸汽喷射式制冷及吸收式制冷三种。最常用的是蒸汽压缩式制冷，该流程如图 6-46 所示。整个过程分为压缩、冷凝、膨胀和蒸发四个阶段。液态的冷冻剂经过膨胀阀后，压力急剧下降，因此进入蒸发器后则急剧吸热汽化，使蒸发器周围空间的温度降低，蒸发后的冷冻剂气体被压缩机压缩，使之压力增大，温度升高，被压缩后的冷冻剂气体经过冷凝后又重新变为液态冷冻剂，在此过程中释放的热量由冷凝器中的水或空气带走。这样，冷冻剂便在系统中完成了一个冷冻循环。

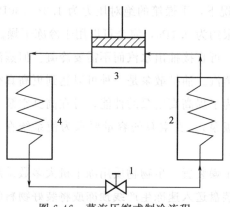

图 6-46　蒸汽压缩式制冷流程

1—膨胀阀；2—蒸发器；3—压缩机；4—冷凝器

（4）干燥室　干燥室一般为箱式，也有钟罩式、隧道式等，箱体用不锈钢制作。干燥室的门及视镜要求十分严密可靠，否则不能达到预期的真空度。对于兼作预冻室的干燥室，夹层搁板中除应有加热循环管路外，还应有制冷循环管路。箱内有感温电阻，顶部有真空管，箱底有真空隔膜阀。为了提高设备的利用率，增加生产能力，出现了多箱间歇式、半连续隧道式及冷冻干燥器。

(5) 加热系统　加热系统提供升华所需的热量。供给升华热时，要保证传热速率既能使冻结层表面达到尽可能高的蒸气压，又不致使冻结层融化，所以应根据传热速率决定热源温度。此外，加热系统还要提供低温凝结器（冷阱）融化积霜所需的熔解热。加热方式分间热式和直热式两种。

间热式需要热溶剂和热交换器，热溶剂多为水、油或水蒸气。将物料放在料盘或输送带上接收传导的热量。

直热式主要是电加热，包括辐射加热和微波加热。利用传送钢带在干燥箱内进行物料输送的冷冻干燥机。一般采用不与输送带接触的辐射加热器，先对钢带进行加热，再通过受热的钢带对物料进行接触传导加热。另外，理论上，只要两物体有温差，就会发生热量从高温物体向低温物体转移的辐射传热。因此，在多层搁架板式冷冻干燥箱内，作用于一层物料盘底的接触加热器，对下层物料而言，实际上就是一个辐射加热器。微波加热属于内部加热，可使任何形状物料的内、外均一地将接受到的微波能转化为热能，从而使里外同时升温。这种加热方式对于不规则物料的冻干有很多好处。但由于微波加热系统的复杂性，到目前为止，尚未出现实用的微波加热方式的工业化冻干设备。

(6) 真空系统　真空系统通常有两大类，一类是低温冷凝器前配置各种机械真空泵，另一类是喷射泵。真空冷冻干燥时干燥箱中的压力应为冻结物料饱和蒸气压的 $1/4 \sim 1/2$。一般情况下，干燥箱的绝对压力为 $1.3 \sim 130 Pa$，质量较好的机械泵可达到的最高真空极限约为 $0.1 Pa$，完全可以用于冷冻干燥。多级蒸汽喷射泵也可以达到较高的真空度，可直接抽出水汽而不需要冷凝。但蒸汽喷射泵不太稳定，且需大量 $1 MPa$ 以上的蒸汽。油扩散泵是一种可以达到更高真空度的设备。

在实际操作中，为了提高真空泵的性能，可在高真空泵（后级泵）排出口再串联一个粗真空泵（前级泵）。真空泵的容量要求为使系统在 $5 \sim 10 min$ 内从一个大气压降至 $130 Pa$ 以下。

(7) 常见的冷冻干燥装置　生物物质用冻干机大多数采用冻干分离型结构，即先将预处理好的物料装盘送入速冻生产线预冻或将装好物料的盘子装上架车送入冷库预冻，预冻好的物料连同料盘或车一起装入冻干器的干燥舱内，抽真空进行升华干燥。为提高升华干燥速率，在适当时机进行加热，直到干燥结束，停止加热及停真空泵和制冷压缩机，向干燥舱内放入干燥空气，打开真空舱门取出物料进行真空包装。

医药用冻干机一般都采用冻干合一型结构，物料放在冻干机内预冻以减少染菌的机会。图 6-47 所示为医药用间歇式冻干机。将准备好的物料放在料盘内，放入冻干箱内的隔板。

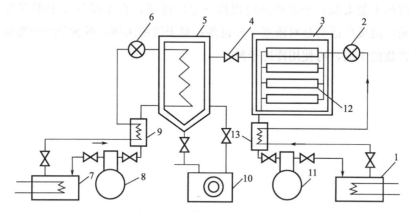

图 6-47　医药用间歇式冻干机

1,7—冷凝器；2,6—膨胀阀；3—干燥箱；4—阀门；5—捕水器；
8,11—制冷机；9,13—热交换器；10—真空泵；12—加热系统

四、干燥设备的选用

干燥器的选用要考虑以下因素。

1. 产品的质量要求

许多生物工业制品都要求保持一定的生物活性，避免高温分解和严重失活。因此，干燥设备的选型首先应满足产品的质量要求。如高活性且价格昂贵的生物制品（例如乙肝疫苗等）则必须选择真空干燥或冷冻干燥设备。

2. 产品的纯度

生物产品大都要求有一定的纯度，且无杂质或杂菌污染，则干燥设备应能在无菌和密闭的条件下操作，要求采用洁净的干热空气作为对流型干燥设备的干燥介质，且应具有灭菌设施，以保证产品的微生物指标和纯度要求。

3. 物料的特性

对于不同的物料特性，如颗粒状、滤饼状、浆状等应选择不同的干燥设备。例如颗粒状物料的干燥可考虑选择沸腾干燥或者气流干燥，结晶状物料则应选择固定床干燥，浆状物料可选择滚筒干燥或喷雾干燥等。

4. 产量及劳动条件

依据产量大小可选择不同的干燥方式和干燥设备如浆状物料的干燥，产量大且

料浆均匀时，可选择喷雾干燥设备，黏稠较难雾化时可采用离心喷雾或气流喷雾干燥设备，产量小时可用滚筒干燥设备。另外，应考虑劳动强度小，连续化、自动化程度高，投资费用小，便于维修、操作等。

　　生物工业产品的干燥要求快速高效，并且加热温度不宜过高；产品与干燥介质的接触时间不能太长；干燥产品应保持一定的纯度，在干燥过程中不得有杂质混入。目前应用最广泛的是对流型干燥设备；对于活的菌体、各种形式的酶和其他热不稳定产物的干燥，可使用冷冻干燥。

第七章

辅助系统设备与清洗设备

绝大多数工业发酵都是利用好氧性微生物进行纯种培养，溶解氧是这些微生物生长和代谢必不可少的条件。氧源通常是空气，但空气中含有各种各样的微生物，它们一旦随空气进入培养液，在适宜的条件下就会迅速大量繁殖，干扰甚至破坏预定发酵的正常进行，造成发酵彻底失败等严重事故。因此，通风发酵需要的空气必须是洁净无菌的空气，并有一定的温度和压力，这就要求对空气进行净化除菌和调节处理。本章将详细讨论合理的除菌和空气调节方法的选择、流程的决定以及满足生产需要的设备的选用和设计。

第一节 空气净化除菌与空气调节设备

一、空气净化除菌

1. 生物工业生产对空气质量的要求

（1）空气中微生物的分布 空气中经常可检测到一些细菌及其芽孢、真菌和病毒等微生物。它们在空气中的含量随环境的不同而有很大的差异。一般北方干燥寒冷的空气中含菌量较少，而南方潮湿温暖的空气中含菌量较多；人口稠密的城市比人口少的农村含菌量多；地平面又比高空的空气含菌量多。虽然各地空气微生物的分布是随机的，但空气中微生物数目的数量级大致是 $10^3 \sim 10^4$ 个/m^2。

因此，通过对空气中微生物分布情况的研究，选择良好的取风位置（如高空取风等）和提高空气除菌系统的除菌效率，是确保发酵工业正常生产的重要条件。

（2）对空气质量的要求　生物工业生产中，由于所用菌种的生产能力强弱、生长速度的快慢、发酵周期的长短、分泌物的性质、培养基的营养成分和 pH 的差异等，对所用的空气质量有不同的要求。其中，空气的无菌程度是一项关键指标。如酵母培养过程，因它的培养基是以糖源为主，能利用无机氮源，有机氮源比较少，适宜的 pH 较低，在这种条件下，一般细菌较难繁殖，同时酵母的繁殖速度较快，在繁殖过程中能抵抗少量的杂菌影响，因而对空气无菌程度的要求不如氨基酸、液体曲、抗生素发酵那么严格。而氨基酸与抗生素发酵因周期长短的不同，对无菌空气的要求也不同。总的来说，影响因素比较复杂，需要根据具体的工艺情况而决定。

生物工业生产中应用的"无菌空气"，是指通过除菌处理使空气中含菌量降低到零或极低，从而使污染的可能性降至极小。一般按染菌概率为 10^{-3} 来计算，即 1000 次发酵周期所用的无菌空气只允许进 1 个杂菌。

对不同的生物发酵生产和同一工厂的不同生产区域（环节），应有不同的空气无菌度的要求。我国参考美国、日本等国的标准提出了空气洁净级别，如表 7-1 所示。

表 7-1　环境空气洁度等级

序号	生产区分类	洁净级别/级①	尘埃		菌落数②/个	工作服
			粒径/mm	粒数/(个/L)		
1	一般生产区	—	—	—	—	无规定
2	控制区	>100000 级 100000 级	≥0.5 ≥0.5	≤35000 ≤3500	暂缺 平均≤10	色泽或式样应有规定 色泽或式样应有规定
3	洁净区	10000 级 局部 100 级	≥0.5 ≥0.5	≤350 ≤3.5	平均≤3 平均≤1	色泽或式样应有规定 色泽或式样应有规定

① 洁净级别以动态测定为据。
② 9cm 培养皿露置 0.5h。

2013 年 1 月 28 日，我国发布了标准 GB 50073—2013《洁净厂房设计规范》。生物工业生产除对空气的无菌程度有要求外，还根据具体情况而对空气的温度、湿度和压力也有一定的要求。

（3）空气含菌量的测定　空气含菌量的测定一般采用培养法或光学法测定其近似值。培养法在微生物学中已有详细介绍，包括平皿落菌法（沉降-平板法）、撞击法（有缝隙采样器、筛板采样器和针孔采样器）和过滤法。在这里仅详细介绍光学法，以此法为基础的仪器有粒子计数器，原理是利用微粒对光线散射作用来测量粒子的大小和含量。测量时使试样空气以一定速度通过检测区，仪器内的聚光透镜将光源来的光线聚成强烈光束射入检测区，在检测区内，空气试样受到光线强烈照射，空气中的微粒把光线散射出去，由聚光透镜将散射光聚集投入光电倍增管，将光转换成电信号。粒子的大小与信号峰值有关,数量与信号脉冲频率有关。信号经自动计数器计算出粒子的大小和数量,显示出读数。当测量微粒浓度太大时,会因粒子重叠而产生误差,这时需要用无菌空气将含菌空气中微生物浓度稀释。

这种仪器可以测量空气中含有直径为 $0.3\sim5\mu m$ 微粒的各种浓度,测量比较准确,但它的粒子数量包含灰尘和细菌等多种微粒,不能测定空气活菌数。

2. 空气净化除菌方法及原理

(1) 空气除菌方法　空气除菌就是除去或杀灭空气中的微生物。常用的除菌方法有介质过滤、辐射、化学药品灭菌、加热、静电吸附等。其中辐射灭菌、化学药品灭菌、干热灭菌等都是将有机体蛋白质变性而破坏其活力,从而杀灭空气中的微生物。而介质过滤和静电吸附方法则是利用分离方法将微生物粒子除去。现对以上方法简述如下。

① 热灭菌　热灭菌是一种有效的、可靠的灭菌办法,例如,细菌孢子虽然耐热能力很强,但悬浮在空气中的细菌孢子在 218℃ 保温 24s 就被杀死。但是如果采用蒸汽或电来加热大量的空气,以达到灭菌目的,则需要消耗大量的能源和增设许多换热设备,这在工业生产上是很不经济的。

利用空气被压缩时所产生的热量进行加热保温灭菌在生产上有重要的意义。它的实用流程如图 7-1 所示。

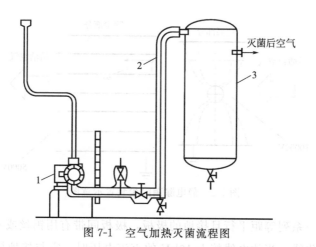

图 7-1　空气加热灭菌流程图

1—空压机;2—保温维持管;3—贮罐

在实际应用时,对空气压缩机与发酵罐的相对位置,连接压缩机与发酵罐的管道的灭菌及管道长度等问题都必须精心考虑。为确保安全,应安装分过滤器将空气进一步过滤,然后再进入发酵罐。

② 辐射灭菌　X 射线、β 射线、紫外线、超声波、γ 射线等从理论上都能破坏

蛋白质而起灭菌作用。但应用较广泛的还是紫外线，它的波长在 254~265nm 时灭菌效力最强，它的灭菌力与紫外线的强度成正比，与距离的平方成反比。紫外线通常于无菌室和医院手术室等空气对流不大的环境下消毒灭菌。但灭菌效率低，灭菌时间长，一般要结合甲醛熏蒸或苯酚喷雾等来保证无菌室的高度无菌。紫外线辐射灭菌用于发酵工业生产尚值得进一步研究。

③ 静电除菌除尘   近年来一些工厂已采用静电除菌除尘法除去空气中的水雾、油雾、尘埃和微生物等。该法在最佳使用条件下对 $1\mu m$ 的微粒去除率高达 99%，消耗能量小，每小时处理 $1000m^3$ 空气只耗电 0.2~0.8kW，空气压力损失小，一般仅为 30~150Pa，设备也不大，但对设备维护和安全技术措施要求较高。常用于洁净工作台、洁净工作室所需无菌空气的预处理，再配合高效过滤器使用。

静电除菌除尘是利用静电引力吸附带电粒子而达到除菌除尘目的。悬浮于空气中的微生物，其菌体大多带有不同的电荷，没有带电荷的微粒在进入高压静电场时都会被电离，从而变成带电微粒，但对于一些直径很小的微粒，它所带的电荷很小，当产生的引力等于或小于气流对微粒的拖带力或微粒布朗扩散运动的动力时，微粒就不能被吸附而沉降，所以静电除菌除尘对很小的微粒去除效率较低。

静电除菌除尘装置按其对菌体微粒的作用可分成电离区和捕集区，其结构如图 7-2 所示。

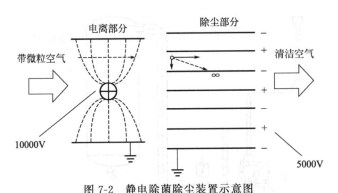

图 7-2   静电除菌除尘装置示意图

电离区是一系列等距平行且接地的极板，极板间带有用钨丝或不锈钢丝构成的放电线，叫离化线。当放电线接上 10kV 的直流电压时，它与接地极板之间形成电位梯度很强的不均匀电场，空气所带的细菌微粒通过电离区后则被电离而带正电荷。

捕集区是由高压电极板与接地电极板组成，它们交替排列，并平行于气流方向，它们的间隔很窄。在高压电极板上加上 5kV 直流电压，极板间形成一均匀电场，当电离后的气流通过时，带正电荷的微粒受静电场库仑力的作用，产生一个向负极板移动的速度，这个速度与气流的拖带速度合成两个倾向负极板的合速度而向负极板移动，最后吸附在极板上。当捕集的微料积聚到一定厚度时，极板间的火花放电加剧，极板电压下降，微粒的吸附力减弱甚至随气流飞散，这时除菌效率迅速下降。要保持高的除菌效率，应定期清除微粒，一般电极板上尘厚 1mm 时就应清洗。

用静电除菌除尘装置进行空气净化，由于极板间距小，电压高，要求极板很平直，安装间距均匀，才能保证电场电势均匀，从而达到好的除菌效果且耗电少。但使用该方法一次性投资费用较大，目前在某些企业实用效果达不到设计要求。国内常见的静电除菌除尘器型式的分类有：按气流方向分为立式和卧式；按沉淀极型式分为板式和管式；按沉淀极板上粉尘的清除方法分为干式和湿式等。

④ 过滤除菌法　过滤除菌是目前生物工业生产中广泛使用的空气除菌方法，它采用定期灭菌的干燥介质来阻截流过的空气中所含的微生物，从而获得无菌空气。常用的过滤介质按孔隙的大小可分成两大类，一类是介质间孔隙大于微生物，故必须有一定厚度的介质滤层才能达到过滤除菌目的，称之为深层介质过滤；而另一类是介质的孔隙小于细菌，含细菌等微生物的空气通过介质，微生物就被截留于介质上而实现过滤除菌，称之为绝对过滤。前者有棉花、活性炭、玻璃纤维、有机合成纤维、烧结材料（烧结金属、烧结陶瓷、烧结塑料）和微孔超滤膜等。绝对过滤在生物工业生产上的应用逐渐增多，它可以除去 $0.2\mu m$ 左右的粒子，故可把细菌等微生物全部过滤除去。现已开发成功可除去直径为 $0.01\mu m$ 微粒的高效绝对过滤器。

由于被过滤的空气中微生物的粒子很小，通常只有 $0.5\sim2\mu m$，而一般过滤介质的材料孔隙直径都比微粒直径大几倍到几十倍，因此过滤除菌机理比较复杂。

（2）介质过滤除菌机理　空气的过滤除菌原理与通常的过滤原理不一样，一方面是由于空气中气体引力较少，且微粒很小，悬浮于空气中的常见微生物粒子大小在 $0.5\sim2\mu m$，而深层过滤常用的过滤介质如棉花的纤维直径一般为 $16\sim20\mu m$，当充填系数为 8% 时，棉花纤维所形成网格的孔隙为 $20\sim50\mu m$。微粒随空气流通过过滤层时，滤层纤维所形成的网格阻碍气流前进，使气流无数次改变运动速度和运动方向而绕过纤维前进，这些改变引起微粒对滤层纤维产生惯性冲击、重力沉降、拦截、布朗扩散和静电吸引等作用而把微粒滞留在纤维表面。

图 7-3 为一带颗粒的气流流过单纤维截面的假想模型。当气流为层流时，气体中的颗粒随气流做平行运动，靠近纤维时气流方向发生改变，而所夹带的微粒的运动轨迹如虚线所示。接近纤维表面的颗粒（处于气流宽度为 b 中的颗粒）被纤维捕获，而位于 b 以外的气流中的颗粒绕过纤维继续前进。因为过滤层是由无数层单纤

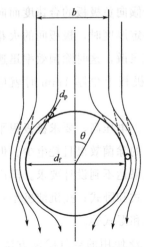

图 7-3　单纤维空气流线图

维组成的，所以大大增加了捕获的机会。下面将分述过滤除菌的几种除菌机理。

① 惯性冲击滞留作用机理　惯性冲击滞留作用是空气过滤器除菌的重要作用。现以图 7-3 的单纤维空气流线图进行分析。图上是直径为 d_f 的纤维的断面，当微粒随气流以一定的速度垂直向纤维方向运动时，空气受阻即改变运动方向，绕过纤维前进。而微粒由于它的运动惯性较大，未能及时改变运动方向，直冲到纤维的表面，由于摩擦黏附，微粒就滞留在纤维表面上，这称为惯性冲击滞留作用。纤维能滞留微粒的宽度区间 b 与纤维直径 d_f 之比，称为单纤维的惯性冲击捕集效率。

$$\eta_1 = b/d_f \tag{7-1}$$

纤维滞留微粒的宽度 b 的大小由微粒的运动惯性所决定。微粒的运动惯性越大，它受气流换向干扰越小，b 值就越大。同时，实践证明，捕集效率是微粒惯性力的无因次准数 φ 的函数：

$$\eta_1 = f(\varphi) \tag{7-2}$$

准数 φ 与纤维的直径、微粒的直径、微粒的运动速度的关系为：

$$\varphi = \frac{c\rho_p d_p^2 v_0}{18\mu d_f} \tag{7-3}$$

式中　c——层流滑动修正系数；

　　　v_0——微粒（即空气）的流速，m/s；

　　　d_f——纤维直径，m；

　　　d_p——微粒直径，m；

　　　ρ_p——微粒密度，kg/m^3；

　　　μ——空气黏度，Pa·s。

从式(7-3) 可知，空气流速 v_0 是影响捕集效率的重要因素。在一定条件下（即微生物微粒直径、纤维直径和空气黏度等保持一定），改变气流的流速就是改变微粒的惯性力，当气流速度下降时，微粒的运动速度就随着下降，微粒的动量减小，惯性力减弱，微粒脱离主导气流的可能性也减小，相应纤维滞留微粒的宽度 b 减小，即捕集效率下降。气流速度下降到微粒的惯性力不足以使微粒脱离主导气流而与纤维产生碰撞，此时在气流的任一处，微粒也随气流改变运动方向绕过纤维前进，即 $b=0$，惯性力的无因次准数 $\varphi=1/16$，纤维的碰撞滞留效率等于零。这时的气流速度称为惯性碰撞的临界速度。临界速度随纤维直径和微粒直径而变化。

② 拦截滞留作用机理　当气流速度下降到临界速度以下时，微粒就不能因惯性碰撞而滞留于纤维上，捕集效率显著下降。但实践证明，随着气流速度的继续下降，纤维对微粒的捕集效率不再下降，反而有所回升，说明有另一种机理在起作用，这就是拦截滞留作用机理。

当微生物等微粒随低速气流慢慢靠近纤维时，微粒所在的主导气流流线受纤维所阻而改变流动方向，绕过纤维前进，并在纤维的周边形成一层边界滞流区。滞留区的气流速度更慢，进到滞留区的微粒慢慢靠近和接触纤维而被黏附滞留，称为拦截滞留作用。拦截滞留作用对微粒的捕集效率与气流的雷诺准数以及微粒和纤维直径比的关系，可由下面的经验公式表示：

$$\eta_2 = \frac{1}{2(2.0 - \ln Re)} \left[2(1+R)\ln(1+R) - (1+R) + \frac{1}{1+R} \right] \tag{7-4}$$

式中　R——微粒和纤维的直径比，$R = \dfrac{d_p}{d_f}$；

　　　d_p——微粒直径，m；

　　　d_f——纤维直径，m；

　　　Re——气流雷诺准数，无因次。

这个公式虽然未能完全反映各参数变化过程纤维截留微粒的规律，但对气流速度等于或小于物界速度时计算得的单纤维截留效率是比较接近实际的。从式(7-4)可以看出，截留作用的捕集效率决定于微粒直径和纤维直径之比，又与空气流速成反比，当气流速度低时截留才起作用。

③ 布朗扩散作用机理　直径很小的微粒在流速很小的气流中能产生一种不规则的直线运动，称为布朗扩散。布朗扩散的运动距离很短。布朗扩散除菌作用在较大的气速或较大的纤维间隙中是不起作用的，但在很小的气流速度和较小的纤维间隙中，布朗扩散作用大大增加了微粒与纤维的接触滞留机会。

布朗扩散作用与微粒和纤维直径有关，并与流速成反比，在气流速度小时，它是介质过滤除菌的重要作用之一。

④ 重力沉降作用机理　微粒虽小，但仍具有质量。重力沉降是一个稳定的分离作用，当微粒所受的重力大于气流对它的拖带力时，微粒就沉降。就单一的重力沉降作用而言，大颗粒比小颗粒作用显著，对于小颗粒只有在气流速度很低时才起作用。重力沉降作用一般与拦截作用配合，在纤维的边界滞留区内，微粒的沉降作用可提高拦截的捕集效率。

⑤ 静电吸附作用机理　静电吸附的原因之一是微生物微粒带有与介质表面相反的电荷，或是由于感应而得到相反的电荷而被吸附；另一原因是空气流过介质

时，介质表面就感应出很强的静电荷面使微生物微粒被吸附，特别是用树脂处理过的纤维表面，这种作用特别明显。悬浮在空气中的微生物微粒大多带有不同的电荷，如枯草杆菌孢子 20％以上带正电荷，15％以上带负电荷，其余为电中性。这些带电的微粒会受带异性电荷物体所吸引而沉降。

当空气流过介质时，上述五种截留除菌机理——惯性冲击、截留、布朗扩散、重力沉降和静电吸附同时起作用，不过气流速度不同，起主要作用的机理也就不同。当气流速度较大时，除菌效率随空气流速的增加而增加，此时，惯性冲击起主要作用；当气流速度较小时，除菌效率随气流速度的增加而降低，此时，扩散起主要作用；当气流速度中等时，可能是截留起主要作用。如果空气流速过大，除菌效率又下降，则是由于已被捕集的部分微粒又被湍动的气流夹带返回到空气中。图 7-4 表示了气流速度与过滤除菌效率的关系。其中虚线段表示空气流速过高时，会引起除菌效率的急速下降。

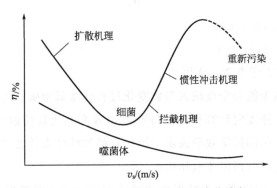

图 7-4　气流速度（v_s）的关系与过滤除菌效率（η）

二、空气介质过滤除菌设备

1. 空气除菌流程的要求

空气除菌流程是按发酵生产对无菌空气的要求，如无菌程度、空气压力、温度和湿度等，并结合采气环境的空气条件和所用除菌设备的特性，根据空气的性质而综合制订的。

要把空气过滤除菌，并输送到需要的地方，首先要提高空气的能量即增加空气的压力，这就需要使用空气压缩机或鼓风机。而空气经压缩后，温度会升高，经冷却会释出水分，空气在压缩过程中又有可能夹带机器润滑油雾，这就使无菌空气的制备流程复杂化。

对于风压要求低、输送距离短、无菌程度要求也不很高的场合（如洁净工作室、洁净工作台等）和具有自吸作用的发酵系统自吸发酵罐，只需要数十帕到数百帕的空气压力就可以满足需要。在这种情况下可以采用普通的离心式鼓风机增压，将具有一定压力的空气通过一个过滤面积大的过滤器，以很低的流速进行过滤除菌，这样气流的阻力损失就很小。由于空气的压缩比很小，空气温度升高不大，相对湿度变化也不大，空气过滤效率比较高，经一、二级过滤后就能符合所需无菌空气的要求。这样的除菌流程很简单，关键在于离心式鼓风机的增压与空气过滤的阻力损失要配合好，以保证空气过滤后还有足够的压强推动空气在管道和无菌空间中流动。

要制备无菌程度较高且具有较高压强的无菌空气，就要采用较高压力的空气压缩机来增压。由于空气压缩比大，空气的参数变化也大，就需要增加一系列附属设备。这种流程的制订应根据生物工厂所在地的地理、气候环境和设备条件而考虑。如在环境污染比较严重的地方，要考虑改变吸风的条件，以降低过滤器的负荷，提高空气的无菌程度；在温暖潮湿的地方，要加强除水设施，以确保过滤器的最大除菌效率和使用寿命；在压缩机耗油严重的流程中要加强消除油雾的污染等。另外，空气被压缩后温度升高，需将其迅速冷却，以减小压缩机的负荷，保证机器的正常运转。空气冷却将析出大量的冷凝水形成水雾，必须将其除去，否则带入过滤器将会严重影响过滤效果。冷却与除水除油的措施，可根据各地环境、气候条件而改变，通常要求压缩空气的相对湿度 $\varphi = 50\% \sim 60\%$ 时通过过滤器为好。

总之，生物工业生产中所使用的空气除菌流程要根据生产的具体要求和各地的气候条件而制订，要保持过滤器有比较高的过滤效率，应维持一定的气流速度和不受油、水的干扰，满足工业生产的需要。

2. 空气除菌流程

（1）空气压缩冷却过滤流程　空气压缩冷却过滤流程是一个设备较简单的空气除菌流程，它由压缩机、贮罐、空气冷却器和过滤器组成。它只能适用于那些气候寒冷、相对湿度很低的地区。由于空气的温度低，经压缩后它的温度也不会升高很多，特别是空气的相对湿度低，空气中的水分含量很小，虽然空气经压缩并冷却到发酵要求的温度，但最后空气的相对湿度还能保持在 60% 以下，能保证过滤设备的过滤除菌效率，满足微生物培养对无菌空气要求。但是室外温度低到什么程度和空气的相对湿度低到多少才能采用这个流程，需通过空气中相对湿度的计算来确定。

这种流程在使用涡轮式空气压缩机或无油润滑空压机的情况下效果很好，但采用普通空气压缩机时，可能会引起油雾污染过滤器，这时应加装丝网分离器先将油雾除去。

（2）两级冷却、分离、加热空气除菌流程　图 7-5 是一个比较完善的两级冷却、分离、加热空气除菌流程。它可以适应各种气候条件，充分分离空气中含有的水分，使空气在低的相对湿度下进入过滤器，提高过滤除菌效率。

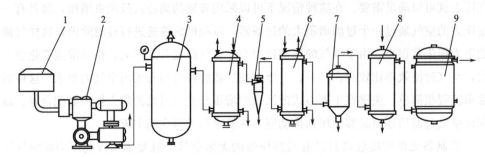

图 7-5　两级冷却、分离、加热除菌流程

1—粗过滤器；2—空压机；3—贮罐；4,6—冷却器；

5—旋风分离器；7—丝网分离器；8—加热器；9—过滤器

这种流程的特点是：二次冷却、二次分离、适当加热。二次冷却、二次分离油水的主要优点是可节约冷却用水，油和水雾分离除去比较完全，保证干过滤。经第一级冷却后，大部分的水、油都已结成较大的雾粒，且雾粒浓度比较大，故适宜用旋风分离器分离。第二级冷却器使空气进一步冷却后析出较小的雾粒，宜采用丝网分离器分离，这类分离器可分离较小直径雾粒且分离效果好。经二次分离后，空气带的雾沫就很小，两级冷却可以减少油膜污染对传热的影响。

（3）前置高效过滤空气除菌流程

前置高效过滤空气除菌流程如图 7-6 所示。它的特点是无菌程度高。

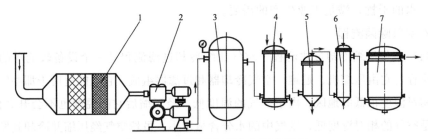

图 7-6　前置高效过滤空气除菌流程

1—高效过滤器；2—空压机；3—贮罐；4—冷却器；5—丝网分离器；6—加热器；7—过滤器

该流程使空气先经中效、高效过滤后，进入空气压缩机。经前置高效过滤器后，空气的无菌程度已达 99.99%；再经冷却、分离和主过滤器过滤后，空气的无菌程度就更高。高效前置过滤器采用泡沫塑料（静电除菌）和超细纤维纸串联组合作过滤介质。

以上讨论的几个除菌流程都是根据目前使用的过滤介质的过滤性能，结合环境条件，从提高过滤效率和使用寿命来设计的。目前味精厂等发酵工厂常用的空气过滤除菌流程如图 7-7 所示。

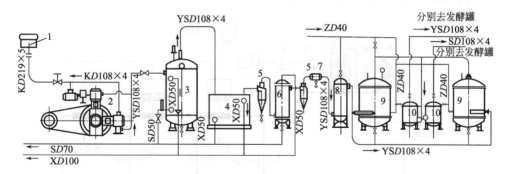

图 7-7 空气过滤除菌流程

1—粗滤器；2—空压机；3—空气贮罐；4—沉浸式空气冷却器；5—油水分离器；6—二级空气冷却管；

7—除雾器；8—空气加热器；9—空气过滤器；10—金属微孔管过滤器（或纤维纸过滤器）；

K—空气进气管；YS—压缩空气管；Z—蒸汽管；S—上水管；X—排水管；D—管径

三、生物工业生产的空气调节

1. 生物工业生产对空气调节的要求

生物工业生产均涉及纯培养，无论是用微生物、动植物细胞或酶等作生物催化剂，还是生产食品原料或药物原料，均需要洁净的环境、适宜的空气温度和空气压强。例如，发酵车间不仅对空气的洁净程度有一定的要求，而且发酵罐壁和电机会向环境散发热量，故需强化通风；包装车间需要更洁净的空气（100 级），温度 25℃左右，且相对湿度低（40%~60%），以防产品吸潮。若使用基因工程菌株发酵生产，其发酵车间和产物分离提取车间均需要密闭且呈负压，以确保重组菌株不会泄漏到大气环境中。

根据美国国立卫生研究院（NIH）的建议，有关室内洁净度及其换气次数、通气流速等的参考值如表 7-2 所示。这里要说明的是，所谓洁净度的级数，是 1 平方英尺（1 平方米=10.76 平方英尺）空气中含有 $0.5\mu m$ 或更大的微粒的个数（上限）。此外，换气次数也需根据室内人员密度及操作条件等而有相应变化。

表 7-2 空气洁净度分级及换气次数等指标参考值

空气级数	微粒(直径 $d_f \leqslant 0.5\mu m$) 最大数量/(个/m³)	换气次数 /(次/h)	通气速度 /[m³/(m² · h)]	气流方向
100	3500	600	1646	单向换气
1000	35000	175	480	大多用单向
10000	350000	50	137	无规定
100000	3500000	20	55	无规定

典型的空气调节流程如图 7-8 所示。

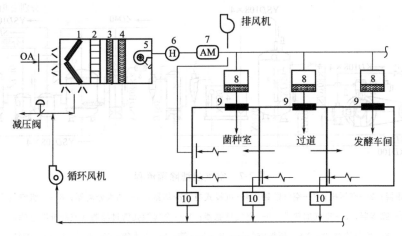

图 7-8　恒容再热空气调节流程图

1—粗过滤器；2—精过滤器；3—加热器；4—冷却器；5—送风机；

6—调湿器；7—气流调节器；8,10—定容箱；9—终端过滤器

关于通入空气的状态调节，前面已对其加热升温和冷却以及空气的净化处理做了阐述，下面着重介绍空气的增湿和减湿方法及原理。

2.空气的增湿和减湿方法及原理

（1）湿空气的性质

① 湿度 x　湿空气中所含的水蒸气质量与所含的绝干空气质量之比，称为空气的湿度，或称湿含量，以 x 表示，单位是 kg/kg。

$$x=\frac{m_W}{m_g}=\frac{M_W}{M_g}\times\frac{P_W}{P_t-P_W}=0.622\frac{P_W}{P_t-P_W} \tag{7-5}$$

式中　m_W——水蒸气的质量，kg；

M_W——水蒸气的分子量；

m_g——干空气的质量，kg；

M_g——空气的平均分子量；

P_W——水蒸气的分压强，Pa；

P_t——湿空气的总压强，Pa。

若湿空气中水蒸气的分压强 P_W 等于该空气温度下水的饱和蒸气压 P_s，空气就被水蒸气所饱和，空气的饱和湿度 x_s 可由下式决定：

$$x_s=0.622\frac{P_s}{P_t-P_s} \tag{7-6}$$

水的饱和蒸气压 P_s 只与温度有关，故空气的饱和湿度 x_s 决定于它的温度与总压。

② 相对湿度 φ　相对湿度是表示湿空气饱和程度的一个量，它是湿空气里水蒸气分压与同温度下水的饱和蒸气压之比（通常以百分数表示）：

$$\varphi = \frac{P_W}{P_s} \times 100\%$$

把此关系代入式(7-5)：

$$x = 0.622 \frac{\varphi P_s}{P_t - \varphi P_s} \tag{7-7}$$

③ 热含量 h　湿空气的热含量（或简称焓）就是其中绝干空气的热含量与水蒸气热含量之和。为了计算上的便利，以 1kg 绝干空气为基准。又由于热含量是一个相对值，计算它的数值时必须有一个计算的起点，一般以 0℃ 为起点，称为基温。取 0℃ 时空气的热含量和液体水的热含量都为零，所以空气的热含量只计算其显热部分，而水蒸气的热含量则包括水在 0℃ 时的汽化潜热和水蒸气在 0℃ 以上的显热。

根据上述原则，湿空气的热焓可表示如下：

$$h = c_g t + x h_i \qquad [\text{kJ/kg(以绝干空气计)}] \tag{7-8}$$

式中　c_g——绝干空气的比热容，取 1.01kJ/(kg·℃)；

　　　t——湿空气的温度，℃；

　　　h_i——在温度 t℃下水蒸气的热焓，kJ/kg。

水在 0℃ 时的汽化潜热 r_0 为 2500kJ/kg，其比热 c_W 为 1.88kJ/(kg·℃)，故水蒸气在 t℃ 时的热焓为：

$$h_i = r_0 + c_W t = 2500 + 1.88t$$

代入式(7-8) 得：

$$h = (1.01 + 1.88x)t + 2500x \tag{7-9}$$

上式中的第一项为湿空气的显热，第二项为其中水蒸气的汽化潜热，这两项都是以 1kg 绝干空气为基准的。

(2) 空气的增湿、减湿原理　空气的增湿或减湿过程是空气与水两相间传热与传质同时进行的过程。本节提到的增湿，是指增加空气的湿含量；减湿则是减少空气的湿含量。

当空气与大量水接触时，其状态变化的路线与终点将依水的初温而改变。设空气的湿含量为 x，焓值为 h，经调节后的湿含量变化值和焓变化值分别为 Δx 和 Δh，比值 $\dfrac{\Delta h}{\Delta x} = \dfrac{h_2 - h_1}{x_2 - x_1}$ 表示单位湿含量的变化所引起的热含量改变。

　　每一空气状态的变化过程，由于在 h-x 图上变化方向不尽相同，其相应的 $\dfrac{\Delta h}{\Delta x}$ 值也将不同。如图 7-9 所示，在 h-x 图上，可绘出代表不同状态改变的多条直线，它们各有不同的斜率 $\Delta h/\Delta x$。

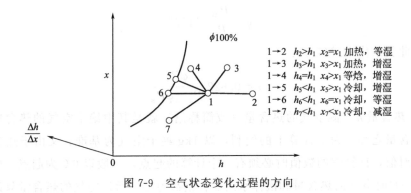

图 7-9　空气状态变化过程的方向

　　大麦发芽过程空气调节的目的是获得相对湿度接近 100% 并适应发芽温度的湿空气。但在不同地区、不同季节，空气初态有很大差别。所以应在 h-x 图所示多种变化方向的空气调节过程中，选取相应的路线及设备。由图 7-9 不难看出，过程 $1\to4$，$1\to5$，$1\to6$ 和 $1\to7$ 都可延伸到与饱和湿度线相交，因此都有可能根据空气初态和发芽对空气的要求，从中选取适宜的过程。

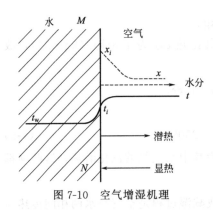

图 7-10　空气增湿机理

　　在研究如何确定空调方法和选取设备前，首先要明了增（减）湿机理。如图 7-10 所示，MN 是水与空气的两相界面，在界面上空气的湿含量为 x_i，空气主体湿含量为 x，湿球温度为 t_i，所以 x_i 就是 t_i 下饱和空气的湿含量。x_i 大于 x，故在湿含量差 $\Delta x = x_i - x$ 的作用下，空气不断增湿，也就是说，在推动力 Δx 的作用下，水分不断从两相界面传递到空气中去。与此同时也进行着传热过程。由于空气温度高于水温，借助对流给热，热量从空气传递到水，放出显热而空气自身的温度降低，水吸收了显热而升温。但此时，由于水分汽化后把潜热带到空气中，这部分热量的传递方向刚好与上述显热的传递方向相反。空气在这类增湿过程中可近似看作等焓过程。

　　减湿过程与增湿相反，如图 7-11 所示。空气的湿含量 x 超过了界面处的空气湿含量 x_i，所以水分扩散的方向正好与增湿相反，空气的湿含量不断减少。空气中水

分冷凝放出的潜热和空气降温的显热，通过对
流给热传给水，变为水的显热，水的温度升高。

（3）空气的增湿和减湿方法

① 空气的增湿方法　空气的增湿可使用
下列几种方法。

a.往空气中直接通入蒸汽　当空气初温较
低时，可按计算把蒸汽直接喷到空气中混合而
实现增湿目的。其结果是空气的湿含量 x 提高
了，温度也随之升高。

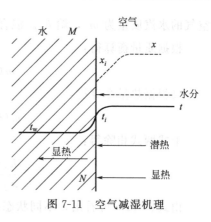

图 7-11　空气减湿机理

在大麦发芽箱的空调中，通常要求进入喷
淋室前的空气控制在 20℃ 左右。因此当大气温度太低时，可以采用此法，以达到
既增湿又升温的目的。实践表明，1kg 水蒸气足以使 100m³ 空气提高 10℃。

但采用直接蒸汽增湿的方法，既难于使湿空气达到饱和，又不能使空气降温，
故通常不能在空调中单独使用。

b.喷水　使水以雾状喷入不饱和的空气中，使其增湿。喷水增湿的方法又有
两大类，其一是使喷洒的水量全部汽化后即能使空气达到要求的湿度。该法在生产
操作中难于准确控制，因而不便应用。另一种方法是使大量的水喷洒于不饱和空气
中，结果使部分喷水汽化后进入空气中，得到近乎饱和的湿空气，并使空气降温。
这是应用最普遍的增湿方法。

以上介绍的喷水或通入直接蒸汽的方法的增湿过程，可以用 h-x 图来说明和计
算，如图 7-12 所示。

设需进行调节处理的空气含绝干空气 m（kg），湿含量为 x_1，熵为 h_1，进入

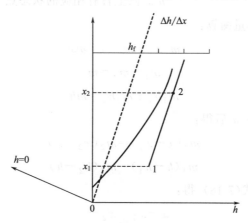

图 7-12　空气喷水（或水蒸气）增湿原理

空气的水汽质量为 m_f，焓 h_f。混合后所得湿空气的湿含量和焓分别为 x_2 和 h_2。

根据质量衡算得：

$$m(x_2-x_1)=m_f \tag{7-10}$$

又根据热量衡算得：

$$m(h_2-h_1)=m_f h_f \tag{7-11}$$

上式两式相除得：

$$\frac{h_2-h_1}{x_2-x_1}=\frac{\Delta h}{\Delta x}=h_f \tag{7-12}$$

由式(7-12)可看出，不同状态的水或蒸汽，具有不同的焓值 h，所以当空气状态变化时，不同的比值 $\Delta h/\Delta x$ 表明具有不同的状态变化方向。如图 7-12 中，若状态为 1 点的湿空气，同热焓为 h 的水（或蒸汽）进行完全混合增湿时，则湿空气状态变化的方向，就是通过点 1 且其斜率为 y_b 的直线 1-2 所指的方向。点 2 的坐标则由下式确定：

$$x_2-x_1=m_f/m_1 \tag{7-13}$$

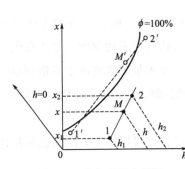

图 7-13　空气的混合增湿

c.空气混合增湿　使待增湿的空气和高湿含量的空气混合而增湿。这种把两种不同状态的空气混合的方法，可以得到未饱和的空气、饱和空气或过饱和空气。这种混合过程在 h-x 图上的变化如图 7-13 所示。

设待处理的空气状态参数分别为 x_1 和 h_1，质量 m_1；高湿空气的状态参数为 x_2、h_2，质量为 m_2；混合气体的参数为 x、h、m。它们在 h-x 图上各有相应的状态点。

据质量衡算和热量衡算：

$$m_1 x_1+m_2 x_2=mx \tag{7-14}$$

$$m_1+m_2=m \tag{7-15}$$

$$m_1 h_1+m_2 h_2=mh \tag{7-16}$$

由上述三式消去 m 后得：

$$m_1(x-x_1)=m_2(x_2-x) \tag{7-17}$$

$$m_1(h-h_1)=m_2(h_2-h) \tag{7-18}$$

式(7-17)除以式(7-18)得：

$$\frac{x-x_1}{h-h_1}=\frac{x_2-x}{h_2-h} \tag{7-19}$$

由式(7-19) 可知，代表混合空气状态的点 M，必定在点 1 和点 2 的连线上，M 点的位置由空气的质量比求算，即：

$$\frac{x_2-x}{x-x_1}=\frac{m_1}{m_2} \tag{7-20}$$

由此可以看出，即使混合前空气的状态未达到饱和状态，即如图 7-13 所示的点 $1'$ 和点 $2'$，但它们的混合物，都可达到过饱和状态，如 M' 点所示。

这种利用两种不同状态的空气进行混合的过程，在通风式发芽的空气调节中获得广泛应用。从表层中出来的空气，湿含量高。把其中一部分循环，与补充的新鲜空气混合，再送入空调室重新循环使用，循环的空气量可高达 80%～90%。采用循环通气法，既可降低空调的运转费用，又便于调节通气中的二氧化碳含量。

② 空气的减湿方法　在讨论减湿方法之前，先回顾前述的图 7-10 和图 7-11 所示的增湿和减湿机理。就传热而论，空气与水之间存在两种传热方式，一是对流传热，以显热方式传递；二是伴随水汽扩散的潜热传递。在不同条件下，这两种热流方向有时相同、有时相反，从而导致空气和水温度的升降变化。

空气与界面间的显热传递为：

$$\frac{dq_1}{dA}=\alpha(T-T_i) \tag{7-21}$$

空气与界面间潜热传递：

$$\frac{dq_2}{dA}=rK(x_i-x) \tag{7-22}$$

空气与界面间的热交换净值：

$$dq=dq_1-dq_2 \tag{7-23}$$

式中　q_1、q_2——空气与界面间的显热和潜热交换量，kJ/h；

　　　　A——空气与水的界面面积，m^2；

　　　　α——传热系数，kJ/($m^2 \cdot K \cdot$℃)；

　　　　K——传质系数，kg/($m^2 \cdot h$)；

　　　　r——汽化热（潜热），kJ/kg；

　　　T、T_i——空气主流和界面的温度，℃；

　　　x、x_i——空气主流和界面的湿含量，kg/kg，以干空气计。

由式(7-21) 可知，当 $T>T_i$ 时，$dq_1>0$，热量由空气传递到气-水界面，因而空气温度下降；当 $T<T_i$，则热流方向是由界面到空气主流，结果是气温上升，水温降低。由式(7-22) 可知，当 $x_i>x$ 时，$dq_2>0$，热量将由界面传至空气，此时水汽化而使空气增湿；反之，当 $x_i<x$ 时，$dq_2<0$，热量由空气向界面传递，

即空气中水分凝缩而引起减湿。水汽冷凝会放出热量，故必须额外增加喷淋水量，才能使空气冷却操作持续进行。

因此，空气在喷淋室与大量的水接触时，究竟增湿还是减湿，将取决于过程中显热与潜热的净值，即决定于空气的原始状态、喷淋水的初温、喷淋水量以及喷淋室的其他设计和操作条件。

在高温季节，对发芽箱的通风须采取冷却减湿操作，以获得低温饱和空气。此时尽管绝对湿含量有所减少，但相对湿度仍可达 100％，以满足发芽箱的空气要求。

空气的减湿，可采用下列方法。

a.喷淋低于该空气露点温度的冷水。欲达到空气的冷却与减湿的调节目的，须向空气中喷洒温度比空气的露点还低的大量冷水，可使空气中水分冷凝析出，使空气减湿降温。减湿过程的潜热和显热的流向都是从空气到水中，所以需要增加水量，以强化传热和传质作用。因而减湿设备往往需装设较多的喷嘴。

b.使用热交换器以把空气冷却至其露点以下。这样，原空气中的部分水汽可析出排掉，以达到空气减湿目的。

c.空气经压缩后冷却至初温，使其中水分部分凝集析出，使空气减湿。

d.用吸收或吸附方法除掉水汽，使空气减湿。

e.通入干燥空气，所得的混合空气的湿含量比原空气的低。

第二节　清洗设备

一、设备的清洗

清洗设备传统的方法是将设备拆卸下来用人工或半机械法清洗，有许多缺点：

①劳动强度大；②费工耗时，效率低下；③操作人员的安全性不易保证；④清洗与拆装辅助设备的时间长，且对产品的质量也容易造成影响。

大规模的生产已普遍采用 CIP 清洗系统，即在位清洗。这是在不拆卸、不挪动设备的情况下，用机械使高浓度清洗剂在封闭的清洗管线中循环，使整个清洗过程实现半自动化或自动化，但对于一些特殊设备还需人工清洗。

1.管件和阀门的清洗

（1）清洗操作程序

① 清水清洗　常温清洗 5～10min。

② 洗涤剂清洗　高温清洗 15～20min。

③ 清水清洗　常温清洗 5～10min。

④ 灭菌剂清洗　常温清洗 15～20min。

⑤ 去离子水清洗　常温清洗 5～10min。

（2）清洗操作要点

① 清洗液的流速　清洗过程中，液体的流速在 1.5m/s 时可获满意的清洗效果，洗涤剂的湍动程度越高，洗涤效果越好。但若洗涤液流速高于 1.5m/s，会产生副作用。

② 清洗时间　清洗时间也无需太长，过长也不会明显地提高清洗效果。

③ 洗涤剂温度　洗涤剂温度不宜过高，一般不超过 75℃。因在较高的温度下易导致残留糖分的焦化、蛋白质的变性及脂的聚合反应等，这些产物难以除去。

④ 在生物反应过程完毕应马上对设备、管路、管件进行清洗，否则残留物干涸后会增加清洗难度。

⑤ 清洗结束后，应及时将洗涤水排干净并使之干燥后备用，避免因积水而导致微生物繁殖。

2. 罐的清洗

（1）罐的清洗方法

① 罐顶喷洒清洗剂　利用冲击力使污垢解离分散而达到清洗效果。这不仅可节约大量的清洗剂，而且可利用较低浓度的清洗剂达到良好的清洗效果。其形式有球形静止喷洒器和旋转式喷射器。前者结构较简单，故所达到的喷射距离有限，对器壁的清洗主要是冲洗作用而非冲击作用。

旋转式喷射器的特点是：可在 180°的回转中进行喷射清洗，故在较低的喷洗流速下获得较大的有效喷射半径；冲击洗涤速度比球形静止喷洒器大得多；因有传动部件，故设备投资大，制造、维修技术要求高。

其缺点是：喷嘴易堵塞；当罐内设有 pH 和溶氧电极等传感器对清洗剂敏感时，应先将其卸下单独清洗，待罐清洗好后重新装上。

② 高压水射流　高压水射流操作时，可根据附着物的形态选用不同的压力。对黏着性污垢一般选用 20～30MPa 的压力；对于特殊硬垢或近乎堵塞管道的可采用 150MPa 或者更高压力；对于某些较硬附着物也可先用化学试剂溶解或软化，再用高压水射洗。

（2）操作注意事项

① 在洗涤过程中，必须按规程小心操作，避免把有腐蚀性的洗涤剂淋洒到人体。

② 必须考虑设备的热胀冷缩是否会产生真空（当加热洗涤后转为冷洗涤时会产生真空作用），为避免损坏设备，应在罐内装设真空泄压装置。

③ 所有水泵都应设有紧急停止按钮。

3. 生物工程下游设备的清洗

（1）碟式离心机的清洗　若细胞浆不太黏稠时，设备的清洗较为简便，否则往往需要采用人工清洗方法，才能获得较好的清洗效果。

（2）微滤或超滤系统的清洗　错流的微滤或超滤系统常常采用 CIP 系统清洗，但长时间使用之后，一层硬实的胶体层将在膜表面形成，且有些胶体分子能进入膜孔中，影响过滤效率。此时应用清水和清洗剂轮换清洗。必要时，对膜分离系统进行反向流动清洗（视膜能否承受反洗压力而定），以便在泵输送的作用下用清洗剂将残留在膜孔中的胶体分子洗脱出来。

（3）色谱柱的清洗　一般情况下，柱内填充的 HPLC（高效液相色谱）介质对高 pH 比较敏感，所以不能用 NaOH 等强碱性清洗剂洗涤，而用弱碱性 Na_2SiO_3 代替。若色谱系统使用的是软性介质，只能在较低的压力和流速下进行清洗，且可适当地延长清洗时间。

4. 辅助设备的清洗

辅助设备，如泵、换热器、过滤器的清洗比较简单。但必须注意以下事项。

① 无论何种类型的换热器，若是用于培养基的加热或冷却，不可避免地在换热面上产生结垢或者焦化，不易清洗。为此，可选择培养基走管内，适当提高培养基的流速，以强化传热。需清洗时，可根据设备的材质分别选用盐酸、硝酸、氨基磺酸或者有机酸进行清洗，同时配合相应的缓蚀剂。

② 空气过滤器时常被发酵罐冒出的泡沫污染，不易清洗干净，必要时需用人工拆洗。

5. 除去致热物质

在生物制药生产中，从产物中去除致热物质和内毒素十分重要。实践表明，确保设备的清洗和不被杂菌污染是除去致热物质和内毒素的有效方法。通常清洗过程用 0.1mol/L NaOH 浸洗比较有效。

6. 微生物污泥的清洗

生产设备器壁上有时会附着一些微生物污泥，通常用氯气去除，但有时效果不好，此时可采用酸洗或者结合添加剥离剂的方法去除。

7. 仪器清洁

清洗仪器可使用便携式真空清洁器，在密闭的空间利用能杀灭细菌、真菌和病毒的洗涤剂对仪器进行清洁消毒。

二、CIP 清洗系统及设备

生物制品的生产线必须时刻保持无菌状态，往往采用 CIP 清洗系统灭菌。CIP

清洗系统的优点是：①减轻工人劳动强度；②防止操作失误；③提高清洗效率；④安全可靠；⑤便于管理。

1. CIP 清洗系统的形式

（1）一次性清洗系统　通常分为预洗、碱洗、水洗和灭菌四个阶段。对于高温下运转的设备有时还有加酸清洗和中和水清洗阶段。一次性清洗系统适用于那些贮存寿命短、易变质的消毒剂，或者是设备中有较高水平的残留固形物致使消毒剂不宜重复使用。一次性清洗系统是较小型的固定的单元装置。

（2）可重复利用的 CIP 清洗系统　典型的可重复利用的 CIP 清洗系统如图 7-14 所示。其特点是：①在同一装置中，可同时进行清洗与灭菌，适合对生产罐体和配管同时进行清洗、消毒灭菌，在罐体中采用洗液喷射方式清洗，而在配管中洗液形成紊流效果的清洗；②操作程序控制完全自动化，只需把必要的控制程序输入控制器便可随时开启，是一种需时短、省力、可靠性高的清洗-灭菌装置；③经济效益高，清洗用水、洗涤剂、灭菌剂以及蒸汽的消耗都最少。

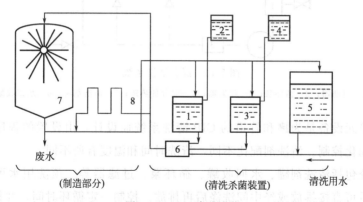

图 7-14　CIP 清洗系统

1—稀洗涤剂罐；2—浓洗涤剂罐；3—稀灭菌剂罐；4—浓灭菌剂罐；5—清洗用水罐；6—程序控制装置；7—生产部分缸体；8—生产部分传输管线

2. CIP 清洗系统的操作程序

（1）预洗　将冷水或温水送入生产罐中，经过 10～15min 清洗，污垢被分散解离，所形成的废水被排出罐外。

（2）洗涤　通常以 NaOH 为主要成分，浓度为 0.2%～1% 的强碱性水溶液，清洗 20min。在预洗工序中大部分污垢已被清除，因此，在此工序中碱性洗液的消耗较少，且可以把用过的碱液回收，适当补充碱液浓度，可循环使用。

（3）中间冲洗　把生产罐中附着的残留碱液用冷水冲洗干净，大约进行 20min，目的为减少灭菌液的负担。

（4）灭菌工序　用有效氯浓度为 $150\sim200mg/L$ 的次氯酸钠水溶液进行大约 15min 的灭菌。由于灭菌剂消耗较少，可加以回收并适当补充，调整到原来的浓度，重复使用。

（5）最后冲洗　用无菌水冲洗 5min。

三、混合清洗系统

如图 7-15 所示为一简单的混合清洗系统，清洗剂及漂洗用水可多次使用。

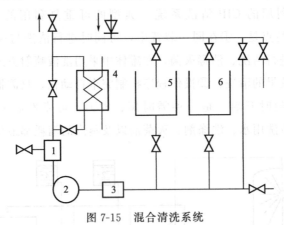

图 7-15　混合清洗系统

1—过滤器；2—循环泵；3—喷射器；4—混合加热罐；5—清洗剂罐；6—水回收罐

这种单元设备是为罐和管道的 CIP 清洗系统而设计，由设置的程序对整个系统实行自动化控制。清洗剂配比不同，清洗时间和温度有所不同。

该系统包括清洗剂罐、水回收罐、循环泵、过滤器等。预洗用水可使用回收水，用完后可直接排放或经中间洗涤后再排放。控制一定循环时间，并控制清洗温度在预定的范围内。清洗剂及漂洗用水循环使用一定次数后，若所含的污物已达到一定的浓度，则不宜回收。

第三节　灭菌设备

在生物工程中，灭菌操作通常是在物料加工过程中或在产品包装后进行。前者主要是对液态物料灭菌，要求灭菌后必须是无菌包装，一般采用管式或板式换热器作为灭菌设备；后者主要是对包装后的液态或半液态物料进行灭菌，一般采用釜式灭菌设备。本章主要介绍釜式灭菌设备，它以灭菌质量可靠、适应性好、生产操作灵活等特点在生物工程领域广泛应用，这类设备一般为间歇式操作，又称为灭菌锅。

根据产品的工作状态，灭菌锅可分为静止式和回转式两类。静止式是指灭菌篮中的罐或瓶在灭菌过程中始终处于静止状态，回转式是指灭菌篮中的罐或瓶在灭菌过程中处于不断回转状态。

灭菌锅的加热介质常用热水或蒸汽等，若用热水加热，又可分为全水式和淋水式。全水式是指灭菌过程中灭菌锅中全部充满加热介质（热水），罐或瓶始终浸在水中的加热方式；淋水式是指灭菌过程中，灭菌锅顶部或侧部喷淋加热方式，罐或瓶被热水喷洒的加热方式。

灭菌锅的控制方式有手动及全自动两种。全自动是在灭菌过程中阀门的动作、加热、冷却、保压、泄压等全自动进行，直至整个过程结束。手动是指整个灭菌过程由人工驱动相应的阀门或按钮开关来实现整个灭菌过程，直至程序结束。

一、全水回转式灭菌设备

全水回转式灭菌机是高温短时卧式灭菌设备，它采用过热水作加热介质。在灭菌过程中瓶罐始终浸泡在水里，同时瓶罐处于回转状态，以提高加热介质对灭菌瓶罐的传热速率，从而缩短灭菌时间，节省能源。该机灭菌的全过程由控制系统自动控制。灭菌过程的主要参数如压力、温度和回转速度等均可自动调控，但这种灭菌设备属于间歇式，不能连续进罐、出罐，适用于各种罐装、玻璃瓶装、塑料瓶装、易拉罐、蒸煮袋装的产品。这里介绍全水回转式双锅灭菌装置。

1. 结构

全水回转式双锅灭菌机如图 7-16 所示，主要由贮水锅（也称上锅）、灭菌锅（也称下锅）、管路系统、灭菌篮和控制箱等组成。

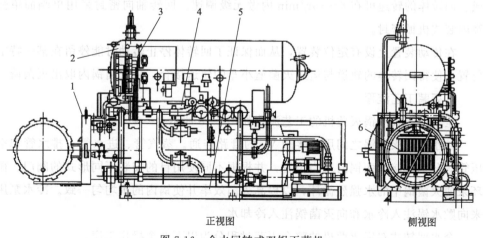

正视图　　　　　　　　　　　　侧视图

图 7-16　全水回转式双锅灭菌机

1—灭菌锅；2—贮水锅；3—控制管路；4—水汽管路；5—底盘；6—灭菌篮

贮水锅为一密闭的卧式贮罐，供应过热水和回收热水。为减轻锅体的腐蚀，锅内采用阴极保护。为降低蒸汽加热水时的噪声并使锅内水温一致，蒸汽经喷射式混流器后才注入水中。

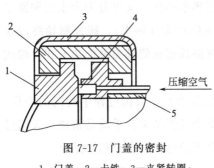

灭菌锅置于贮水锅的下方，是回转灭菌机的主要部件。它由锅体、门盖、回转体和压紧装置、托轮、传动部分组成。锅体与门盖铰接，与门盖结合的锅体端面有一凹槽，凹槽内嵌有 Y 形密封圈，如图 7-17 所示。当门盖与锅体合上后，转动夹紧转圈，使转圈上的 16 块卡铁与门盖突出的楔块完全对准，由于转圈卡铁与门盖及锅体上接触表面没有斜面，因而即使转圈上的卡铁使门盖、锅身完全吻合也不能压紧密封垫圈。门盖和锅身

图 7-17　门盖的密封
1—门盖；2—卡铁；3—夹紧转圈；
4—密封圈；5—锅体

之间有 1mm 的间隙，因此，关闭与开启门盖时方便省力。灭菌操作前，当密封圈供以 0.5MPa 的洁净压缩空气时，Y 形密封圈便紧紧压住门盖，同时，其两侧唇边张开而紧贴密封腔的两侧表面，起到良好的密封作用。

回转体是灭菌的回转部件，装满瓶罐的灭菌篮置于回转体的两根带有滚轮的轨道上，通过压紧装置可将灭菌篮内的瓶罐压紧。回转体是由四只滚圈和四根角钢组成的一个焊接的框架，其中一个滚圈由一对托轮支承，而托轮轴则固定在锅身下部。回转体在传动装置的驱动下携带装满瓶罐的灭菌篮回转。

驱动回转体旋转的传动装置主要由电动机、齿链式无级变速器和齿轮传动组成。回转体的转速可在 6~36r/min 内做无级调速。回转轴向密封采用单端面单弹簧内装式机械密封。

在传动装置上设有定位装置，从而保证了回转体停止转动时能停留在某一特定位置，使得回转体的轨道与运送灭菌篮小车的轨道接合，从灭菌锅内取出灭菌篮。

2.灭菌工艺流程

全水回转式双锅灭菌机的工艺流程如图 7-18 所示。

贮水锅与灭菌锅之间用连接阀 V_3 的管路连通。蒸汽管、进水管、排水管和空压管等分别连接在两锅的适当位置，并根据不同使用目的安装不同形式的阀门。循环泵使灭菌锅中的水强烈循环，以提高灭菌效率并使锅内的水均匀一致。冷水泵用来向贮水锅注入冷水和向灭菌锅注入冷却水。

全水回转式双锅灭菌机的整个灭菌过程分为以下 8 个操作工序。

（1）制备过热水　第一次操作时，由冷水泵供水，当贮水锅的水位到达一定位

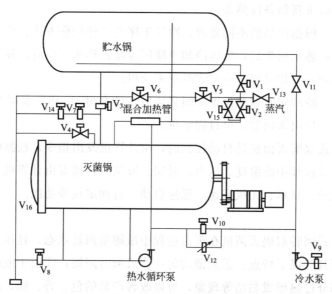

图 7-18 全水回转式双锅灭菌机工艺流程

V_1—贮水锅加热阀；V_2—灭菌锅加热阀；V_3—连接阀；V_4—溢水阀；V_5—增压阀；

V_6—减压阀；V_7—降压阀；V_8—排水阀；V_9—冷水阀；V_{10}—置换阀；V_{11}—上水阀；

V_{12}—节流阀；V_{13}—蒸汽总阀；V_{14}—截止阀；V_{15}—小加热阀；V_{16}—安全旋塞

置时，液位控制器自动打开贮水锅加热阀 V_1，0.5MPa 的蒸汽直接进入贮水锅，将水加热到预定温度后停止加热。一旦贮水锅水温下降到低于预定的温度，则会自动供汽，以维持预定温度。

（2）向灭菌锅送水　灭菌篮装入灭菌锅，门盖完全关好，向门盖密封腔内通入压缩空气后才允许向灭菌锅送水。为安全起见，用手按动按钮才能从第一工序转到第二工序。全机进入自动程序操作，连接阀 V_3 立即自动打开，贮水锅的过热水由于落差及压差而迅速由灭菌锅锅底送入。当灭菌锅内水位达到液位控制器位置时，连接阀立即关闭。

（3）灭菌锅升温　送入灭菌锅的过热水与瓶罐换热，水温下降。加热蒸汽送入混合器对循环水加热再送入灭菌锅。当温度升到预定的灭菌温度，升温过程结束。

（4）灭菌　瓶罐在预定的灭菌温度下保持一定的时间，小加热阀 V_{15} 根据需要自动向灭菌锅供汽以维持预定的灭菌温度，工艺上需要的灭菌时间则由灭菌定时器选定。

（5）热水回收　灭菌工序一结束，冷水泵即自行启动，冷水经置换阀 V_{10} 进入灭菌锅的水循环系统，将混合水顶到贮水锅，直到贮水锅内液位达到一定位置，液位控制器发出指令，连接阀关闭，将转入冷却工序。此时贮水锅加热阀自动打开，通入蒸汽以重新制备过热水。

（6）冷却　根据产品的不同要求，冷却工序有三种操作方式：热水回收后直接进入降压冷却；热水回收后，反压冷却＋降压冷却；热水回收后，降压冷却＋常压冷却。每种冷却方式均可通过冷却定时器来获得。

（7）排水　冷却定时器的设置时间到达后，排水阀 V_8 和溢水阀 V_4 打开。

（8）启锅　拉出灭菌篮，全过程结束。

全水回转式双锅灭菌机是自动控制的，由计算机发出指令，根据时间或条件按程序动作。灭菌过程中的温度、压力、时间、液位、转速等由计算机和仪表自动调节，并具有记录、显示、无级调速、低速启动、自动定位等功能。

3.特点

由于全水式回转双锅灭菌机在灭菌过程中瓶罐呈回转状态，且压力、温度可自动调节，因而具有以下特点：①灭菌均匀；②灭菌时间短；③由于瓶罐回转，可防止因容器壁部分过热形成黏结等现象，可以改善产品的色、香、味，减少营养成分的损失；④过热水的重复利用，节省了蒸汽等热源；⑤灭菌与冷却压力自动调节，可防止容器的变形和破损。

其缺点是：①设备较复杂；②设备投资大；③灭菌准备时间较长；④灭菌过程热冲击较大。

二、淋水回转式灭菌设备

淋水回转式灭菌釜是采用高温、高压的热水喷淋于包装物表面做多种产品的高温快速灭菌处理。产品处于高速喷淋的热水中，各处温度更趋于一致，从而达到灭菌的目的，有利于稳定产品质量、提高成品率、降低损耗，避免产品的过热现象。同时淋水式灭菌机具有结构简单、温度分布均匀、适应范围广等特点。

淋水式灭菌机是以封闭的循环水为工作介质。用高流速喷淋方法对产品进行加热灭菌及冷却的卧式高压灭菌设备。其灭菌过程的工作温度为 $20\sim145℃$，工作压力为 $0\sim0.5MPa$。

1.结构及工作原理

淋水回转式灭菌机的外形结构如图 7-19 所示，工作原理如图 7-20 所示。

在整个灭菌过程中，贮存在灭菌锅底部的少量水（一般可容纳四个灭菌篮，存水量为 400L）利用一台热水离心泵进行高速循环，循环水即灭菌水，经板框式热交换器进行热交换后，进入灭菌机上部的水分配器，均匀喷淋在需要灭菌的产品上。循环水在产品的加热灭菌和冷却过程中依顺序使用。在加热产品时，循环水通过间壁式换热器由蒸汽加热，在灭菌时，则由换热器维持一定的温度；在产品冷却时，循环水通过间壁式换热器由冷却水降低温度。该机的过压控制和温度控制是完全独立的。调节压力的方法是向锅内注入或排出压缩空气。

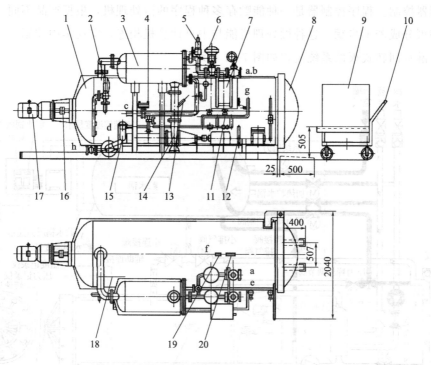

图 7-19 淋水回转式灭菌机外形结构

a—蒸汽进口；b—冷却水进口；c—冷却水出口；d—冷凝水出口；

e—压缩空气进口；f,h—排气口；g—进水口；

1—锅体；2—锅体安全阀；3—换热器；4—气动阀；5—换热器安全阀；

6—气动薄膜调节阀；7—电控箱；8—锅门；9—灭菌篮；10—灭菌篮小车；

11—电磁阀；12—液位计；13—水银温度计；14—循环泵；15—疏水阀；

16—光电传感器；17—传动装置；18—温度传感器；19—压力传感器；20—压力表

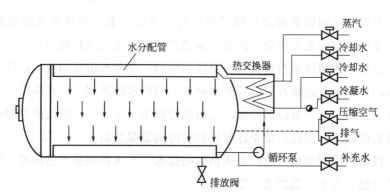

图 7-20 淋水回转式灭菌机工作原理

2. 操作流程

淋水回转式灭菌机的操作过程是完全自动化的，温度、压力和时间由一个程序控制器控制。程序控制器是一种能贮存多种程序的微处理机，根据产品不同，每一程序可分成若干步骤。这种微处理机能与中央计算机相连，实现集中控制。

淋水回转式灭菌系统流程如图 7-21 所示。

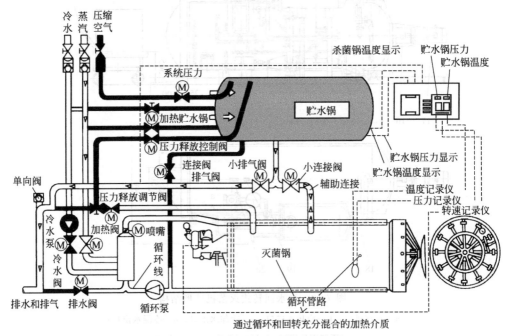

图 7-21　淋水回转式灭菌系统流程

（1）进水　灭菌开始时，预热水从贮水锅中流入下面的灭菌锅中。与浸水式相比，淋水式不需要排气，因为锅内的空气可以用于产生反压。灭菌锅的进水时间一般为 30s。

（2）升温　灭菌锅进水之后即可开始升温灭菌。水的循环和灭菌锅的回转使水、蒸汽和压缩空气充分混合。因此，加热产品十分迅速而且均匀。

（3）冷却　灭菌结束后进入第一阶段的冷却。冷却水由泵的吸入口进入循环系统，这样，可以防止瓶罐容器受到热的冲击。当贮水锅达到一定水位后，开始进入第二阶段的冷却。这一阶段的冷却水从溢流管排出。由于第一阶段的冷却已大大降低了灭菌锅的温度，因此，整个冷却过程的时间是很短的。

（4）排水　冷却的最后阶段是灭菌锅的排水。在灭菌锅排水的同时，贮水锅就可以加热升温，为下一锅的灭菌做准备。

3. 特点

① 由于采用高速喷淋水对产品进行加热、灭菌和冷却，温度分布均匀稳定，提高了灭菌效果，改善了产品质量。

② 灭菌与冷却使用相同的水（循环水），产品没有再次受到污染的危险。

③ 由于采用了间壁式换热器，蒸汽或冷却水不会与进行灭菌的容器相接触，消除了热冲击，可避免冷却阶段开始时玻璃容器的破碎。

④ 温度和压力控制是完全独立的，容易准确地控制过压，因为控制过压而注入的压缩空气，不影响温度分布的均匀性。

⑤ 水消耗量低，动力消耗小。

⑥ 设备结构简单，维修方便。

由于回转，结合使用了蒸汽-水-压缩空气三位一体的加热介质，即使是高黏度产品，也容易实现高温短时灭菌，同时节省时间、蒸汽和水。

三、侧喷式灭菌釜

侧喷式灭菌釜利用波浪状热水喷射方式做包装产品的快速灭菌处理，不断地向被灭菌物喷射波浪状的热水，使产品表面形成流动的水膜，故热扩散快且传热均匀，缩短了产品表面与中心的温度差，避免了高温、高压方式下热损伤大的缺点。该设备适用于高压蒸煮袋、含气包装袋等柔性包装产品的灭菌。

1. 结构

侧喷式灭菌釜的结构如图 7-22 所示。

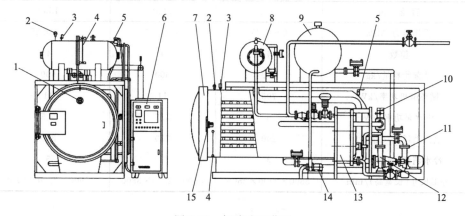

图 7-22　侧喷式灭菌釜

1—观察窗；2—压力表；3—安全阀；4—液位计；5—压力变送器；6—控制柜；
7—工艺柜；8—热水罐；9—冷水罐；10—喷淋转向装置；11—冷却循环
系统；12—热水循环系统；13—换热系统；14—补水泵；15—釜门启闭机关

2. 特点

① 灭菌效果好。产品灭菌的最大目的就是把致病菌、产毒菌杀死，而使产品本身只受到最小的影响。侧喷式灭菌装置恰恰具备了这种功能。

② 采用蒸汽作加热介质，热水作灭菌介质，使灭菌过程更为均匀短时。该设备通过下面的方法，保证加热和冷却快速、均匀。

a. 利用特殊的喷嘴，如图 7-23 所示，向灭菌物喷射热水。

b. 设计适用于本装置的水流调节及变换装置，使喷嘴的喷水大小和方向不断地变换方向，使热水能均匀地喷向包装物。

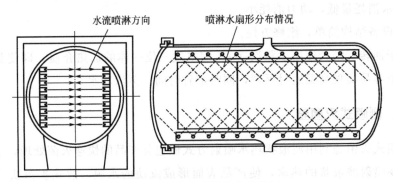

图 7-23   灭菌釜喷淋分布示意图

3. 主要技术参数

侧喷式灭菌釜的主要技术参数见表 7-3。

表 7-3   侧喷式灭菌釜主要技术参数

直径/mm	1200	1400	1500
操作压力/MPa	0～0.35	0～0.35	0～0.35
筐数	4	4	4
杀菌物料量/kg	350	500	600
循环电机功率/kW	705	11	11
汽水泵功率/kW	5	5.5	5.5
蒸汽消耗量/(kg/h)	200	250	300
冷水消耗量/(kg/h)	3	4	5
外形尺寸(长宽高)/mm	5600×2100×3500	5600×2200×3800	5600×2200×4000

参考文献

[1] 岑沛霖，关怡新，林建平.生物反应工程 [M].北京：高等教育出版社，2005.

[2] 陈国豪.生物工程设备 [M].北京：化学工业出版社，2006.

[3] 陈洪章.生物过程工程与设备 [M].北京：化学工业出版社，2004.

[4] 陈洪章.现代固态发酵技术 [M].北京：化学工业出版社，2013.

[5] 陈敏恒.化工原理（上、下册）[M].北京：化学工业出版社，2006.

[6] 陈宁.酶工程 [M].北京：中国轻工业出版社，2005.

[7] 邓毛程，金鹏.微生物工艺技术 [M].北京：中国轻工业出版社，2011.

[8] 宫锡坤.生物制药设备 [M].北京：中国医药科技出版社，2005.

[9] 黄杰涛.麦汁制备技术 [M].北京：中国轻工业出版社，2013.

[10] 黄亚东，齐保林.生物工程设备及操作技术 [M].北京：中国轻工业出版社，2014.

[11] 黄亚东.生物工程设备及操作技术 [M].北京：中国轻工业出版社，2008.

[12] 贾树彪，李盛贤，吴国峰.新编酒精工艺学 [M].北京：化学工业出版社，2004.

[13] 李津，俞泳霆，董德祥.生物制药设备和分离纯化技术 [M].北京：化学工业出版社，2003.

[14] 李万才.生物分离技术 [M].北京：中国轻工业出版社，2013.

[15] 陈合，梁世中.生物工程设备 [M].2版.北京：中国轻工业出版社，2010.

[16] 刘海春.固体废物处理与利用 [M].2版.大连：大连理工大学出版社，2010.

[17] 刘振宇.发酵工程技术与实践 [M].上海：华东理工大学出版社，2007.

[18] 马赞华.酒精高效清洁生产新工艺 [M].北京：化学工业出版社，2004.

[19] 戚以政，汪叔雄.生物反应动力学与反应器 [M].北京：化学工业出版社，2007.

[20] 邱立友.固态发酵工程原理及应用 [M].北京：中国轻工业出版社，2008.

[21] 石文山.植物组织培养 [M].北京：中国轻工业出版社，2013.

[22] 史仲平，潘丰.发酵过程解析、控制与检测技术 [M].北京：化学工业出版社，2005.

[23] 苏少林.水污染控制技术 [M].大连：大连理工大学出版社，2010.

[24] 陶兴无.生物工程设备 [M].北京：化学工业出版社，2017.

[25] 王继斌，宋来洲.环保设备选择、运行与维护 [M].北京：化学工业出版社，2011.

[26] 王淑欣.发酵食品生产技术 [M].北京：中国轻工业出版社，2012.

[27] 王玉亭.生物工程基础单元操作技术 [M].北京：中国轻工业出版社，2013.

[28] 许学勤.食品工厂机械与设备 [M].北京：中国轻工业出版社，2008.

[29] 张元兴，徐学书.生物反应器工程 [M].上海：华东理工大学出版社，2001.